教育部高等学校电子信息类专业教学指导委员会规划教材

普通高等教育电子信息类专业系列教材

STM32嵌入式系统开发

基于STM32CubeMX和HAL库

刘洪涛 安皓楠 隋钊龙 贾燕枫◎编著

清华大学出版社

北京

内 容 简 介

本书是一部介绍嵌入式系统中 STM32 的基本原理和开发方法的立体化教程(含纸质图书、教学课件、源代码与视频教程)。

本书的第 1 章至第 3 章介绍了嵌入式系统、ARM Cortex 系列架构、STM32 系列微控制器及其特点以及 STM32 固件库的作用,并介绍了 STM32 的开发环境的基础知识和预备内容。第 4 章至第 14 章分别介绍了 STM32 上相关外设的基础知识和开发方法,包括通用输入/输出接口 GPIO、嵌套向量中断控制器 NVIC 与外部中断 EXTI、时钟树与 SysTick、串行通信 USART、直接存储器访问 DMA、定时器 TIM、模数转换器 ADC、串行外设接口 SPI、内部集成电路总线 I²C、实时时钟 RTC、独立看门狗 IWDG 的配置与应用,内容包括 STM32 上对应外设的功能特点、内部架构、涉及的 HAL 库函数和寄存器等,并在每章的后面通过实验详细说明了相关外设的开发使用方法。第 15 章通过一个综合的智能手表项目,帮助读者深入理解和掌握嵌入式系统开发的整体架构和综合技术,并使用 TouchGFX 进行界面设计。

为便于读者高效学习,快速掌握 STM32 的原理,本书作者精心制作了完整的教学课件、完整的实验源代码与丰富的配套视频教程等内容,详细内容请扫描书中相关的二维码。

本书适合作为广大高校计算机专业大学生学习 STM32 嵌入式系统课程的教材,也可以作为 STM32 开发者的自学参考用书。

图书在版编目(CIP)数据

STM32 嵌入式系统开发: 基于 STM32CubeMX 和 HAL 库/刘洪涛等编著. -- 北京: 清华大学出版社,2025.2. --(普通高等教育电子信息类专业系列教材). -- ISBN 978-7-302-68331-5

Ⅰ. TP368.1

中国国家版本馆 CIP 数据核字第 20255NJ511 号

责任编辑: 刘 星 李 晔
封面设计: 李召霞
责任校对: 刘惠林
责任印制: 沈 露

出版发行: 清华大学出版社
　　　　　　网　　　址: https://www.tup.com.cn, https://www.wqxuetang.com
　　　　　　地　　　址: 北京清华大学学研大厦 A 座　　　邮　　编: 100084
　　　　　　社 总 机: 010-83470000　　　　　　　　　　邮　　购: 010-62786544
　　　　　　投稿与读者服务: 010-62776969, c-service@tup.tsinghua.edu.cn
　　　　　　质量反馈: 010-62772015, zhiliang@tup.tsinghua.edu.cn
　　　　　　课件下载: https://www.tup.com.cn,010-83470236
印 装 者: 三河市龙大印装有限公司
经　　销: 全国新华书店
开　　本: 185mm×260mm　　　**印　张:** 19　　　　　　**字　　数:** 465 千字
版　　次: 2025 年 4 月第 1 版　　　　　　　　　　　　**印　　次:** 2025 年 4 月第 1 次印刷
印　　数: 1～1500
定　　价: 59.00 元

产品编号: 108804-01

前 言
PREFACE

一、为什么要写本书

在当今数字化日益深入的世界里,嵌入式系统已经成为几乎所有电子设备的核心。STM32 系列微控制器由于其强大的性能、丰富的外设和广泛的应用领域,成为众多开发者首选的平台之一。然而,对于初学者来说,学习和掌握这样一个复杂而强大的系统往往是一项挑战。

使用 HAL 库进行开发是当前的主流方式。高校和培训机构广泛使用 STM32 作为教学平台,基于 HAL 库的教材需求强劲。HAL 库封装了底层硬件细节,简化了开发过程,降低了学习难度,尤其适合初学者。STM32CubeMX 作为 STM32 开发工具链中的重要组成部分,通过其图形化的配置界面、自动生成代码、多种项目框架支持以及完整的外设支持,显著简化了 STM32 嵌入式系统开发的复杂度,使开发者能够更专注于应用逻辑和功能实现,而非底层配置和初始化的细节。虽然市场上已有不少关于 STM32 的教材,但系统性强、覆盖全面且针对 STM32CubeMX 和 HAL 库开发的书籍仍相对稀缺。

基于上述情况,本书进行了相关完善。在工具上,本书使用当前主流的 HAL 库进行开发,依据官方的 STM32CubeMX 软件进行工程部署,采用常用的 MDK 进行代码编辑和编译调试。在内容上,涵盖常用的外设基础知识、芯片架构、函数寄存器、实验教学,并且结合官方的芯片手册进行讲解,不仅让学生了解相关功能的开发方式,还便于从根本上让学生了解如何学习一款单片机。

二、本书特色

本书的理论部分较为通用,实验主要以基于 ARM Cortex-M33 内核的 STM32U5 处理器为基础,通过 STM32CubeMX 工程源码生成工具生成标准 HAL 库的工程文件,尽量屏蔽不同 STM32 处理器之间的硬件差异,兼顾传统教学比较常见的 Cortex-M3 内核的 STM32F1、Cortex-M4 内核的 STM32F4 等,旨在让读者学会处理器原理的同时,掌握一套通用的 STM32 应用开发方法。本书实验主要应用的 STM32U5 平台是中国电子学会嵌入式裸机中级证书推荐考试平台,是全国大学生嵌入式芯片与系统设计大赛 ST 赛道推荐参赛平台。总体来说,本书内容涉及的硬件平台、软件工具、源码库标准版本较新,方法主流,知识原理通用,实验案例丰富,配套教学资源完善。

配 套 资 源

- 程序代码等资源：扫描目录上方的二维码下载。
- 教学课件、工具软件、器件手册、硬件图纸等资源：到清华大学出版社官方网站本书页面下载，或者扫描封底的"书圈"二维码在公众号下载。
- 微课视频（735分钟，50集）：扫描书中相应章节中的二维码在线学习。

注：请先扫描封底刮刮卡中的文泉云盘防盗码进行绑定后再获取配套资源。

三、读者对象

- 对嵌入式开发技术感兴趣的读者；
- 电子信息科学与工程相关专业的本科生、研究生；
- 相关工程技术人员。

四、致谢

感谢华清远见教育科技集团给本书提供的开发平台和实验资料，感谢清华大学出版社对本书出版提供的帮助。

限于编者的水平和经验，加之时间比较仓促，书中疏漏之处在所难免，敬请读者批评指正。

编 者

2025 年 1 月于北京

微课视频清单

序号	视频名称	时长/min	书中位置
1	3.1-STM32CubeMX 的安装	11	3.1 节节首
2	3.2-IDE 的安装	14	3.2 节节首
3	3.3-调试下载器驱动的安装	5	3.3 节节首
4	3.6-实验：创建工程项目并调试	21	3.6 节节首
5	3.7-main()函数之前的启动流程	17	3.7 节节首
6	4.1-通用输入/输出接口 GPIO 简介	10	4.1 节节首
7	4.2-GPIO 的内部架构及工作模式	19	4.2 节节首
8	4.4-GPIO 的配置及函数	22	4.4 节节首
9	4.7-实验：点亮 LED 灯	12	4.7 节节首
10	4.8-实验：按键输入检测	21	4.8 节节首
11	5.2-嵌套向量中断控制器 NVIC	14	5.2 节节首
12	5.3-EXTI 外部中断事件控制器	19	5.3 节节首
13	5.4-实验：外部中断	11	5.4 节节首
14	6.1-时钟树	14	6.1 节节首
15	6.2-SysTick 简介	10	6.2 节节首
16	6.3-实验：SysTick 之闪灯实验	7	6.3 节节首
17	7.2-串行通信简介	19	7.2 节节首
18	7.3-STM32 的 USART	31	7.3 节节首
19	7.8-实验：USART 之重定向 printf()	10	7.8 节节首
20	7.9-实验：定长数据的发送与接收	8	7.9 节节首
21	7.10-实验：不定长数据的发送与接收	17	7.10 节节首
22	8.1-直接存储器访问 DMA	17	8.1 节节首
23	8.8-实验：空闲中断与 DMA 配合接收	11	8.8 节节首
24	9.1-定时器 TIM 简介	29	9.1 节节首
25	9.4-基本定时器的计数模式	15	9.4 节节首
26	9.5-输入捕获模式	19	9.5 节节首
27	9.6-输出比较模式	13	9.6 节节首
28	9.7-PWM 模式	12	9.7 节节首
29	9.8-实验：翻转 LED 指示灯	5	9.8 节节首
30	9.9-实验：按键输入捕获实验	13	9.9 节节首
31	9.10-实验：PWM 驱动风扇和电机	15	9.10 节节首
32	10.1-模数转换简介	11	10.1 节节首
33	10.2-STM32 的 ADC	23	10.2 节节首
34	10.7-实验：ADC 单通道轮询方式读取	8	10.7 节节首
35	10.8-实验：ADC 多通道轮询方式读取	7	10.8 节节首

序号	视 频 名 称	时长/min	书 中 位 置
36	10.9-实验：ADC 多通道 DMA 读取	14	10.9 节节首
37	11.1-SPI 总线简介	10	11.1 节节首
38	11.2-STM32 的 SPI 接口	17	11.2 节节首
39	11.6-实验：用 SPI 总线驱动显示屏	35	11.6 节节首
40	11.7-实验：用 SPI 总线显示图片	10	11.7 节节首
41	12.1-QSPI 简介	10	12.1 节节首
42	12.5-实验：驱动 Nor Flash	27	12.5 节节首
43	13.1-I^2C 总线基础知识	13	13.1 节节首
44	13.2-STM32 的 I^2C 接口	11	13.2 节节首
45	13.5-实验：读取温湿度传感器	13	13.5 节节首
46	13.6-实验：驱动触摸屏	17	13.6 节节首
47	14.1-实时时钟 RTC	24	14.1 节节首
48	14.6-实验：驱动 RTC	11	14.6 节节首
49	15.1-独立看门狗 IWDG	7	15.1 节节首
50	15.7-实验：用按键实现看门狗重载	6	15.7 节节首

目录
CONTENTS

配套资源

第1章

CHAPTER 1

嵌入式系统概述

1.1 嵌入式系统的发展

嵌入式系统是一种特殊的计算机系统,通常被嵌入更大的系统中,用于执行特定的功能或控制特定的设备。这些系统通常被设计用于特定的应用领域,如工业控制、汽车电子、医疗设备、消费类电子产品等。嵌入式系统的特点包括小巧的尺寸、低功耗、高性能、实时性要求强、稳定可靠等。它们通常由处理器(如微控制器或微处理器)、存储器、输入/输出接口和软件组成,以执行特定的任务。这些系统的设计往往需要考虑硬件和软件的紧密结合,以满足特定应用领域的需求和限制。

1. 嵌入式系统萌芽期

20世纪70年代单片机的出现,使得汽车、家电、工业机器、通信装置以及成千上万种产品可以通过内嵌电子装置来获得更佳的使用性能。这些装置已经初步具备了嵌入式应用的特点,但这时的应用使用8位处理器,执行一些单线程的程序,构造较为简单。

1971年11月,Intel公司首先设计出集成度约为2000只晶体管/片的4位微处理器Intel 4004,并配有RAM、ROM和移位寄存器,构成了第一台MCS-4微处理器,之后又推出了8位微处理器Intel 8008。其他各公司相继推出的8位微处理器,因工艺限制,单片机采用双片的形式,而且功能比较简单,如仙童公司的F8实际上只包括了8位CPU、64B RAM和2个并行I/O口,因此,还需加一块3851芯片(内部具有1KB的ROM、定时器/计数器和两个并行口)才能组成一台完整的微型计算机。随后,Mostek公司推出了与F8兼容的3870单片机系列。

2. 单片机的诞生及初步应用

1976年,Intel公司研制出MCS-48系列8位的单片机,其采用了单片结构,即在一块芯片内就含有8位CPU、并行I/O口、8位定时/计数器、RAM和ROM等。这标志着单片机的诞生。同时Motorola公司推出了68HC05,Zilog公司推出了Z80系列。当时,Intel、Motorola和Zilog在微处理器领域三足鼎立。

20世纪80年代初,Intel公司又进一步完善了单片机8048,并在它的基础上成功研制了8051。8051单片机是在美国Intel公司于20世纪80年代推出的MCS-51系列高性能8位单片机中的一个型号,它在单一芯片内集成了并行口、异步串行口、16位定时器/计数器、中断系统、片内RAM、片内ROM以及其他一些功能部件。MCS-51系列还有80C51、

80C31、80C52、80C32 和 89C51 等。它们的主要区别是片内的 EPROM 和 RAM 容量不同及定时器/事件计数器的数量不同,其架构和外部引脚信号是相同的。

3. SoC 的兴起

在单片机问世后的早期阶段,集成电路技术逐渐发展,允许将更多的功能集成到一个芯片中。这导致了微处理器和其他外围设备的集成,形成了最早的单片系统(System on Chip,SoC)。这些早期的 SoC 通常用于特定的应用领域,如嵌入式系统、通信设备等。随着技术的进步,SoC 的集成度和性能不断提高,使得它们能够在更广泛的应用领域发挥作用。各种应用专用的 SoC 开始出现,用于手机、平板电脑、数码相机等消费电子产品,以及汽车电子、工业控制等领域。随着需求的增长和技术的进步,SoC 的核心数量和性能不断提升。多核 SoC 开始出现,允许在同一个芯片上集成多个处理器核心,以提高计算性能和多任务处理能力。同时,SoC 的制程工艺逐渐进入纳米级别,使得芯片的功耗和尺寸得以进一步减小,性能得到进一步提升。

4. 嵌入式操作系统的发展

20 世纪 80 年代初,嵌入式系统的程序员开始用商业级的操作系统方式编写嵌入式应用软件,这使得开发周期更短、开发资金更少、开发效率更高。这个时候的操作系统通常包括一个实时内核,并具有许多传统操作系统的特征,可实现如任务管理、任务间通信、同步与相互排斥、中断支持、内存管理等功能。

这一时期比较著名的有 Ready System 公司的 VRTX,Integrated System Incorporation (ISI) 的 pSOS,Wind River 的 VxWorks,QNX 公司的 QNX 等。这些嵌入式操作系统都具有嵌入式的典型特点:采用抢占式调度,响应时间很短,系统内核很小,可裁剪、扩充和移植,有较强的实时性和可靠性,适合嵌入式应用。这些嵌入式实时多任务操作系统的出现,促使嵌入式系统有了更为广阔的应用空间。

20 世纪 90 年代以后,随着实时性要求的提高,软件规模不断上升,以及其他特性需要满足,实时内核逐渐发展为更加成熟的实时多任务操作系统(Real Time multi-tasking Operation System,RTOS)。实时操作系统在嵌入式领域的地位依然重要。许多传统的 RTOS 厂商如 Wind River、Micrium 等继续改进其产品,以适应新的市场需求和技术趋势。例如,Wind River 不仅继续发展 VxWorks,还推出了面向物联网和边缘计算的新产品。为了满足对于实时性能要求更高的应用场景,实时 Linux 逐渐成为一个重要的发展方向。一些项目如 PREEMPT-RT 和 Xenomai 等使得 Linux 内核具备了实时性能,使其在诸如工业自动化、机器人技术等领域得到广泛应用。物联网和边缘计算的快速发展推动了嵌入式操作系统的进一步演进。对于资源受限、实时性要求不高但需要大规模连接的场景,出现了一些新的轻量级操作系统和平台,如 FreeRTOS、Zephyr 等,它们更加注重低功耗、小型化和易用性。随着嵌入式系统在汽车、医疗等领域的广泛应用,安全性和可靠性成为人们关注的焦点。许多嵌入式操作系统厂商加强了在安全性方面的研发和投入,例如,QNX 继续加强其在汽车电子领域的地位,着重解决汽车网络安全和功能安全等问题。随着云计算和边缘计算的融合,嵌入式系统与云端服务之间的交互越来越密切。许多嵌入式操作系统厂商开始提供与云端服务配套的解决方案,以实现更强大的数据分析、远程管理和升级等功能。

这些发展趋势表明,嵌入式系统领域仍然在不断演进和创新,以满足日益复杂和多样化的应用需求。未来,随着人工智能、5G 等新技术的发展,嵌入式系统的应用场景将会更加广泛,操作系统的发展也将继续朝着更高的性能、更好的安全性和更广泛的适用性方向发展。

1.2　嵌入式系统的定义和特点

嵌入式系统是指嵌入对象体系中的、用于执行独立功能的专用计算机系统,其以应用为中心,以微电子技术、控制技术、计算机技术和通信技术为基础,强调硬件和软件的协同性与整合性,软件和硬件可剪裁,适应应用系统对功能、可靠性、成本、体积、功耗和应用环境等有严格要求的专用计算机系统。其专为特定设备或机器而设计,用于控制其操作。这些设备可以是从智能手表到大型医学成像系统或机器人的任何东西。嵌入式系统通常被嵌入这些设备中,其名称也表示了这一特点。

按照电气电子工程师学会(Institute of Electrical and Electronics Engineers,IEEE)的定义,嵌入式系统为"用于控制、监测或辅助设备、机械或工厂操作的设备(Devices used to control,monitor,or assist the operation of equipment,machinery or plants)"。

目前,国内对嵌入式系统的一般定义是:以应用为中心,以计算机技术为基础,软件和硬件可裁剪,对功能、可靠性、成本、体积、功耗要求严格的专用计算机系统。

根据以上定义,可以归纳嵌入式系统的特点如下。

(1) 专用性:嵌入式系统通常被设计用于特定的应用领域,如工业控制、医疗设备、汽车电子等。这些系统针对特定任务进行了优化,具有高度的专用性,以满足特定应用的需求。

(2) 实时性:许多嵌入式系统需要在严格的时间约束下执行任务,即使在处理不可预测的外部事件时也需要保持稳定的响应时间。这种实时性要求可以分为硬实时和软实时,硬实时要求任务在规定的时间内完成,而软实时允许一定的延迟。

(3) 资源受限:嵌入式系统通常具有有限的资源,包括处理器性能、存储容量和能源消耗等。由于通常需要在小型、低功耗的设备上运行,因此对资源的有效利用至关重要。

(4) 低功耗:许多嵌入式系统需要长时间运行,甚至依赖电池供电。因此,低功耗是嵌入式系统设计中至关重要的指标之一。通过优化算法、硬件设计和功耗管理策略,嵌入式系统能够在保持高效性能的同时降低能源消耗。

(5) 封闭性:一些嵌入式系统具有相对封闭的设计,用户无法轻易更改或升级其中的软件或硬件。这种封闭性有助于确保系统的稳定性和安全性,但也限制了系统的灵活性和可扩展性。

(6) 实现方式多样:嵌入式系统可以以多种形式实现,包括单片机、SoC、FPGA(Field Programmable Gate Array,现场可编程门阵列)等。不同的实现方式适用于不同的应用场景,并且具有不同的性能、功耗和成本特征。

1.3　嵌入式系统的开发流程

嵌入式系统的开发流程通常包括以下几个阶段。

1. 用户需求分析

需求分析阶段是嵌入式系统开发中至关重要的一环,旨在确保对系统需求的全面理解和准确定义。工作内容包括确定项目背景和目标，收集需求并与相关方沟通，对需求进行分析和整理，制定需求规格书并进行评审确认，管理需求变更，并建立良好的沟通机制。这一阶段的工作贯穿整个项目生命周期，对后续设计、开发和测试工作的成功实施至关重要。

2. 体系结构设计

这包括确定系统各个模块及其之间的交互关系，选择合适的处理器、传感器和通信接口，以及设计系统的硬件和软件架构。在这一阶段，开发团队需要考虑系统的性能要求、功耗限制、实时性需求等因素，并进行系统级仿真和验证，以确保设计方案的可行性和可靠性。同时，还需要与利益相关方密切合作，收集反馈并进行调整，以确保最终的体系结构设计能够满足用户需求并实现项目目标。

3. 软硬件开发

嵌入式系统开发的软硬件开发阶段涵盖了软件和硬件的并行开发过程。在软件开发方面，团队根据需求规格书设计并实现系统的软件功能，包括编写嵌入式软件代码、驱动程序和应用程序，并进行调试和测试以确保功能的正确性和稳定性。而在硬件开发方面，团队负责设计和开发系统的硬件平台，包括电路板设计、芯片选择和集成、布局和布线以及原型制造和测试。软硬件开发阶段的关键在于确保软件和硬件之间的协同工作，以实现系统的整体功能和性能要求，并在开发过程中不断进行交互和优化，最终实现嵌入式系统的成功部署。

4. 集成测试

集成测试旨在验证各个组件之间的交互和集成是否符合设计要求，包括硬件与硬件之间的交互、软件与软件之间的交互、硬件与软件之间的交互。通过对系统的整体功能进行测试，发现和解决集成过程中可能出现的问题和缺陷，确保系统在实际环境中的稳定性、可靠性和性能。集成测试阶段通常包括静态分析、动态测试、模拟环境测试和实地测试等多种方法，以全面评估系统的集成情况，并及时修复和优化发现的问题，确保系统能够按照预期工作并满足用户需求。

5. 验证和部署

在嵌入式系统开发流程中的验证和部署阶段，团队致力于验证系统是否满足需求规格书中定义的功能和性能要求，并将系统成功部署到目标环境中。这一阶段包括对系统进行综合测试、验收测试和用户验收测试，以确认系统的功能正确性、稳定性和可靠性。同时，团队还需要准备相关的文档和培训材料，为用户提供必要的支持和培训，确保他们能够有效地使用和维护系统。一旦系统通过验证并获得用户认可，团队便开始系统的部署工作，将系统正式投入使用，并持续监控和维护系统，以确保其在长期运行中保持良好的性能和可用性。

## 第 2 章

初识 STM32

单片机(Single-Chip Microcomputer,SCM)广义上也称为微控制单元(Microcontroller Unit,MCU),是一种在一个集成电路上集成了中央处理器(Central Processing Unit,CPU)、内存(RAM、ROM)、输入/输出端口和定时/计数器等核心组件的小型计算机系统。

单片机在各种领域都有广泛的应用,其灵活性和可编程性使其成为许多嵌入式系统的首选控制器。

在家电领域,单片机被用于控制洗衣机、空调、微波炉等家用电器的功能和操作。它们可以实现各种复杂的控制算法,如温度控制、湿度控制、定时器等,提高了家电产品的智能化水平。

在汽车电子领域,单片机被广泛应用于车载电子系统中,如电控单元(Electronic Control Unit,ECU)、车载娱乐系统、车身控制模块等。它们可以实现引擎的点火控制、燃油喷射控制、车辆稳定性控制等功能,提高了汽车的性能、安全性和舒适性。

在工业自动化领域,单片机被用于控制各种工业设备和机器,如可编程逻辑控制器(Programmable Logic Controller,PLC)、数控机床、自动化生产线等。它们可以实现生产过程的自动化控制、监控和优化,提高了生产效率和产品质量。

总之,单片机作为一种功能强大、灵活多样的控制器,已经成为现代社会各个领域中不可或缺的重要组成部分,推动着科技进步和社会发展。

2.1 ARM Cortex 系列架构

STM32 是基于 ARM Cortex-M 内核的单片机。那么什么是 ARM Cortex? ARM Cortex 系列有哪些架构呢?

ARM 公司将经典处理器 ARM11 以后的产品改用 Cortex 命名,并分成 A、R 和 M 三类,旨在为各种不同的应用场景提供服务。

ARM Cortex-A 系列处理器主要用于高性能计算和复杂应用,如智能手机、平板电脑、智能电视等,A 代表 Application。这些处理器通常采用了较大的缓存和高性能的指令流水线,以提供出色的性能和能效比。Cortex-A 系列处理器支持多核配置,并且通常配备了高级的特性,如 NEON SIMD 指令集、浮点运算单元等。

ARM Cortex-R 系列处理器专为实时应用设计,如汽车电子系统、工业控制、实时图形处理和无线基站等,R 代表 Real-time。这些处理器具有低延迟和可预测性,能够满足对实时性要求严格的应用场景。Cortex-R 系列处理器通常配备了硬实时特性、错误检测和纠正功能,以确保系统的可靠性和稳定性。

ARM Cortex-M 系列处理器是针对低功耗、成本敏感和资源受限的嵌入式系统而设计的,如传感器、微控制器和物联网设备,M 代表 Microcontroller。这些处理器具有低能耗和小尺寸的特点,但仍提供了足够的性能和功能来满足嵌入式应用的需求。Cortex-M 系列处理器通常具有简化的指令集、低功耗模式和低延迟中断响应,以实现对电池寿命和实时性的优化。

在每个 Cortex 系列处理器下面,还会用数字区分子系列,如 Cortex-A9、Cortex-R8、Cortex-M4 等。ARM 系列处理器性能对比如图 2.1 所示。

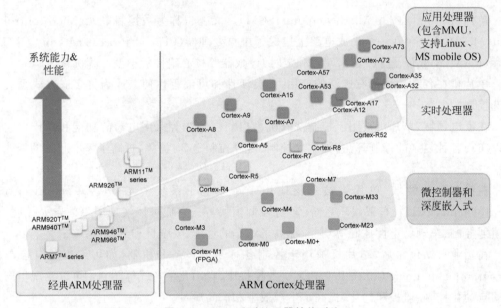

图 2.1　ARM 系列处理器性能对比

2.2　STM32 系列 MCU

ARM 公司是一家知识产权(Intellectual Property,IP)供应商,它与一般的半导体公司的不同就是不制造芯片且不向终端用户出售芯片,而是通过授权设计方案,由合作伙伴生产出各具特色的芯片。其中,意法半导体(STMicroelectronics)就是一家基于 ARM 公司研究的架构和设计方案来生产芯片的半导体公司。STM32 系列 32 位微控制器基于 ARM Cortex-M 处理器内核,由意法半导体公司生产,包括一系列产品,集高性能、实时功能、数字信号处理、低功耗/低电压操作、连接性等特性于一身,同时保持了集成度高和易于开发的特点。

STM32 具有多种型号,主要分为高性能、主流、超低功耗、无线 4 个系列,如图 2.2 所示。

为了便于命名不同型号的 STM32 系列 MCU,STM32 有一套产品型号命名规则,如图 2.3 所示。

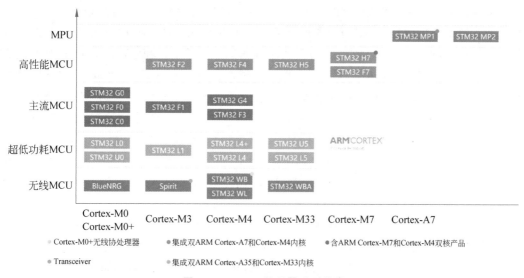

图 2.2 STM32 处理器系列分类

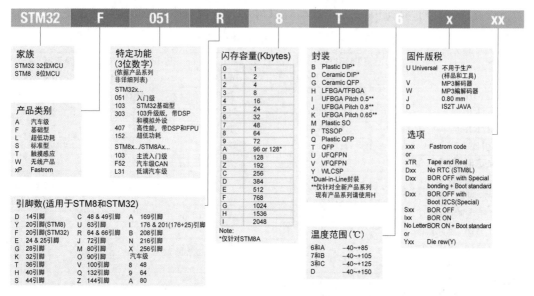

图 2.3 STM32 型号命名规则

STM32G070、STM32F103、STM32F405、STM32U575 是 4 个常见的 MCU 型号,下面针对这 4 种型号进行详细介绍。

STM32G0 系列的定位是入门级 32 位 MCU,因此功能较少,价格较低,可满足基础需求,适合成本敏感型应用。其采用 ARM Cortex-M0＋ 内核,运行频率高达 64MHz。STM32G0 系列提供超精确的内部时钟,不需要外部振荡器,并拥有全套高性能外设,例如,12 位 ADC、定时器、日历 RTC 和通信外设(例如,I^2C、USART 和 SPI)。

STM32F1 系列采用 Cortex-M3 内核,最高主频达 72MHz。该系列 MCU 具有 16KB～1MB Flash、多种控制外设、USB 全速接口和 CAN。其定位为中低端应用市场,具有性能平衡、外设丰富、低功耗设计、多种封装和存储容量选择以及丰富的开发生态等特点。

STM32F4 系列是带有 DSP 和 FPU 指令的高性能微控制器。STM32F405 系列 MCU

面向需要在小至 4mm×4.2mm 的封装内实现高集成度、高性能、嵌入式存储器和外设的医疗、工业与消费类应用。STM32F405 提供了工作频率为 168MHz 的 Cortex-M4 内核(具有浮点单元)的性能。该系列 MCU 采用意法半导体的 90nm 工艺和 ART 加速器,具有动态功耗调整功能,能够在运行模式下和从 Flash 存储器执行时实现低至 $238\mu A/MHz$ 的电流消耗。同时,STM32F405 具有创新型外设,包括 2 个 USB OTG(其中一个支持 HS),专用音频 PLL 和 2 个全双工 I^2S,通信接口多达 15 个(包括 6 个速度高达 10.5Mb/s 的 USART、3 个速度高达 42Mb/s 的 SPI、3 个 I^2C、2 个 CAN 和 1 个 SDIO),2 个 12 位 DAC,3 个速度为 2.4MSPS 或 7.2MSPS(交错模式)的 12 位 ADC,频率高达 168MHz 的 16 位和 32 位定时器,支持 Compact Flash、SRAM、PSRAM、NOR 和 NAND 存储器的灵活静态存储器控制器,基于模拟电子技术的真随机数发生器。

    STM32U5 系列采用 Cortex-M33 内核,定位于低功耗高级微控制器,以满足智能应用所需的严苛的功耗与性能要求,这些应用包括可穿戴设备、个人医疗器械、家庭自动化和工业传感器。STM32U5 系列集成了高达 4MB 的片内 Flash 存储器(双存储区)与 2514KB 的 SRAM,提供高级图形功能,将性能提升到了新的水平。

    STM32G070、STM32F103、STM32F405、STM32U575 的具体型号功能对比如表 2.1 所示。

表 2.1   STM32 型号功能对比

型号	STM32G070CBT6	STM32F103RET6	STM32F405RGT6	STM32U575RI
核心	Cortex-M0＋	Cortex-M3	Cortex-M4	Cortex-M33
频率/MHz	64	72	168	160
Flash/KB	128	512	1024	2048
RAM/KB	36	64	192	786
I/O 引脚/个	43	51	51	50
16 位定时器/个	8	8	12	7
32 位定时器/个	0	0	2	4
高级定时器(16 位)/个	1	2	2	2
低功耗定时器/个	0	0	0	4
14 位 ADC 单元/个	0	0	0	1
14 位 ADC 通道/个	0	0	0	17
12 位 ADC 单元/个	1	3	3	1
12 位 ADC 通道/个	17	16	16	17
12 位 DAC 通道/个	1	2	2	2
比较器/个	0	0	0	2
运算放大器/个	0	0	0	2
SPI/个	2	3	3	3
I^2S/个	1	2	2	0
M-SPI/个	0	0	0	2
I^2C/个	2	2	3	4
U(S)ART/个	4	5	6	5
CAN/个	0	1	2	1
SAI/个	0	0	0	1
DCMI/个	0	0	0	1
数学加速器/个	0	0	0	1
真随机数发生器/个	0	0	1	1

2.3 STM32 固件库

由于 STM32 微控制器涉及大量的寄存器、外设、功能配置等，很难让用户亲自部署，因此意法半导体公司按照 CMSIS 标准为 STM32 微控制器中各个寄存器、外设、功能配置等编写了比较规范和完备的 C 语言驱动函数。用户在为 STM32 编程时，只需要调用这些官方已经编写好的程序接口。这些官方封装的、针对特定芯片的、提供各种功能配置和接口的代码集合叫作固件库。

目前，STM32 的固件库主要有 3 类：标准外设库(Standard Peripheral Library，SPL)、硬件抽象层库(Hardware Abstraction Layer Library，HAL 库)、底层库(Low Layer Library，LL 库)。

标准外设库是涵盖 STM32 外设的 C 语言库集合，包括所有标准器件外设的驱动。相对于 HAL 库，标准外设库接近寄存器操作，主要是将一些基本的寄存器操作及外设的配置和功能调用封装成 C 函数。SPL 的函数名称通常以"GPIO_""USART_""SPI_"等前缀开头，便于开发人员快速识别和使用。SPL 是基于寄存器的编程模型，开发人员需要直接操作外设的寄存器来配置和控制外设。尽管使用 SPL 相对于直接操作寄存器来说更加方便，但它仍然需要一定的 STM32 微控制器知识和编程经验。

其特点为：

- 平均优化，适合各种情况；
- 无须进行直接的寄存器操作；
- 对所有外设进行 100% 覆盖；
- 更容易调试过程化代码；
- 为复杂中间件(如 USB/TCP-IP/图形/触摸感应)提供扩展。

其局限为：

- 官方不再更新，并鼓励开发者将现有项目迁移到硬件抽象层(HAL)库或者底层(LL)库；
- 较复杂，学习较麻烦，需要对 STM32 微控制器的内部结构和寄存器进行深入的理解，这对于初学者来说可能会增加学习曲线，需要花费更多的时间和精力来掌握；
- 没有通用的 HAL API，影响不同芯片之间应用的可移植性；
- 中间件库可能在每个系列中不统一；
- 不支持 STM32L0/L4/F7 等新系列的前向兼容。

HAL 库的全称为硬件抽象层库，顾名思义，该库将不同芯片间的硬件细节抽象出来，向用户提供一套通用的 API 函数接口，并可以轻松实现将一个型号的 STM32 产品上的程序移植到另一个不同型号的 STM32 产品上。目前 HAL 库是意法半导体公司主推的开发方式。

其特点为：

- 高级别和功能抽象；
- 可轻松地从一个系列移植到另一个系列；
- 对所有外设 100% 覆盖；
- 集成复杂的中间件，如 USB/TCP-IP/图形/触摸感应/RTOS；
- 可与 STM32CubeMX 配合使用，生成初始化代码。

其局限为：
- 对于嵌入式中的底层 C 语言程序员可能有挑战性；
- 更高的可移植性会导致更大的软件占用空间或更多时间花费在执行适配代码上。

LL 库是在 HAL 库的基础上提供的更底层的库。LL 库提供了对底层寄存器和外设的更直接的访问，并提供了一组低级别的 API 函数。LL 库保留了更多的硬件细节，为开发人员提供了更高级别的灵活性和控制。使用 LL 库，开发人员可以直接编写更底层的代码，实现对微控制器和外设的精细控制。LL 库适用于对性能和资源要求极高，以及对底层硬件控制有特殊需求的应用。

其特点为：
- 高度优化；
- 寄存器级访问；
- 代码表达简洁；
- 严格遵循参考手册；
- 调试接近寄存器级别；
- 可与 STM32CubeMX 配合使用，为 STM32L0/F0/F3/L4 生成初始化代码。

其局限为：
- 针对 STM32 设备特定，不能直接在不同系列之间移植；
- 无法匹配复杂的外设，如 USB；
- 缺乏抽象性意味着开发人员必须理解寄存器级别的外设操作；
- 外设块初始化 API 具有与 SPL(除可用性考虑外)相同的限制。

3 个固件库的对比如表 2.2 所示。在表 2.2 中，符号"＋"的数量越多代表越符合列表头的特点。

表 2.2 STM32 固件库对比

		便携性	优化 (内存和 MIPS)	简单	完备性	硬件覆盖
标准库		++	++	+	++	+++
STM32Cube	HAL 库	+++	+	++	+++	+++
	LL 库	+	+++	+	++	++

本书主要使用 HAL 库进行讲解。HAL 库可以通过 STM32CubeMX 生成基础配置代码，具有很好的可读性和移植性，同时也是 STM32 官方目前主推的开发方式。HAL 库的接口函数符合 CMSIS 标准，其在整个项目中的位置如图 2.4 所示。

2.3.1 获取 HAL 库固件包

方法一：从官方网站直接下载

从意法半导体公司官方网站中找到 STM32Cube MCU 和 MPU 软件包的下载页面入口("首页"→"工具与软件"→"嵌入式软件"→"STM32 微控制器软件"→"STM32Cube MCU 和 MPU 包")，如图 2.5 所示。从该页面可以进入每个芯片的固件库下载页面。

如果想下载 STM32U5 系列的固件库，则需要单击页面上对应的型号，如图 2.6 所示。

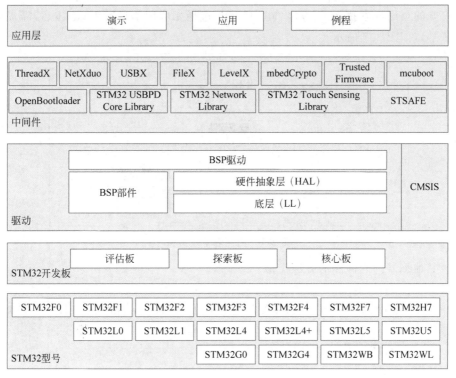

图 2.4 STM32 项目架构

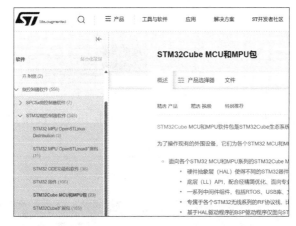

图 2.5 STM32Cube MCU 和 MPU 软件包下载页面

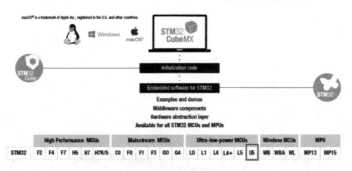

图 2.6 固件包选择页面

在打开的页面下方找到 STM32CubeU5 包,选择相应版本进行下载(注意,需提前注册并登录账号),如图 2.7 所示。

图 2.7　固件包下载页面

下载其他型号的固件库的方法类似。

方法二:从 STM32CubeMX 软件中下载

打开 STM32CubeMX 主界面,选择菜单栏的 Help→Manage embedded software packages,如图 2.8 所示。

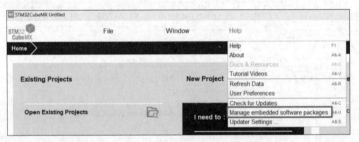

图 2.8　管理嵌入式软件包命令

在弹出的界面中选择好对应型号的固件包后,单击 Install 按钮,即可自动下载并安装相应的文件,如图 2.9 所示。

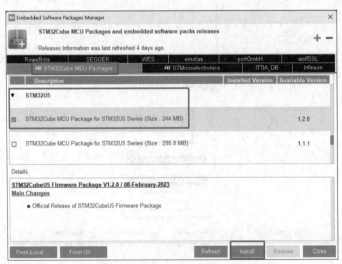

图 2.9　STM32CubeMX 中的固件包安装界面

文件的存放位置可通过菜单栏的 Help→Updater Settings 命令查看，如图 2.10 所示。

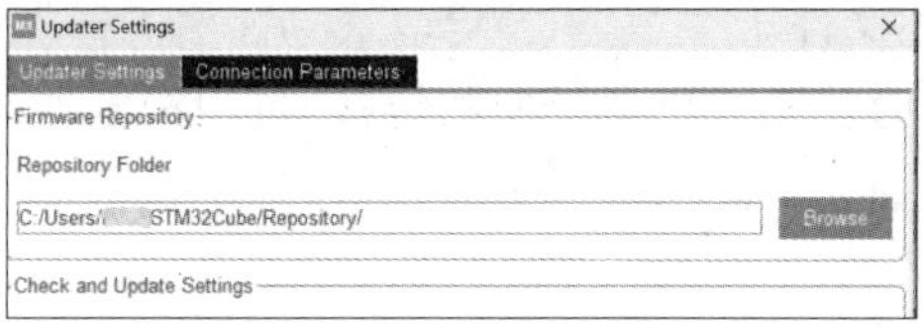

图 2.10 固件包目录设置

用上述两种方法下载的固件包解压后的文件目录如图 2.11 所示。

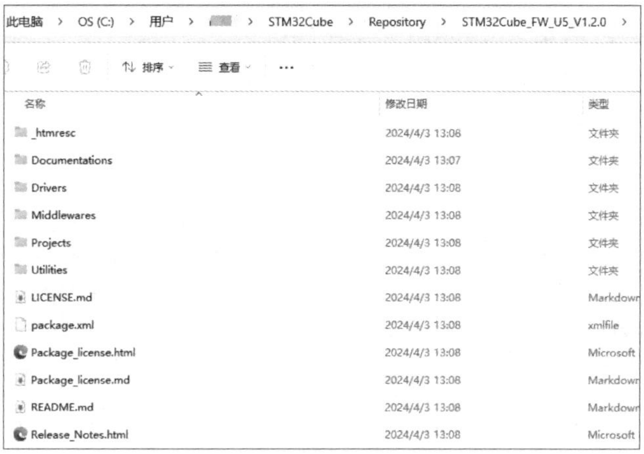

图 2.11 固件包文件目录

_htmresc 文件夹中包含了一些 Logo 和图片。

Documentations 文件夹中为固件包说明文档，用于帮助理解固件包的架构。

Drivers 文件夹中包含特定于硬件平台的驱动程序代码，这些驱动程序用于与 STM32 微控制器的外设进行通信和控制。其内部包含以下内容。

- BSP 文件夹：板级支持包，用于适配官方的开发板。
- CMSIS 文件夹：符合 CMSIS 标准的组件，包括 Cortex 内核相关文件、DSP 库、RTOS 抽象层文件。
- STM32xxxx_HAL_Driver 文件夹：HAL 库外设驱动程序。

Middlewares 文件夹通常包含各种中间件组件，这些组件可以帮助开发人员实现特定功能或增强系统性能，这些中间件通常由意法半导体公司或第三方提供，并且经过了 STM32 微控制器的验证和适配。

- ST 文件夹：包含了意法半导体公司提供的一些中间件，如 Azure RTOS 中间件、STMTouch 库、USB Power Delivery(USB PD)库、网络库等。
- Third_Party 文件夹：第三方提供的一些开源库，可能包括某些文件系统、操作系统、安全组件、网络协议、解码工具等。

Projects 文件夹包含意法半导体官方开发板例程，可参考学习。

Utilities 文件夹通常包含一些辅助工具和实用程序，用于帮助开发人员进行开发、调试和测试。这些工具可能有助于简化开发流程、提高开发效率或者提供额外的功能支持。

LICENSE. md 文件包含了版权、软件版本信息。

package. xml 为固件包版本信息。

README. md 为自述文件。

Release_Notes. html 为补充或更新说明的链接，可用浏览器打开。

2.3.2　HAL 库文件分析

本节主要介绍 STM32U5xx_HAL_Driver 文件夹的内容，其他型号的 STM32 的固件库中的文件类似。该文件夹下有 Src 和 Inc 两个文件夹，分别存放的是 HAL 库外设驱动 C 语言源码和对应的头文件，同时，该文件夹下还有对应的 User_Manual. chm 文件，用于说明涉及的函数、结构体、宏定义等，如图 2.12 所示。

在 Src 文件夹中，有的文件是带 hal 字段的，表明是 HAL 库文件，如图 2.13 所示。

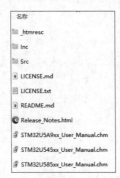

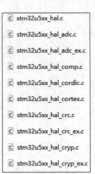

图 2.12　STM32U5xx_HAL_Driver 文件夹的内容　　　图 2.13　Src 文件夹的 HAL 库文件

有的文件是带 ll 字段的，表明是 LL 库文件。

根据文件名对这些文件进行分类，可按照表 2.3 对不同文件的作用进行理解。

表 2.3　Src 文件夹中的文件作用

文　件	功　能
stm32u5xx_hal. c/. h	HAL 库的初始化函数、设置 Tick 时钟、设置参考电压
stm32u5xx_hal_conf. h	HAL 库的用户配置文件，用于裁剪 HAL 库的各种功能。官方提供了该文件的模板文件 stm32u5xx_hal_conf_template. h，在使用时需要复制过来命名成该文件名
stm32u5xx_hal_def. h	包含了 HAL 库中使用的一些基本定义和宏定义，以及一些必要的数据结构的定义
stm32u5xx_hal_cortex. c/. h	用于管理 Cortex 的初始化和配置功能、外围控制功能，如 NVIC 配置、Systick 配置、MPU 安全等
stm32u5xx_hal_ *** . c/. h	外设驱动。 *** 代表外设简称，如 spi、tim、dac 等。该文件中包含配置和使用该外设的 API 函数
stm32u5xx_hal_ *** _ex. c/. h	包含外设驱动的扩展功能
stm32u5xx_ll_ *** . c/. h	LL 库驱动，包含一些外设的底层功能实现，如寄存器配置等

官方在 STM32Cube_FW_U5_V1. 2. 0\Drivers\STM32U5xx_HAL_Driver 文件夹中提供了 HAL 库的外设驱动文件中涉及的函数和相关定义的说明，文件名为 STM32U545xx_User_Manual. chm。用户可以在此文件中查找各种函数接口的介绍。用户也可以通过查看程序中的官方注释来学习。

第3章

CHAPTER 3

STM32 的开发工具

介绍及安装

为了开发 STM32,需要准备代码开发环境和连接硬件用的调试下载工具。下面分别介绍这两类工具。

为了将编写的代码编译成可下载到芯片中的文件,需要利用开发环境对编写的代码进行编译。常见的开发环境有 MDK、EWARM、STM32CubeIDE、GNU 编译器套件(GNU Compiler Collection,GCC)等。

MDK 全称为 Microcontroller Development Kit,即微控制器开发套件。它源自 Keil 公司(后被 ARM 公司收购),现也称为 MDK-ARM。MDK-ARM 软件为基于 Cortex-M、Cortex-R4、ARM7、ARM9 等内核的处理器设备提供了一个完整的开发环境。

EWARM 全称为 Embedded Workbench for ARM,是 IARSystems 公司为 ARM 微处理器开发的一个集成开发环境。其包含项目管理器、编辑器、编译连接工具和支持 RTOS 的调试工具。在该环境下可以使用 C/C++和汇编语言方便地开发嵌入式应用程序。

STM32CubeIDE 由意法半导体公司开发,是面向 STM32 的一体化集成开发环境。该 IDE 基于 Eclipse 或 GNU C/C++工具链等开源解决方案,包括编译报告功能和高级调试功能。它还额外集成了生态系统中其他工具才有的功能,如来自 STM32CubeMX 的硬件和软件初始化及代码生成功能。其通过多种增强功能(如数据变量实时观察和特殊寄存器视图)帮助快速调试应用程序,代码编辑、项目构建、板级烧录和调试均集成在一起,可实现无缝、快速的开发周期。

GNU 编译器套件是由 GNU 开发的编程语言编译器。前面介绍的几种开发环境属于集成开发环境,它们把代码编辑界面(文本编辑器)、编译器和调试器整合到一个软件中,使得开发起来较为方便。而 GCC 只负责其中的一个环节,即编译器功能。因此,其不包含文本编辑界面,并且使用起来需要配合 Makefile 编译规则说明文件和命令行的各种指令。

为了将开发环境编译生成的文件下载到芯片中并进行调试,还需要调试下载工具将计算机和芯片进行连接。JLINK 和 ST-LINK 是两种常用的用于调试和编程 ARM 微控制器的仿真器,它们都可以通过 USB 接口与计算机连接,实现对目标芯片的内存、寄存器、外设等的访问和控制。

JLINK 是德国 SEGGER 公司推出的仿真器,如图 3.1 所示。它实际上是一个小型 USB 到 JTAG/SWD 的转换盒,其与计算机通过 USB 接口连接,采用的是 JTAG 协议或 SWD 协议。JLINK 还支持广泛的 CPU 和体系结构,从 8051 到大众市场的 Cortex-M,再到 Cortex-A (32 位和 64 位)等高端内核。JLINK 支持直接连接 SPI 闪存,不需要

图 3.1 JLINK

在 JLINK 和 SPI 闪存之间使用 CPU(通过 SPI 协议直接通信)。JLINK 得到了多个主流集成开发环境的进一步支持,包括 SEGGER Embedded Studio、Visual Studio Code、Keil MDK、IAR EWARM 等。

ST-LINK 是意法半导体公司为开发 STM8/STM32 系列 MCU 而设计的集在线仿真与下载功能于一体的开发工具,支持 SWIM、JTAG、SWD 共 3 种模式。最新的 ST-LINK 型号为 V3,提供了一个虚拟 COM 端口,允许主机 PC 通过一个 UART 与目标微控制器通信,以及桥接接口(SPI、I^2C、CAN、GPIO),允许通过引导加载程序对目标进行编程。其支持的开发环境有 MDK-ARM、IAR EWARM、基于 GCC 的集成开发环境。

ARM Mbed DAPLink 是一个开源软件项目,用于在 ARM Cortex CPU 上运行的应用软件上进行编程和调试。DAP 全称为 Debug Access Port,即调试访问端口。它是一种开源的调试与编程接口协议,可以被下载使用。该项目正在由 ARM、其合作伙伴、众多硬件供应商以及全球开源社区进行持续开发。DAPLink 已经取代了 mbed CMSIS-DAP 接口固件项目。

本书主要介绍 MDK+DAPLink 的开发方式,同时使用 STM32CubeMX 进行初始的工程项目配置和生成。

视频讲解

3.1 生成工程模板——STM32CubeMX

STM32CubeMX 是一种图形化的配置工具,通过分步过程可以非常轻松地配置 STM32 微控制器和微处理器,以及为 ARM Cortex-M 内核或面向 ARM Cortex-A 内核的特定 Linux 设备树生成相应的初始化 C 代码。在 STM32CubeMX 诞生以前,需要手工一步一步地在 MDK 中引入工程文件,并且手工添加外设配置代码。在使用 STM32CubeMX 以后,我们只需要在软件中选择 STM32 的相应功能,即可让其自动生成属于 MDK 的配置好外设的工程模板。

3.1.1 STM32CubeMX 的安装

下面介绍该软件的安装过程。

(1) 由于 STM32CubeMX 的使用需要 Java 开发环境,因此需要先去 Java 的官方网站上获取 Java 开发环境的安装包。打开页面后选择下载 Java,下载的文件名类似于 jre-8u401-windows-x64.exe。

(2) 打开下载的 Java 安装包进行安装,如图 3.2 所示。

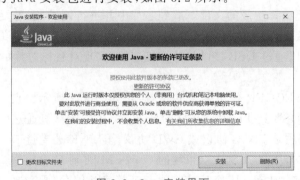

图 3.2 Java 安装界面

（3）从意法半导体公司官方网站上获取 STM32CubeMX 安装包（"首页"→"工具与软件"→"开发工具"→"STM32 软件开发套件"→"STM32 配置程序和代码生成器"→STM32CubeMX），如图 3.3 所示。在页面的下方选择属于不同系统的安装包进行下载（下载前需注册登录）。

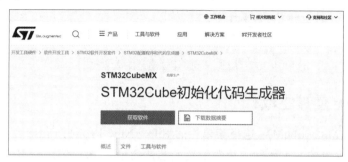

图 3.3 STM32CubeMX 下载页面

（4）运行 STM32CubeMX 的安装包进行安装。注意：安装目录不可出现中文。

（5）安装完成后桌面会出现 STM32CubeMX 的图标。

3.1.2 固件包的安装

不同的芯片需要使用不同的固件来进行配置，因此在配置 STM32 之前还需要在 STM32CubeMX 中下载相应的固件包，如图 3.4 所示。在该软件中，可以通过离线的方式进行固件包的安装，即按照 2.3.1 节介绍的方法—先从官方网站上下载对应的固件包，然后选择软件菜单栏的 Help→Manage embedded software packages 命令，在打开的窗口中单击 From Local 按钮。注意，需要先安装基础包（如 1.2.0），再安装扩展包（如 1.2.1）。这里推荐采用在线的方法自动进行安装，即 2.3.1 节介绍的方法二。

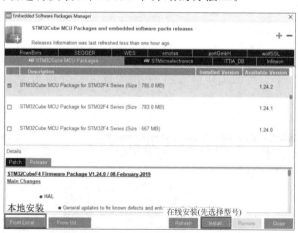

图 3.4 STM32CubeMX 中的固件包安装界面

由于后续实验使用 STM32U575，这里选择 STM32U5 的最新固件进行安装。安装完成后，执行 Help→Manage embedded software packages 命令，在打开的窗口中，对应的固件包版本前面的方框会变为绿色，如图 3.5 所示。

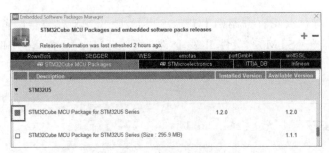

图 3.5　固件包安装完成

3.1.3　配置并生成代码模板

（1）打开 STM32CubeMX，选择菜单栏的 File→New Project 命令。

（2）在弹出窗口的左上角输入想要配置的芯片的型号，在 MCUs/MPUs List 中双击对应的型号即可打开配置窗口，如图 3.6 所示。

由于 STM32U575 支持 TrustZone 功能，因此会弹出如图 3.7 所示的对话框，单击 OK 按钮即可，默认不选择 TrustZone 功能。其他一些型号不会弹出此对话框。

图 3.6　芯片型号选择界面

图 3.7　选择是否启用 TrustZone

（3）在配置窗口的 Pinout & Configuration 标签页中，左侧可以设置各种外设及功能的参数，右侧可以配置每个引脚的工作模式，右下角的放大镜处用来搜索引脚的编号，以便定位引脚，如图 3.8 所示。

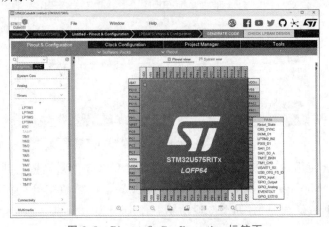

图 3.8　Pinout & Configuration 标签页

在 Clock Configuration 标签页中,可以配置各个总线上的时钟来源和频率。

在 Project Manager 标签页中,可以配置工程的相关设置,如目录、代码支持的 IDE、固件包版本号、生成的文件列表等。

Tools 标签页中是其他的一些工具,如 PCC 代表 Power Consumption Calculator,可用于计算能耗;CAD 允许用户快速访问和下载一个或多个设计工具链的原理图符号、PCB 示意图和 3D CAD 模型。

(4) 设置好之后,单击 GENERATE CODE 按钮即可在对应的目录生成对应 IDE 使用的工程模板。详细的代码生成步骤及编译、调试、下载方法将会在实验中进行说明。

有关 STM32CubeMX 的详细使用方法,可单击菜单栏的 Help 进行了解。

3.2 编辑编译工程——MDK-ARM、STM32CubeIDE

视频讲解

3.2.1 MDK-ARM

下面介绍该软件的安装过程。

(1) 由于最新的 MDK 不支持 Compiler Version 5 编译器,而利用 STM32CubeMX 生成的工程需要使用此编译器,因此需要下载 5.37 版本以前的 MDK。打开 Keil 官方网站的 ARM Product Updates 页面,在页面中找到 5.36 版本的下载链接并单击打开,如图 3.9 所示。

(2) 在打开的页面中,需要填写相关信息才能下载。

(3) 双击安装程序安装即可。注意,要安装在全英文目录下,同时设置好程序内核的安装位置和固件包的安装位置,如图 3.10 所示。

图 3.9 ARM Product Updates 页面

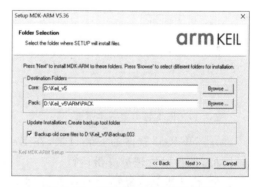

图 3.10 安装程序目录配置界面

(4) 安装完成后,桌面上会出现软件图标,如图 3.11 所示。

(5) 打开软件后,需要先选择菜单栏的 File→License Management 命令进行认证后才能使用该软件的全部功能,否则编译文件时会受到大小等限制。请咨询官方获取注册码。

图 3.11 MDK 图标

(6) 软件安装完成后,还需要安装针对特定芯片的固件包。该固件包和 STM32CubeMX 中安装的固件包不同,它是应用于 MDK 的,因此需要独立下载安装。打开 ARM Keil 官方网站,在页面上方找到 CMSIS Packs 并打开,如图 3.12 所示。

(7) 由于本书主要以 STM32U5 为例进行讲解,因此这里按照图 3.13 进行搜索,然后单击结果中的 STM32U5xx_DFP Keil。

图 3.12　ARM Keil 官方网站

图 3.13　MDK 固件包搜索页面

（8）在 Version History 中选择一个较老的版本，以便适应老版本的 MDK，如图 3.14 所示。这里选择 2.1.0 版本，如图 3.15 所示。

图 3.14　固件包历史版本页面

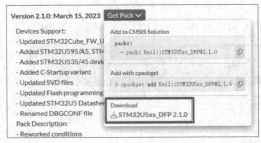

图 3.15　STM32U5xx_DFP 2.1.0 固件包下载页面

（9）打开 Keil 软件的安装目录，在 Keil_v5\UV4 文件夹下找到 PackInstaller.exe，右击该图标，选择以管理员身份运行。

（10）由于默认启动后会检查更新，影响后续操作，因此需要先取消选中"启动后自动更新"选项，即取消选中 Packs→Check For Updates on Launch，如图 3.16 所示。取消选中后再以管理员身份运行 PackInstaller.exe。

（11）在 Pack Installer 中，选择 File→Import 命令，如图 3.17 所示。然后在打开的窗口中选择下载的安装包 Keil.STM32U5xx_DFP.2.1.0.pack 进行安装。

图 3.16　启动后检查更新选项

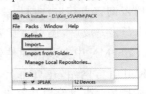

图 3.17　Pack Installer 的 File 菜单

注意,MDK 版本要和 Packs 安装包版本对应。有些老版本的 MDK 可能会在打开新版本的固件包时产生错误,因此可以在版本历史中下载旧版本的固件包,如 1.2.0 版本。

(12) 安装成功后,选择相应的芯片,即可在右侧显示固件包已安装,如图 3.18 所示。

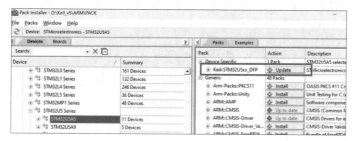

图 3.18　MDK 的固件包安装状态

3.2.2　STM32CubeIDE

STM32CubeIDE 是意法半导体公司官方提供的免费软件开发工具,也是 STM32Cube 生态系统的一员大将。它基于 Eclipse/CDT 框架、GCC 编译工具链和 GDB 调试工具,支持添加第三方功能插件。同时,STM32CubeIDE 还集成了部分 STM32CubeMX 和 STM32CubeProgrammer 的功能,是一个多合一的 STM32 开发工具,如图 3.19 所示。

图 3.19　STM32CubeIDE 软件界面

用户只需要 STM32CubeIDE 这一个工具,就可以完成从芯片选型、项目配置、代码生成到代码编辑、编译、调试和烧录的所有工作。

在开发过程中,用户也可以非常方便地切换到内嵌的 STM32CubeMX 初始化窗口,添加或者修改之前的外设和中间件配置。不需要在多个工具之间进行切换。

STM32CubeIDE 提供的编译和堆栈分析工具为用户提供了关于项目状态和内存使用的有用信息,还提供了很多高级的调试功能帮助用户进行高效调试。

与 STM32CubeMX、STM32CubeProgrammer 一样,STM32CubeIDE 也是一个多平台的 STM32 开发工具,用户可以在 Windows、Linux 和 macOS 操作系统上通过 STM32CubeIDE 进行软件开发。

下面介绍该软件的安装过程。

(1) 按照 3.1.1 节的步骤安装 Java 环境。

(2) 打开意法半导体公司官方网站,依次进入"工具与软件"→"开发工具硬件"→"软件

开发工具"→"STM32 软件开发套件"→"STM32 软件开发套件"→STM32CubeIDE,如图 3.20
所示。在页面下方选择对应系统的版本下载即可(下载前需注册登录)。

图 3.20 STM32CubeIDE 下载页面

(3) 注意设置安装目录为全英文目录,如图 3.21 所示。

(4) 选择安装两个仿真器驱动,如图 3.22 所示。

图 3.21 STM32CubeIDE 安装目录设置   图 3.22 STM32CubeIDE 驱动设置

(5) 安装完成后在桌面上会显示对应的图标。

打开工程后,窗口各部分功能如图 3.23 所示。

图 3.23 STM32CubeIDE 界面

工具栏如图 3.24 所示。

图 3.24　STM32CubeIDE 的工具栏

使用图标 　创建新 C 源代码文件、头文件或新目标，例如，工程、库或存储集（执行主菜单中的 File→New 命令）。

使用图标 　编译工程。

使用图标 　启动调试，或者单击箭头对调试配置进行设置（此功能可通过主菜单中的 Run 选项启动）。

手电筒图标 　用于启动各种搜索工具，利用箭头 　可浏览最近访问的工程区域（对应菜单栏中的 Search 和 Navigate）。

3.3　调试下载工具

3.3.1　ST-LINK

视频讲解

ST-LINK 硬件主要由两部分组成：ST-LINK 主控板和连接线。ST-LINK 主控板上有一个 USB 接口、一个 20 针 JTAG/SWD 连接口和一个 LED 指示灯。USB 接口用于连接计算机，JTAG/SWD 连接口用于连接芯片进行调试和编程。各版本 ST-LINK 如图 3.25 所示。

ST-LINK V1　　　　ST-LINK V2　　　ST-LINK V3MINI

图 3.25　各版本 ST-LINK

ST-LINK V1 是较老的版本，官方网站上显示已经停产。

ST-LINK V2 是目前比较常见的版本，相比于 V1 有更高的数据传输速率。

ST-LINK V3 是针对 STM8 和 STM32 的新一代模块化在线调试兼编程功能的工具。STLINK-V3 包含 3 个版本：STLINK-V3SET、STLINK-V3MINI、STLINK-V3MODS。V3 相较于 V2 有更高的数据传输速率，同时具备更高灵活性和扩展性，满足定制化需求。

为了在计算机上正常使用 ST-LINK，需要为其安装驱动。驱动程序下载页面如图 3.26 所示。

图 3.26　ST-LINK 驱动程序下载页面

下载并解压后,如果系统是 64 位的,则右击 dpinst_amd64.exe 后选择以管理员身份运行即可安装。如果系统是 32 位的,则右击 dpinst_x86.exe 后选择以管理员身份运行即可安装。

驱动安装完成后,在计算机上插入 ST-LINK,设备管理器中会显示相应的设备,如图 3.27 所示。

图 3.27　设备管理器中的 ST-LINK 设备

3.3.2　DAPLink

图 3.28 是基于 ARM Mbed DAPLink 的开源项目开发的一款 DAPLink 调试下载器,可以看到其上部为 USB 接口,下部为 10 针的调试下载引脚。

DAPLink 是免驱的,插上设备即可使用,如图 3.29 所示。

图 3.28　一款 DAPLink

图 3.29　设备管理器中的 DAPLink 设备

本书的实验使用 DAPLink 进行程序的下载和调试,也可以使用 ST-LINK,只需调整 MDK 中的工程选项即可,如图 3.30 所示。

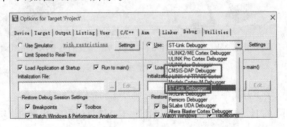

图 3.30　MDK 中对调试下载器的选择

3.4　串行通信工具

为了在计算机和单片机之间进行串行通信,既需要在单片机侧连接串行通信芯片,也需要在计算机上安装对应芯片的驱动程序。

CH340 是一款 USB 转串口的芯片。通过将 CH340 部署到开发板上,可以实现计算机与开发板的串行通信。因此,需要在计算机上安装 CH340 驱动。

打开 WCH 官方产品页面,在页面下方找到驱动程序,选择对应的系统下载即可,如图 3.31 所示。这里下载 CH341SER.EXE,因为它与 CH340 驱动兼容。

运行下载的安装程序后,单击"安装"按钮。

安装成功后,当利用 USB 线连接含有 CH340 的开发板时,可以看到设备管理器里面能够识别到 CH340,如图 3.32 所示。

图 3.31　CH340 官方驱动下载页面　　　　图 3.32　设备管理器中识别到的 CH340

在开发过程中,可以在计算机上使用串口调试助手软件来与开发板进行串行通信。

3.5　STM32 硬件开发平台

为了对 STM32 进行编程并调用各种外设接口、传感器,需要使用特定的硬件开发平台进行学习。本书使用由华清远见研发的 FS-STM32U5 开发板。FS-STM32U5 开发板由底板、核心板、显示屏、资源扩展板组成,如图 3.33 所示。该开发板可更换 STM32F407、STM32F103 等型号的核心板,以便学习其他型号的 STM32。

图 3.33　FS-STM32U5 开发板

3.6　实验:用 STM32CubeMX 和 MDK 创建工程项目并调试

视频讲解

本实验将使用在前面章节中安装好的开发环境进行工程的创建和调试,从而熟悉利用 STM32CubeMX 和 MDK 开发 STM32 的流程,并熟悉相关软件的使用方法。本实验的实验效果是:在主函数中创建变量后,在主循环中为此变量加 1,通过在 Debug 模式中插入断点并查看执行效果。

3.6.1　配置 STM32CubeMX 工程

(1) 打开 STM32CubeMX,选择菜单栏的 File→New Project 命令新建一个工程。在弹出的页面中搜索对应的型号。本实验使用 STM32U575RIT6(如果使用其他型号,则搜索对应型号,然后继续后续步骤即可)。在 MCUs/MPUs List 中找到对应型号后双击打开,如图 3.34 所示。

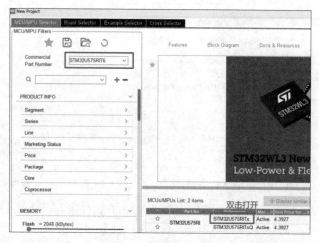

图 3.34　选择 STM32 型号

图 3.35　TrustZone 使能选择

（2）由于本芯片支持 TrustZone 功能，所以会弹出如图 3.35 所示页面，选择默认的不使用 TrustZone 选项，单击 OK 按钮。

（3）检查 SYS 界面下是否有 Debug 设置，若有则选择 Serial Wire 模式，若没有该设置则可以不做设置，如图 3.36 所示。

这对应于 ST-LINK 在 MDK 中的调试模式，如图 3.37 所示。

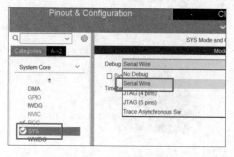

图 3.36　Debug 模式选择

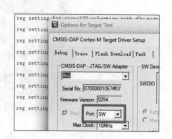

图 3.37　MDK 中的调试接口设置

（4）由于不使用外设，所以直接进入 Project Manager 页面设置工程即可。在 Project 栏目中，需要设置工程名称、工程目录以及使用的 Toolchain/IDE。注意，目录中必须为全英文。本实验使用 MDK-ARM 进行编译，选择默认的版本号即可，如图 3.38 所示。

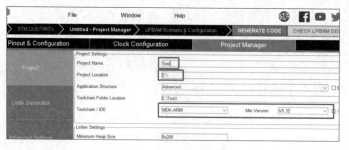

图 3.38　工程设置页面

（5）在 Code Generator 栏目中,选中 Copy only the necessary library files 单选按钮,即只复制必要的文件,以便节省工程占用空间,提高生成速度,同时选中 Generate peripheral initialization as a pair of '.c/.h' files per peripheral 复选框,为外设分别生成.c 和.h 文件,如图 3.39 所示。

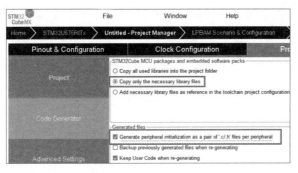

图 3.39　代码生成设置

（6）单击 GENERATE CODE 按钮。由于 STM32U5 系列支持 ICACHE(Instruction Cache)指令缓存技术,所以会弹出警告对话框提示没有使用 ICACHE。如果不使用高速外设,单击 Yes 按钮即可,如图 3.40 所示。

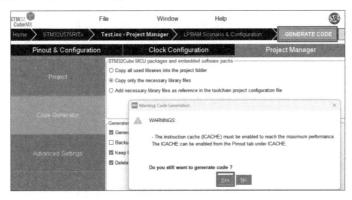

图 3.40　ICACHE 使能提示

（7）在弹出的对话框中单击 Open Project 按钮即可在 MDK 中打开该工程,如图 3.41 所示。也可以打开工程所在的文件夹,再双击打开 ∗.uvprojx 文件。完成此步骤的前提是 MDK-ARM 安装成功并安装好了 STM32U5 的固件包。

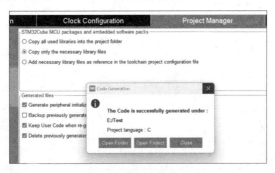

图 3.41　打开工程选择

3.6.2 使用 MDK 打开并编辑工程

（1）在打开的工程中，左侧为引入工程的文件，如图 3.42 所示。startup_stm32 **** xx.s 文件为单片机上电后执行的第一段程序，大致分为几个步骤：初始化堆栈指针（SP）、初始化程序计数器（PC）、初始化中断服务程序（ISR）向量表、跳转到__main。system_stm32u5xx.c 文件主要用于系统初始化、系统时钟配置。

（2）如图 3.43 所示，单击 Options for Target 按钮，打开工程配置界面。

图 3.42　工程文件

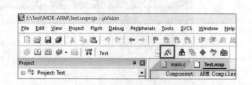

图 3.43　Options for Target 按钮所在位置

Device 标签页可显示选择的芯片型号和固件包版本。

Target 标签页用于设置代码的 ROM 与 RAM 的起始地址、编译器版本等，如图 3.44 所示。MicroLib 是标准 C 库的裁剪版本，一般用于存储空间非常小的嵌入式应用。注意：如果要编译的项目引用 C++ 函数，那么由于 C++ 与 MicroLib 不兼容，所以此时不使用 MicroLib。

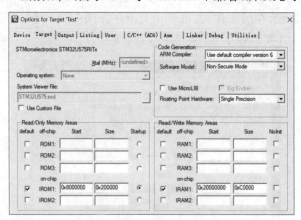

图 3.44　Target 标签页

Output 标签页用于设置输出的文件名与保存的目录,如图 3.45 所示。选中 Debug Information 选项可以生成调试信息,取消选中此选项时,无法打断点调试。选中 Create HEX File 选项可生成单独烧写的 Hex 文件。选中 Browse Infomation 选项可以生成浏览信息,可以在 Keil 中索引函数或变量的定义、调用等,没有这个信息就无法直接定位函数所在位置;取消选中该选项会大大加快文件的编译速度。当需要封装模块或打包静态库时,可以选中 Create Library 单选按钮,该选项与 Create Executable 互斥,会生成 .lib 文件而不是完整的 .axf 文件。该选项可用于提供复用的软件包使用,一般不勾选。选中 Create Batch File 选项即可在编译后生成 .bat 格式的编译执行脚本,利用此脚本,可在不打开 Keil 工程的情况下只执行编译执行脚本即可编译工程。

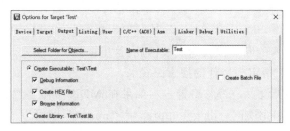

图 3.45　Output 标签页

Listing 标签页可以通过 Select Folder for Listings 按钮指定 .lst 文件的存放目录,避免在编译过程中生成的 .lst 临时文件杂乱无章,如图 3.46 所示。还可设置是否生成 .map 等文件。

图 3.46　Listing 标签页

User 标签页可以指定编译前和编译后执行的用户程序。选中 Beep When Complete 选项时在编译完成后扬声器会响一下以进行提示。

C/C++(AC6)标签页用于设置编译 C 语言时的预定义、编译选项、头文件目录、编译警告等,如图 3.47 所示。

Define 中的"USE_HAL_DRIVER,STM32U575xx"是预编译宏,表示使用 HAL 库、STM32U575xx 系列单片机,对应程序中的预编译判断。如果有其他的预编译宏,则可以用逗号分开。

Optimization 可用于设置优化等级。当项目工程较大,想要节省芯片存储空间时,可以考虑提升优化等级。ST 的芯片这里有 0～3 共 4 个等级可选。需要注意的是,优化等级越

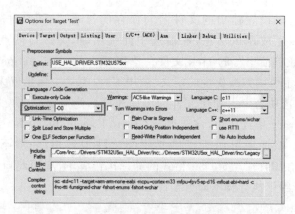

图 3.47 C/C++（AC6）标签页

高,在调试模式中能加入的断点位置越少。因此,这里选择-O0 模式,不进行优化。

Include Paths 用于指定头文件的搜索路径。

Misc Controls 用于设置是否忽略警告。如果在 MDK 中需要忽略某一个具体的警告,只需在 Misc Controls 中添加"--diag_suppress=<num>"就可以了,num 就是 Keil 中的警告代码。例如,在工程中需要忽略../Core/Src/main.c(88)：warning：♯177-D：variable "i" was declared but never referenced 这个警告,只需添加 --diag_suppress=177 即可。

Asm 标签页用于设置汇编编译时的选项。

Linker 标签页用于配置连接时的选项,如图 3.48 所示。其中,Scatter File(分散加载文件)可以设置分散加载文件的位置。Scatter File 描述内存的布局和分配,指定程序代码、数据和堆栈等的位置和大小,还可以指定在 Flash 存储器中的程序代码如何被分区和排列。当想在外部存储器中保存大量的数据时,可以利用分散加载文件将这些内容加载到外部存储中,避免内部存储不够用。

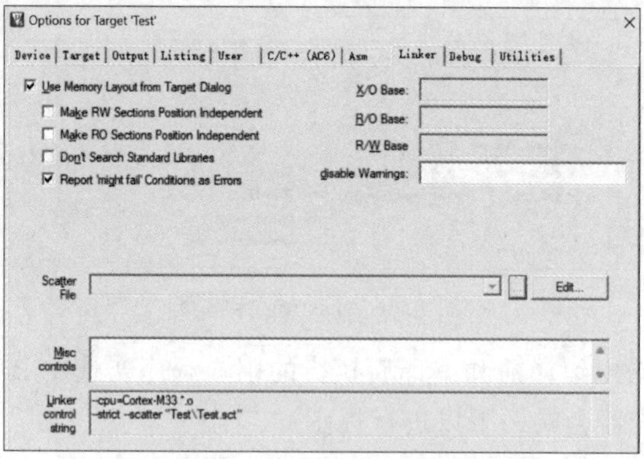

图 3.48 Linker 标签页

Debug 标签页用于设置软件模拟调试(左侧)和硬件调试(右侧),如图 3.49 所示。在硬件调试中,可以配置使用的调试器。

Use：选择调试器型号为 ST-Link Debugger。

Load Application at Startup：设置启动位置从启动文件开始加载。若不选中该选项,则在进入调试时,不会重新从初始启动位置开始执行,但需要手动添加.ini 文件,把.axf 的

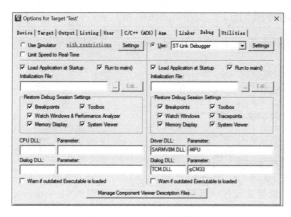

图 3.49　Debug 标签页

调试信息放到 Keil 里,否则进入调试时无法设置断点,也无法追踪到当前程序位置。

Initlalization File:指定可以包含 Debug Commands、Debug Functions、调试器配置和设备初始化命令的文件。

Run to main():进入 Debug 模式后运行到 main 函数后暂停。如果不选中该选项,则会在启动文件处暂停。

Restore Debug Session Settings:恢复调试会话设置。选中该选项后可以使用上一次调试过程中设置的 Breakpoints、Watch Windows、Memory Display、Toolbox 等。

Driver DLL:驱动动态库文件,Parameter 是其参数。

Dialog DLL:会话框动态库文件,Parameter 是其参数。

Utilities 标签页用于配置 Flash 烧写算法和配置如何处理生成的镜像文件。

(3) 双击打开 main. c 文件,找到 int main(void)函数。代码中有很多 USER CODE BEGIN 和 USER CODE END 的标记。用户代码需要写在这些标记之内,才能在 STM32CubeMX 中更改配置后重新生成代码时不被覆盖。在 USER CODE BEGIN 1 处定义一个变量,然后在主循环中对这个变量+1,如下所示:

```
int main(void)
{
  /* USER CODE BEGIN 1 */
    int i = 0;
  /* USER CODE END 1 */
  /* MCU Configuration--------------------------------------------------------*/
  /* Reset of all peripherals, Initializes the Flash interface and the Systick. */
  HAL_Init();
  /* Configure the system clock */
  SystemClock_Config();
  /* Configure the System Power */
  SystemPower_Config();
  /* USER CODE BEGIN WHILE */
  while (1)
  {
      i++;
    /* USER CODE END WHILE */
    /* USER CODE BEGIN 3 */
  }
```

（4）设置编译优化等级为-O0，如图 3.50 所示。

（5）修改完成后，单击左上角的 Rebuild 按钮 ▦ ，如图 3.51 所示。

图 3.50　设置编译优化等级　　　　　图 3.51　Rebuild 按钮所在位置

（6）在 Build Output 区域可以看到编译结果，如图 3.52 所示。在输出的信息中，Program Size 后面的 Code 代表代码段，存放程序的代码部分；RO-data 代表只读数据段，存放程序中定义的常量；RW-data 代表读写数据段，存放初始化为非 0 值的全局变量；ZI-data 代表 0 数据段，存放未初始化的全局变量及初始化为 0 的变量。其后跟的数字代表所占空间大小。

```
Build Output
compiling stm32u5xx_hal_flash.c...
compiling stm32u5xx_hal_flash_ex.c...
compiling stm32u5xx_hal_pwr_ex.c...
compiling stm32u5xx_hal_dma_ex.c...
compiling stm32u5xx_hal_rcc_ex.c...
linking...
Program Size: Code=5432 RO-data=680 RW-data=12 ZI-data=1644
FromELF: creating hex file...
"Test\Test.axf" - 0 Error(s), 0 Warning(s).
Build Time Elapsed:  00:00:02
```

图 3.52　编译信息

这些信息会在工程目录下的 ＊.map 文件中详细说明，如图 3.53 所示。在该文件中，列举了每个编译后生成的.o 文件中不同数据所占的空间大小。

```
================================================
Image component sizes


    Code (inc. data)   RO Data    RW Data    ZI Data      Debug   Object Name

     126           0         0          0          0       2317   main.o
      68          28       568          0       1536        908   startup_stm32u575xx.o
     202           0         0          8          4      11715   stm32u5xx_hal.o
     162           0         0          0          0      14094   stm32u5xx_hal_cortex.o
      32           0         0          0          0       2160   stm32u5xx_hal_msp.o
     336           0         0          0          0      14698   stm32u5xx_hal_pwr_ex.o
    3994          12         0          0          0      15463   stm32u5xx_hal_rcc.o
      20           0         0          0          0       1002   stm32u5xx_it.o
      76           0        80          4          0       4230   system_stm32u5xx.o

 ----------------------------------------------------------------------
    5046          40       680         12       1548      66587   Object Totals
       0           0        32          0          0          0   (incl. Generated)
      30           0         0          0          8          0   (incl. Padding)
 ----------------------------------------------------------------------

    Code (inc. data)   RO Data    RW Data    ZI Data      Debug   Library Member Name

       8           0         0          0          0         68   __main.o
       0           0         0          0          0          0   __rtentry.o
      12           0         0          0          0          0   __rtentry2.o
       6           0         0          0          0          0   __rtentry4.o
      52           8         0          0          0          0   __scatter.o
      26           0         0          0          0          0   __scatter_copy.o
      28           0         0          0          0          0   __scatter_zi.o
      18           0         0          0          0         80   exit.o
       6           0         0          0          0        152   heapauxi.o
       0           0         0          0          0          0   indicate_semi.o
```

图 3.53　map 文件内容

3.6.3 连接开发板调试程序

（1）将编译后的 .hex 文件烧写到芯片中。按照图 3.54 所示将开发板和计算机连接起来。其中，Type-C USB 线用于给开发板供电；FS-DAP-LINK 一端通过 MiniUSB 线连接到计算机，另一端通过排线和转接板连接到核心板上；核心板采用 STM32U575（如果在创建工程时选择了其他型号的 STM32，则可以选择对应的核心板）。

图 3.54 开发板与 DAP-LINK 的连接

如果有 ST-LINK，也可以将 ST-LINK 通过此种方式连接到开发板上。注意，要提前安装 ST-LINK 驱动并在设备管理器中正确识别到。

（2）连接好开发板和计算机并保证开发板供电后，在 MDK 中单击 Options for Target 按钮打开 Debug 标签页，依据使用的调试器选择 CMSIS-DAP 调试器或者 ST-LINK 调试器，如图 3.55 所示。

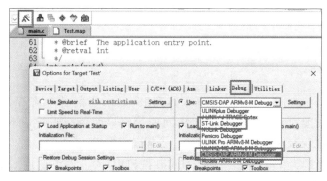

图 3.55 调试器选择

（3）单击 Settings 按钮，在打开的页面中可以看到 SW Device 被正确识别。同时在 Flash Download 标签页里有相关的 Flash 烧写算法（若没有，则需要单击 Add 按钮添加），如图 3.56 所示。

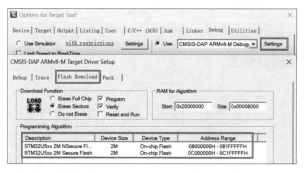

图 3.56 Flash 烧写算法设置页面

使用 DAP-LINK 时显示信息如图 3.57 所示。

使用 ST-LINK 时显示信息如图 3.58 所示。

（4）如图 3.59 所示，单击 Debug 按钮 ，弹出如图 3.60 所示的界面。

图 3.57　使用 DAP-LINK 时的识别信息

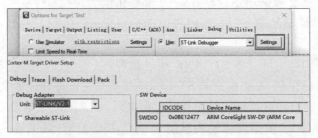

图 3.58　使用 ST-LINK 时的识别信息

图 3.59　Debug 按钮所在位置

（5）在如图 3.60 所示中，左侧为寄存器列表，显示当前各个寄存器的值。右上侧的 Disassembly 为当前要执行的汇编指令。中间的代码界面由箭头指示下面要执行的代码。在 i++这个语句左侧深灰色位置单击，插入一个断点（如果无法插入断点，说明优化级别太高，需要调整优化级别为-O0，重新单击 Rebuild 按钮编译）。右下侧的 Call Stack 为相关函数、变量的地址、值和类型。

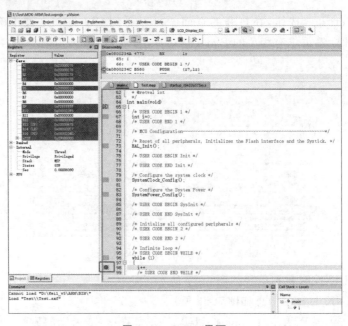

图 3.60　Debug 界面

在如图3.61所示的工具栏中，几个按钮分别为Reset(让程序复位到起始位置)、Run(正常运行，但会在断点处暂停)、Stop(在当前运行的位置处暂停)、Step(单步执行，遇到函数时会跳进函数内)、Step Over(执行一行代码，不会跳进函数内)、Step Out(执行完毕当前函数后返回到上一层函数)、Run to Cursor Line(运行到光标所在行)、Show Next Statement(跳转到程序暂停所在行)。

图3.61　Debug模式下的工具栏按钮

(6) 单击两次Step按钮 ，让程序执行完i＝0。可以看到此时箭头位于HAL_Init()函数前，说明即将执行该函数，同时右下角的变量i显示为0，如图3.62所示。

图3.62　单击两次Step按钮后程序所在位置

(7) 继续单击Step按钮 ，程序进入HAL_Init()函数内，如图3.63所示。

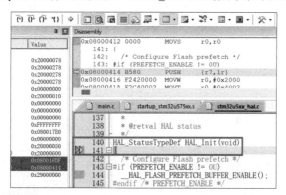

图3.63　程序进入HAL_Init()函数

（8）单击 Step Out 按钮 ，让程序执行完本函数，并返回上一层函数。此时可以观察到箭头位于即将执行的 SystemClock_Config() 函数前，如图 3.64 所示。

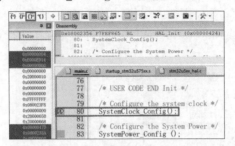

图 3.64　即将执行 SystemClock_Config() 函数

（9）单击 Step Over 按钮 ，即可执行完毕当前的行所代表的内容，光标移动到下一条代码上。

（10）单击 Run 按钮 全速运行，会发现程序会在断点处暂停，如图 3.65 所示。因为还没有执行 i++，所以此时变量 i 的值仍然为 0。

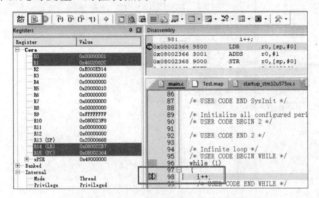

图 3.65　程序在断点处暂停

（11）继续单击 Run 按钮 ，让其在主循环中运行一圈后再次在断点处暂停，会发现变量 i 的值变为 1，如图 3.66 所示。

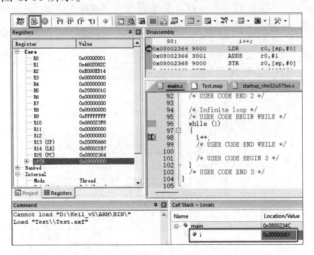

图 3.66　变量 i 的值变为 1

（12）单击 Reset 按钮 ![[Reset图标]]，程序会复位到代码运行的初始位置，如图 3.67 所示。

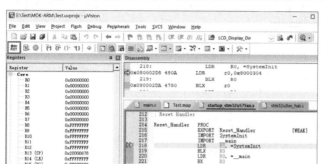

图 3.67 程序复位到代码运行的初始位置

3.7 main() 函数之前的启动流程

视频讲解

在调试过程中，我们会发现程序从 main() 函数中开始执行。实际上，在运行 main() 函数之前，芯片会依据一些程序进行系统的初始化，然后才会调到 main() 函数处执行。下面解释一下这个过程。

一般来说，STM32 处理器复位以后的工作步骤如图 3.68 所示（注意，此处说明的是典型情况，具体情况需要依据不同架构而定，特别是地址映射和 BOOT 引脚的配置部分）。

软复位是指通过编程方式在程序中触发的复位方式，如看门狗、寄存器写入等。硬复位是通过物理方式触发的复位方式，通常是通过将复位引脚（例如，NRST）拉低来实现的。无论是软复位还是硬复位，当复位发生时，STM32 都会通过 BOOT0 和 BOOT1 两个引脚（STM32U5 系列只有一个 BOOT0 引脚）的电平来判断启动程序加载到了哪里，即 0x00000000 这个地址实际代表哪个地址。

BOOT0＝0，BOOT1＝X：从主 Flash 内存启动，实际地址为 0x08000000。这是最常见的配置，用于正常的应用程序启动。

BOOT0＝1，BOOT1＝1：从 SRAM 启动，实际地址为 0x20000000 这需要在链接时由分散加载文件 *.sct 分配程序到 SRAM。

BOOT0＝1，BOOT1＝0：从系统存储器启动，实际地址为 0x1FFFF000，这是一段特殊的空间，通常包含出厂时设置的代码，为 ISP（In System Program）提供支持。它允许用户通过外部接口（如串行接口）来加载新的固件或进行其他调试和维护操作。

将程序加载到 Flash 或 SRAM 时，会执行启动文件 startup_stm32 **** xx.s（通过分散加载文件设置启动文件位于哪里）。在该文件中，首先会初始化堆栈空间，并将栈顶地址分配到最开始的 4 字节空间 0x00000000～0x00000003（如果程序烧进了 Flash，则映射到 0x08000000～0x08000003）。然后分配每个中断向量的地址。第一个中断向量是 Reset_Handler，也就是复位后要执行的程序，它被分配到栈顶地址后面的位置，即 0x00000004。在 Reset_Handler 中，会跳到 C 语言编写的初始化代码 SystemInit 中，然后再通过 __main 跳转到另一部分初始化代码，最终进入用户的 main() 函数。

下面再用如图 3.69 所示的存储结构图来解释这个过程。该存储结构图为简化版，实际情况需要查看芯片手册的说明。

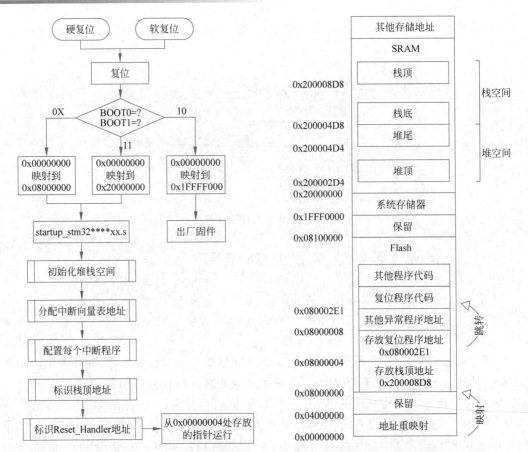

图 3.68 STM32 处理器复位以后的工作步骤   图 3.69 STM32 的存储结构图

当 BOOT0＝0，BOOT1＝X 时，0x00000000 映射到 0x08000000，于是系统会到此地址寻找栈顶地址是多少。根据分配的栈空间和堆空间大小，系统可能将 0x200008D8 作为栈顶地址，向下生长 0x400 字节的地址，紧接着是 0x200 字节大小的堆空间。所以 0x08000000 处存放的是栈顶地址 0x200008D8。

系统取出栈顶地址后，紧接着在 0x08000004 处取出程序地址。程序地址位于 0x80002E1，于是系统跳转到此处运行程序。

在调试模式中，可以在 Memory 窗口搜索到对应地址的数据，如图 3.70 所示。

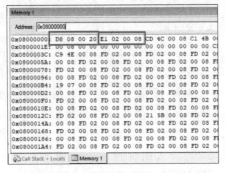

图 3.70 调试模式中的 Memory 窗口

启动代码 ＊.s 文件的作用

startup_stm32＊＊＊＊xx.s 文件中的代码执行于 main()函数之前,主要用于设置初始堆栈指针(SP)、设置初始程序计数器(PC)等于 Reset_Handler、在向量表中为每个异常/中断设置相应的服务程序地址、跳转到 C 库中的__main(最终调用 main())。下面看一下每部分的实现方式。

在 ＊.s 文件中,首先设置了堆栈的空间大小,并开辟了一段连续的空间,分配了堆栈的地址。EQU 伪指令用于为程序中的常量、标号等定义一个等效的字符名称,类似于 C 语言的 ♯ define。AREA 命令指示汇编程序汇编一个新的代码段或数据段,它指示汇编器在内存中为该区域分配空间,并可以指定该区域的属性,例如,代码区、数据区、只读区等。

```
; Amount of memory (in bytes) allocated for Stack
; Tailor this value to your application needs
; < h > Stack Configuration
; < o > Stack Size (in Bytes) < 0x0 - 0xFFFFFFFF:8 >
; </h >
Stack_Size      EQU         0x400            ;定义栈空间大小为 0x400(1K)
                AREA        STACK, NOINIT, READWRITE, ALIGN = 3
                ;开辟一段可读可写的数据空间,段名为 STACK,按照 8 字节对齐
Stack_Mem       SPACE   Stack_Size     ;分配 Stack_Size 大小的连续内存空间
__initial_sp                           ;栈顶地址


; < h > Heap Configuration
; < o >  Heap Size (in Bytes) < 0x0 - 0xFFFFFFFF:8 >
; </h >
Heap_Size    EQU     0x200            ;设置堆的大小
                AREA    HEAP, NOINIT, READWRITE, ALIGN = 3
__heap_base                            ;表示堆的开始地址
Heap_Mem     SPACE   Heap_Size        ;分配 Heap_Size 大小的连续内存空间
__heap_limit                           ;表示堆的结束地址
```

使用 PRESERVE8 确保了生成的可执行文件中的数据按照 8 字节边界对齐,这符合 ARM Cortex-M 等处理器的要求,并有助于优化程序的性能和稳定性。使用 THUMB 指令告诉编译器和链接器生成 Thumb 模式下的代码。Thumb 模式是 ARM 架构中的一种指令集,它通过使用更紧凑的指令编码来提高代码密度,并且通常可以提高代码执行效率。Thumb 模式下的指令通常是 16 位宽度,而 ARM 模式下的指令是 32 位宽度。在 STM32中,通常使用 Thumb 模式来编写启动代码和处理中断服务程序等关键部分,以节省内存空间并提高执行效率。因此,在启动文件中使用 THUMB 指令可以确保生成的代码在 Thumb 模式下运行。需要注意的是,可以通过特定的切换指令在 Thumb 模式和 ARM 模式之间进行转换,因此即使使用 Thumb 模式编写了启动文件,系统也可以在需要时从 Thumb 模式切换到 ARM 模式,反之亦然。

```
PRESERVE8                ;指定当前文件所占空间按照 8 字节对齐
THUMB                    ;表示后面的指令兼容 THUMB 指令集
```

然后定义了一个中断服务函数向量表。中断向量表构建了中断源的识别标志,可用来形成相应的中断服务程序的入口地址或存放中断服务程序的首地址。EXPORT 伪指令用

于在程序中声明一个全局的标号,该标号可在其他的文件中引用。DCD 是 Data Constant Doubleword 的缩写,该指令用于定义一个或多个双字(32 位)的数据,并将这些数据初始化到内存中的指定位置。下列代码用 DCD 为每个中断服务程序分配了 4 字节的空间,该空间存放对应程序的入口地址。

```
; Vector Table Mapped to Address 0 at Reset
        AREA   RESET, DATA, READONLY       ;定义一块数据段,只读,名为 RESET
        EXPORT__Vectors                    ;连续空间的开始地址
        EXPORT__Vectors_End                ;连续空间的结束地址
        EXPORT__Vectors_Size               ;连续空间的大小

__Vectors    DCD    __initial_sp           ; Top of Stack
             DCD    Reset_Handler          ; Reset Handler
             DCD    NMI_Handler            ; NMI Handler
             DCD    HardFault_Handler      ; Hard Fault Handler
             DCD    MemManage_Handler      ; MPU Fault Handler
             DCD    BusFault_Handler       ; Bus Fault Handler
             DCD    UsageFault_Handler     ; Usage Fault Handler
             DCD    SecureFault_Handler    ; Secure Fault Handler
             DCD    0                      ; Reserved
             DCD    0                      ; Reserved
             DCD    0                      ; Reserved
             DCD    SVC_Handler            ; SVCall Handler
             DCD    DebugMon_Handler       ; Debug Monitor Handler
             DCD    0                      ; Reserved
             DCD    PendSV_Handler         ; PendSV Handler
             DCD    SysTick_Handler        ; SysTick Handler
             ; External Interrupts
             DCD    WWDG_IRQHandler        ; Window WatchDog
             DCD    PVD_PVM_IRQHandler     ; PVD/PVM through EXTI Line detection Interrupt
             DCD    RTC_IRQHandler         ; RTC non-secure interrupt
             DCD    RTC_S_IRQHandler       ; RTC secure interrupt
             DCD    TAMP_IRQHandler        ; Tamper non-secure interrupt
             ...
```

然后定义了一段只读的代码区域。

```
             AREA   |.text|, CODE, READONLY
; Reset Handler
Reset_Handler    PROC
             EXPORT    Reset_Handler                [WEAK]
             IMPORT    SystemInit
             IMPORT    __main
             LDR    R0, = SystemInit
             BLX    R0
             LDR    R0, = __main
             BX     R0
             ENDP
; Dummy Exception Handlers (infinite loops which can be modified)
NMI_Handler\
             PROC
             EXPORT    NMI_Handler                  [WEAK]
```

```
              B         .
              ENDP
HardFault_Handler\
              PROC
              EXPORT    HardFault_Handler         [WEAK]
              B         .
              ENDP
MemManage_Handler\
              PROC
              EXPORT    MemManage_Handler         [WEAK]
              B         .
              ENDP
BusFault_Handler\
              PROC
              EXPORT    BusFault_Handler          [WEAK]
              B         .
              ENDP
         ...
```

在这段代码中,Reset_Handler 过程是处理处理器复位的代码。在 ARM Cortex-M 处理器中,复位后会跳转到该处理器的复位向量处执行。首先,用 EXPORT 声明了 Reset_Handler 过程具有全局属性,以便其他文件可以引用它。其次,导入了 SystemInit 和__main,分别表示系统初始化函数和主函数。通过“LDR R0,＝SystemInit”命令将 SystemInit 函数的地址加载到寄存器 R0 中,通过 BLX R0 调用 SystemInit 函数。再次,通过“LDR R0,＝__main”命令将__main 函数的地址加载到寄存器 R0 中。最后,通过 BX R0 跳转到__main 函数执行主程序。

NMI_Handler、HardFault_Handler 等过程是处理异常情况的代码,例如,NMI 中断、硬件错误等。每个过程都是一个无限循环,其中只包含了一个无条件分支到当前指令地址的指令“B.”。这相当于一个空循环,可以在需要时修改成相应的处理代码。

总的来说,这段代码的作用是在处理器复位时执行系统初始化,并跳转到主程序,同时定义了一些异常处理函数,这些函数目前只是简单的无限循环,可以在实际应用中根据需要进行修改。

最后根据是否使用微型库 MicroLib 来初始化用户堆栈和堆。如果使用微型库,则声明相关符号以便链接器使用;如果未使用微型库,则定义初始化堆栈和堆的过程,并声明相应的符号。

```
;*************************************************************
; User Stack and Heap initialization
;*************************************************************
         IF       :DEF:__MICROLIB

         EXPORT    __initial_sp
         EXPORT    __heap_base
         EXPORT    __heap_limit

         ELSE

         IMPORT    __use_two_region_memory
```

```
        EXPORT  __user_initial_stackheap

__user_initial_stackheap PROC
        LDR     R0, =  Heap_Mem
        LDR     R1, = (Stack_Mem + Stack_Size)
        LDR     R2, = (Heap_Mem +  Heap_Size)
        LDR     R3, = Stack_Mem
        BX      LR
        ENDP

        ALIGN

        ENDIF

        END
```

通用输入/输出接口

4.1 GPIO 简介

GPIO 的全称为 General-Purpose Inputs/Outputs,即通用输入/输出引脚。之所以叫作 GPIO,是因为它们具有多种功能和用途,可以配置为输入或输出,并且可以用于多种不同的应用场景。这种灵活性使得 GPIO 成为 STM32 微控制器中最重要和最常用的外设之一。具体来说,STM32 的 GPIO 可以用于以下几种功能。

输入(Input): GPIO 可以接收外部信号作为输入,并读取外部信号的状态。这使得 GPIO 能够与外部设备(例如,传感器、按钮等)进行通信,以便检测外部事件或状态变化。

输出(Output): GPIO 可以向外部设备发送信号作为输出,并控制外部设备的状态。这使得 GPIO 能够驱动 LED 灯、电动机、继电器等外部设备。

中断(Interrupt): GPIO 还可以配置为中断触发模式,以便在特定事件发生时产生中断请求,从而及时响应外部事件并执行相应的处理程序。

复用功能(Alternative Function): 除了基本的输入和输出功能外,STM32 的 GPIO 还具有多种其他功能,例如,ADC、UART、SPI、I^2C 等。

因此,STM32 的 GPIO 被称为通用输入/输出,强调了它们的通用性和灵活性,可以适应多种不同的应用需求。这些 GPIO 引脚在芯片中一般被命名为 PAx、PBx、PCx 之类的名称。其中的 A、B、C 为分组编号,x 为分组内的数字编号。

STM32 不同型号的芯片具有不同数量的 GPIO 引脚,同时 GPIO 的复用功能数量也不尽相同。这需要通过查找芯片的数据手册来了解每个引脚的功能。图 4.1 为 STM32U575 的数据手册(注意不是参考手册),从中可以看到不同封装形式的芯片具有不同数量的引脚。

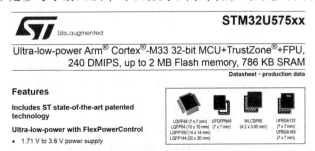

图 4.1　STM32U575 的数据手册

在该手册的 4.3 节可以看到每个 GPIO 引脚所能够进行复用的功能列表,如图 4.2 所示。

4.3   Alternate functions

Table 27. Alternate function AF0 to AF7[1]

Port		AF0 CRS/LPTIM1/ SYS_AF	AF1 LPTIM1/ TIM1/2/5/8	AF2 LPTIM1/2/3/ TIM1/2/3/4/5	AF3 ADF1/I2C4/ OCTOSPIM_P1/ OTG_FS/SAI1/ SPI2/TIM1/8/ USART2	AF4 DCMI/ I2C1/2/3/4/ LPTIM3	AF5 DCMI/I2C4/MDF1/ OCTOSPIM_P1/2/ SPI1/2/3	AF6 I2C3/MDF1/ OCTOSPIM_P2/ SPI3	AF7 USART1/2/3
Port A	PA0	-	TIM2_CH1	TIM5_CH1	TIM8_ETR	-	-	SPI3_RDY	USART2_CTS
	PA1	LPTIM1_CH2	TIM2_CH2	TIM5_CH2		I2C1_SMBA	SPI1_SCK	-	USART2_RTS_DE
	PA2	-	TIM2_CH3	TIM5_CH3		-	SPI1_RDY	-	USART2_TX
	PA3	-	TIM2_CH4	TIM5_CH4	SAI1_CK1	-			USART2_RX
	PA4	-	-	-	OCTOSPIM_P1_NCS	-	SPI1_NSS	SPI3_NSS	USART2_CK
	PA5	CSLEEP	TIM2_CH1	TIM2_ETR	TIM8_CH1N	PSSI_D14	SPI1_SCK		USART3_RX
	PA6	CDSTOP	TIM1_BKIN	TIM3_CH1	TIM8_BKIN	DCMI_PIXCLK/PSSI_PDCK	SPI1_MISO		USART3_CTS
	PA7	SRDSTOP	TIM1_CH1N	TIM3_CH2	TIM8_CH1N	I2C3_SCL	SPI1_MOSI		USART3_TX
	PA8	MCO	TIM1_CH1	-	SAI1_CK2		SPI1_RDY		USART1_CK
	PA9	-	TIM1_CH2	-	SPI2_SCK		DCMI_D0/PSSI_D0	-	USART1_TX

图 4.2　STM32U575 的引脚复用功能说明

依据芯片的数据手册,可以查看芯片上不同引脚的功能和电气特性,如引脚类型、支持的电压范围、电源供应等。

视频讲解

4.2　GPIO 的内部架构

STM32 的 GPIO 内部架构如图 4.3 所示。

① 处的引脚为芯片上引出的引脚,其可以连接到开发板的电路上。其左侧其他器件皆位于芯片内部。

② 处为保护二极管,防止引脚外部电压输入过高或过低。当引脚电压高于 V_{DD} 时,上方的二极管导通,防止过高的电压引入芯片。当引脚电压低于 V_{SS} 时,下方的二极管导通,防止过低的电压引入芯片。尽管有这样的保护,并不意味着 STM32 的引脚能直接外接超过容限的电压。

③ 处为上拉和下拉电阻,可通过寄存器配置引脚的连接方式,如上拉输入、下拉输入等;也可配置为不连接上拉或下拉电阻,此时引脚可被配置为浮空输入等模式。在浮空输入模式下,外部没有明确的电平信号时,芯片接收到的信号不确定。在推挽输出模式下也可以配置上拉、下拉或无上下拉状态,但对输出效果影响不大。

④ 处为 P-MOS 管和 N-MOS 管,这两个 MOS 管可以配置引脚为推挽输出或开漏输出。当被设置为开漏输出时,输出引脚连接到 N-MOS 管的集电极,P-MOS 管不导通。此时可以输出低电平,或者高阻态。若想输出高电平,需要在单片机外部连接上拉电阻。当被设置为推挽输出时,两个 MOS 管相互配合输出高低电平。

当使用推挽输出或开漏输出时,输出的数据来自输出数据寄存器 GPIO_ODR。该寄存器可设置一个 GPIO 组下 16 个引脚的状态,如图 4.4 所示。

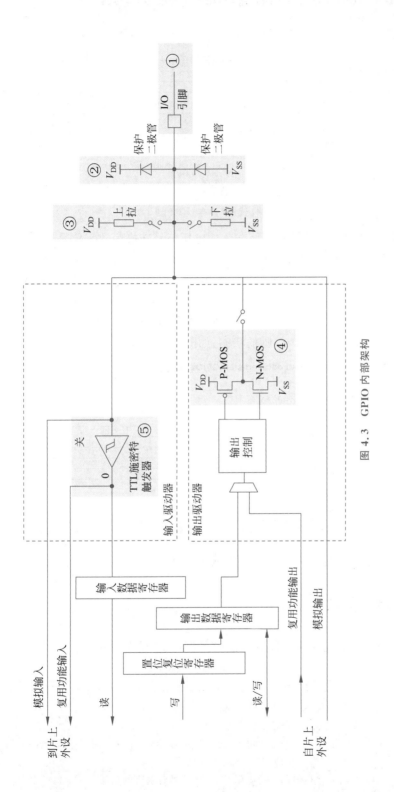

图 4.3 GPIO 内部架构

13.4.6 GPIO port output data register (GPIOx_ODR) (x = A to J)

Address offset: 0x14

Reset value: 0x0000 0000

31	30	29	28	27	26	25	24	23	22	21	20	19	18	17	16
Res.	Res.	Res.	Res.	Res.	Res.	Res.	Res.	Res.	Res.	Res.	Res.	Res.	Res.	Res.	Res.

15	14	13	12	11	10	9	8	7	6	5	4	3	2	1	0
OD15	OD14	OD13	OD12	OD11	OD10	OD9	OD8	OD7	OD6	OD5	OD4	OD3	OD2	OD1	OD0
rw	rw	rw	rw	rw	rw	rw	rw	rw	rw	rw	rw	rw	rw	rw	rw

Bits 31:16 Reserved, must be kept at reset value.

Bits 15:0 **ODy:** Port output data I/O pin y (y = 15 to 0)

These bits can be read and written by software.

Note: For atomic bit set/reset, these bits can be individually set and/or reset by writing to GPIOx_BSRR or GPIOx_BRR (x = A to J).

This bit is reserved and must be kept at reset value when the corresponding I/O is not available on the selected package.

图 4.4 输出数据寄存器 GPIO_ODR

⑤ 处为 TTL 施密特触发器,负责将输入的电压信号转换为数字信号 0 或 1。当外界电压高于阈值 T_H 时,施密特触发器输出 1;当外界电压低于阈值 T_L 时,施密特触发器输出 0。T_H 与 T_L 不相等,当外界电压位于 T_H 与 T_L 之间时,触发器的输出状态保持不变,以保证信号稳定。

施密特触发器转换后的数据会存入输入数据寄存器 GPIOx_IDR,然后程序可以从该寄存器读出对应 GPIO 分组下 16 个引脚的状态,如图 4.5 所示。

13.4.5 GPIO port input data register (GPIOx_IDR) (x = A to J)

Address offset: 0x10

Reset value: 0x0000 XXXX

31	30	29	28	27	26	25	24	23	22	21	20	19	18	17	16
Res.	Res.	Res.	Res.	Res.	Res.	Res.	Res.	Res.	Res.	Res.	Res.	Res.	Res.	Res.	Res.

15	14	13	12	11	10	9	8	7	6	5	4	3	2	1	0
ID15	ID14	ID13	ID12	ID11	ID10	ID9	ID8	ID7	ID6	ID5	ID4	ID3	ID2	ID1	ID0
r	r	r	r	r	r	r	r	r	r	r	r	r	r	r	r

Bits 31:16 Reserved, must be kept at reset value.

Bits 15:0 **IDy:** Port x input data I/O pin y (y = 15 to 0)

These bits are read-only. They contain the input value of the corresponding I/O port.

Note: This bit is reserved and must be kept at reset value when the corresponding I/O is not available on the selected package.

图 4.5 输入数据寄存器 GPIOx_IDR

4.3 工作模式

由于 GPIO 可被设置为多种功能,因此它有多种工作模式,如表 4.1 所示。

表 4.1 GPIO 的工作模式

输入模式	浮空输入	特点:输入引脚在芯片内部既不接上拉电阻,也不接下拉电阻,处于浮空状态,无信号输入时引脚状态不确定 应用场景:检测微弱的信号变化
	上拉输入	特点:具有内部上拉电阻,无外接信号时引脚的默认电平为高电平 应用场景:检测外部信号变为低电平
	下拉输入	特点:具有内部下拉电阻,无外接信号时引脚的默认电平为低电平 应用场景:检测外部信号变为高电平

续表

输出模式	推挽输出	特点：可以输出高电平和低电平，具有一定的驱动能力 应用场景：用于控制外部电路，如 LED 灯驱动电路等其他逻辑电路
	开漏输出	特点：只能输出低电平和高阻态，输出高电平时需外接上拉电阻 应用场景：适用于共享总线、大电流驱动，如 I^2C 总线、LED 灯等
模拟模式	模拟输入	特点：用于接收模拟信号，通常与 ADC(模数转换器)配合使用 应用场景：测量模拟传感器信号、音频输入等模拟信号的变化
	模拟输出	特点：用于输出模拟信号，通常与 DAC(数模转换器)配合使用 应用场景：输出连续变化的模拟信号
复用功能	推挽模式	特点：具有推挽输出的特性，可用于将 GPIO 引脚用作特定外设的功能 应用场景：连接到外设的特殊功能，如 UART 串行通信、PWM 输出等
	开漏模式	特点：具有开漏输出的特性，可用于将 GPIO 引脚用作特定外设的功能 应用场景：连接到外设的特殊功能，如 I^2C 总线通信、故障信号输出等

下面介绍不同模式的工作原理。

4.3.1　浮空输入

在浮空输入模式下，输入引脚既不连接上拉电阻，也不连接下拉电阻，如图 4.6 所示。输入的信号完全由外部电路所决定。当外部电路的信号不确定时，输入的信号也不确定。输入的信号会经过施密特触发器判断。这种模式对于读取传感器数据或监测外部设备的状态非常有用，因为它不会对外部电路产生影响。另外，由于浮空输入模式不会消耗额外的电流来驱动外部电路，因此在低功耗应用中非常有用。在这种模式下，STM32 的功耗可以最小化，以延长电池寿命或降低系统的总功耗。

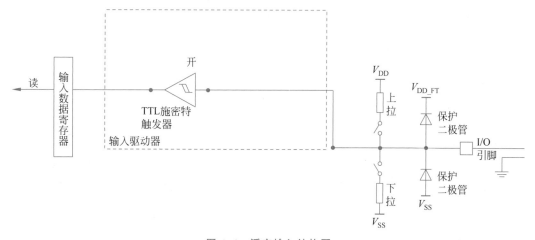

图 4.6　浮空输入结构图

4.3.2　上拉输入

在上拉输入模式下，输入引脚会连接上拉电阻。通过使用上拉输入模式，可以在无外界信号输入时消除引脚浮动状态，并确保引脚稳定地保持在高电平。这种模式对于检测开关状态、按钮按下等场景非常有用。使用内部上拉电阻可以节省外部电路元件，因为不需要额外的电阻来拉高引脚。但内部上拉方式驱动能力有限，不适合进行大电流驱动。

4.3.3 下拉输入

在下拉输入模式下,输入引脚会连接下拉电阻,如图 4.7 所示。通过使用下拉输入模式,可以在无外界信号输入时消除引脚浮动状态,并确保引脚稳定地保持在低电平。

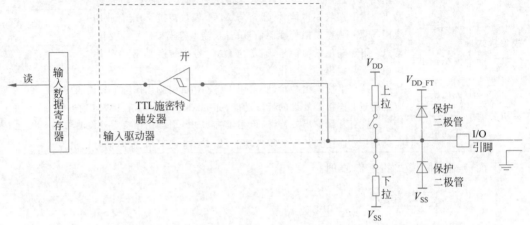

图 4.7 下拉输入结构图

4.3.4 推挽输出

在推挽输出模式下,可控制引脚状态为高电平或低电平。这是由输出数据寄存器、输出控制器和 P-MOS 管、N-MOS 管配合实现的,如图 4.8 所示。其内部可不连接上拉或下拉电阻,也可连接上拉或下拉电阻以保证抗干扰能力和稳定性。同时,输入线路的施密特触发器也处于打开状态,可以读取引脚上的电平。

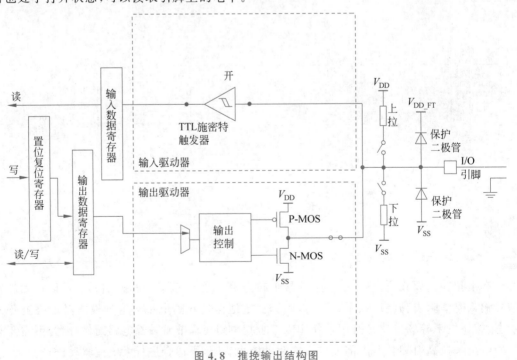

图 4.8 推挽输出结构图

当输出数据寄存器对某个引脚输出 0 时,0 会经过输出控制器变为高电平,使得 P-MOS 管关闭,N-MOS 管打开,这样,引脚就会输出低电平。

反之,想让引脚输出高电平时,数据寄存器对输出控制器输出 1,1 会经过输出控制器变为低电平,使得 P-MOS 管导通,N-MOS 管关闭。

尽管在推挽输出状态下引脚由 V_{DD} 通过 P-MOS 管输出高电平,具有一定的驱动能力,但驱动能力并不高,能够输出的电流在 20mA 左右(需要查询芯片数据手册),如图 4.9 所示。

Table 30. Current characteristics

Symbol	Ratings	Max	Unit
$\sum IV_{DD}$	Total current into sum of all V_{DD} power lines (source)[1]	200	mA
$\sum IV_{SS}$	Total current out of sum of all V_{SS} ground lines (sink)[1]	200	
IV_{DD}	Maximum current into each VDD power pin (source)[1]	100	
IV_{SS}	Maximum current out of each VSS ground pin (sink)[1]	100	
I_{IO}	Output current sunk by any I/O and control pin	20	
	Output current sourced by any I/O and control pin	20	
$\sum I_{(PIN)}$	Total output current sunk by sum of all I/Os and control pins[2]	120	
	Total output current sourced by sum of all I/Os and control pins[2]	120	
$I_{INJ(PIN)}$[3][4]	Injected current on FT_xx, TT_xx, RST pins	-5/+0	
$\sum I_{INJ(PIN)}$	Total injected current (sum of all I/Os and control pins)[5]	±25	

图 4.9　数据手册中的引脚性能说明(手册截图)

4.3.5　开漏输出

开漏输出即漏极开路输出,这里指的是 N-MOS 管漏极开路输出,如图 4.10 所示。在开漏输出模式下,输出引脚可以被配置为输出低电平(逻辑 0),但不能输出高电平(逻辑 1)。当输出数据寄存器想要输出低电平时,N-MOS 管导通,其漏极接地,使得输出端处于逻辑 0 状态。N-MOS 管截止时,输出端处于高阻态,需要芯片外部电路接上拉电阻来确保输出电平为逻辑 1。

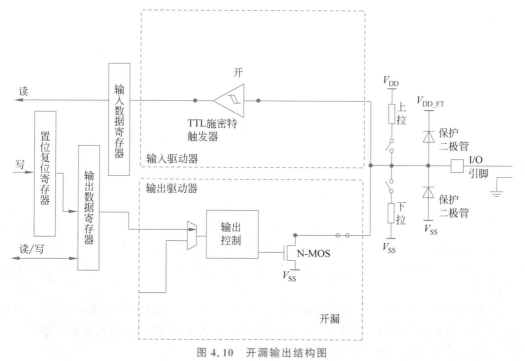

图 4.10　开漏输出结构图

同时,开漏输出具有"线与"的特性。即当很多个开漏模式的引脚连接到一起时,只有当所有引脚都输出高阻态,才能由上拉电阻提供的高电平维持引脚的高电平状态。若其中一个引脚为低电平,线路就相当于短路接地,使得整条线路都为低电平。

开漏模式一般应用于 I^2C、SMBus 通信等需要"线与"功能(任意引脚为低电平时,整个总线都为低电平)的总线电路中。除此之外,还会用在设置不同电平的场合,如需要输出 5V 或 3.3V 的高电平,就可以在外部接一个上拉电阻,上拉电源为 5V 或 3.3V,并且把 GPIO 设置为开漏模式(注意,上拉电源需要符合引脚电平要求,有的引脚支持 5V,有的不支持)。通过外接上拉电阻设置电平可以提高电路的稳定性、确定性和抗干扰能力,适用于多种外设连接。

4.3.6　模拟输入

模拟输入模式主要用于 ADC 的输入通道。此时信号不经过施密特触发器,也不需要连接上拉和下拉电阻,同时信号不经过输出用的 P-MOS 管和 N-MOS 管,如图 4.11 所示。

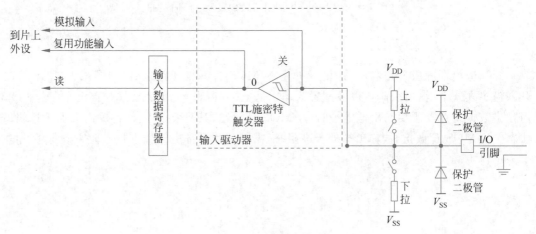

图 4.11　模拟输入结构图

4.3.7　模拟输出

模拟输出模式主要用于 DAC 的输出通道。此时信号由片内相关单元直接连接到输出引脚,不经过双 MOS 管结构,如图 4.12 所示。

4.3.8　复用功能推挽模式

在 STM32 中,GPIO 引脚不仅可以作为普通的 I/O 口获取信号电平,还可以将其复用为多种功能,如 USART 的发送接收、TIM 定时器的 PWM 输出、DCMI 等,其结构如图 4.13 所示。这些功能在 STM32 中进行配置以后,由对应的 GPIO 引脚引出,从而可以方便地实现相关功能。

在复用功能推挽模式中,输出信号可通过 P-MOS 管或 N-MOS 管来驱动,从而实现推挽效果。信号来自片内相关功能外设。引脚作为输入功能时,信号会经过施密特触发器输入片内相关功能外设。使用该模式的功能有 SPI、FSMC、USART 等。

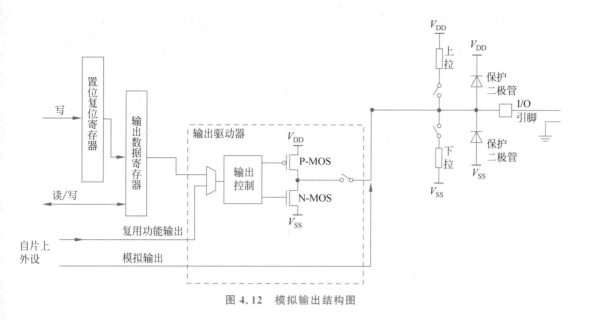

图 4.12 模拟输出结构图

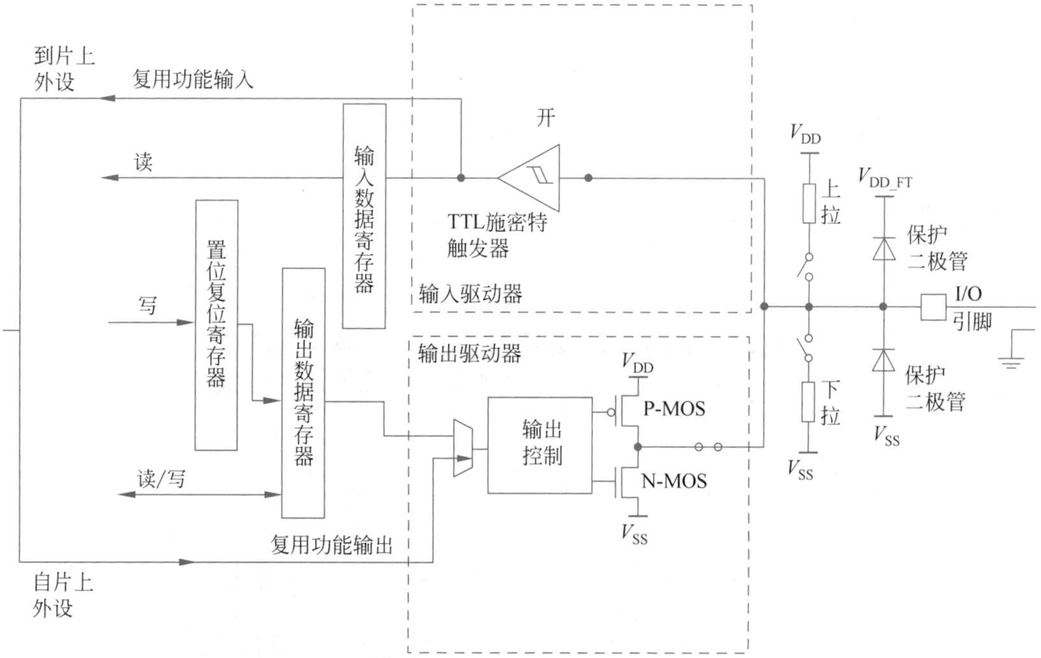

图 4.13 复用功能推挽模式结构图

4.3.9 复用功能开漏模式

在复用功能开漏模式中,输出信号只通过 N-MOS 管来驱动,如图 4.14 所示。使用该模式的功能有 I^2C 等。

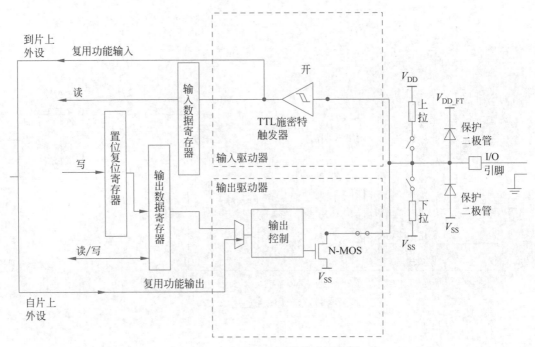

图 4.14　复用功能开漏模式结构图

视频讲解

4.4　GPIO 的 STM32CubeMX 配置

为了将 GPIO 引脚设置成对应的工作模式,可以使用 STM32CubeMX 进行配置。打开 STM32CubeMX 选择对应的芯片后,单击芯片上对应的引脚,即可看到该引脚支持的多种功能。通过选择相应的选项,即可将该引脚配置为相应的功能,如图 4.15 所示。

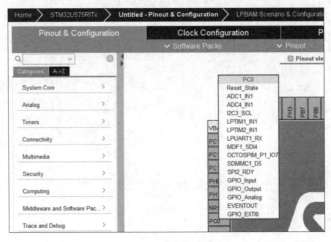

图 4.15　GPIO 功能模式选择

将引脚设置为 Input 模式后,选择左侧的 System Core→GPIO 页面,即可看到被配置后的 GPIO 引脚。单击该引脚可进行详细配置,如图 4.16 所示。

GPIO mode 为设置的模式。

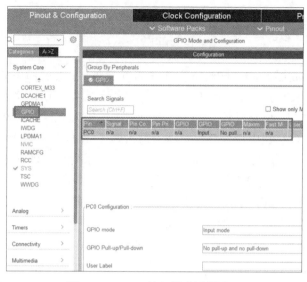

图 4.16 GPIO 输入模式配置页面

GPIO Pull-up/Pull-down 用于选择是否连接上拉或下拉电阻。No pull-up and no pull-down 为浮空模式,Pull-up 为上拉模式,Pull-down 为下拉模式。

User Label 可为当前引脚设置用户标签,便于在程序中表示和查找。

将引脚设置为 Output 模式后,在 GPIO 列表里单击该引脚可进行详细配置,如图 4.17 所示。

图 4.17 GPIO 输出模式配置页面

GPIO mode 可以设置为推挽输出(Output Push Pull)或开漏输出(Output Open Drain)。
GPIO output level 用于设置初始的输出电平状态。
Maximum output speed 用于设置引脚输出的速率。

4.5 GPIO 的寄存器

GPIO 的引脚在底层是通过修改寄存器进行配置的,在上层调用的是相关接口函数。不同型号的 STM32 的寄存器名称不尽相同,但功能是类似的。例如,在 STM32U5 和 STM32F4 系列单片机中,想要设置 GPIO 引脚的工作模式为上拉输入模式,需要在 GPIOx_MODER(x = A..J)寄存器中设置对应引脚为输入模式,然后在 GPIOx_PUPDR(x=A..J)寄存器中设置对应引脚为上拉模式。而在 STM32F103 系列单片机中,则需要设置 GPIOx_CRL(x=A..G)或 GPIOx_CRH(x=A..G)寄存器。因此,在学习过程中,没必要记住各种寄存器的名称和具体的配置位,只需要知道单片机能被设置哪些功能,设置这些功能的流程去哪里查询即可。例如,STM32 的相关功能说明和寄存器配置方式位于参考手册中(不是数据手册),需要了解相关功能和寄存器时在里面查询即可。

下面以 STM32U575 为例子,挑选一些重要的寄存器进行介绍。

1. I/O 端口控制寄存器

每个 GPIO 端口(port)由 4 个 32 位存储映射控制寄存器(GPIOx_MODER、GPIOx_OTYPER、GPIOx_OSPEEDR、GPIOx_PUPDR)设置。GPIOx_MODER 用于选择 I/O 模式(输入、输出、复用功能、模拟)。GPIOx_OTYPER 和 GPIOx_OSPEEDR 用于选择输出模式(推挽或开漏)和速率。GPIOx_PUPDR 用于选择上拉或下拉方式,在任何 I/O 传输方向上。这几个寄存器的详细描述如下。

GPIOx_MODER(x=A..J)用于设置端口 x 的 16 个引脚的工作模式,如图 4.18 所示。每个引脚占用两个位来进行配置,因此需要一个 32 位寄存器。

31	30	29	28	27	26	25	24	23	22	21	20	19	18	17	16
MODE15[1:0]		MODE14[1:0]		MODE13[1:0]		MODE12[1:0]		MODE11[1:0]		MODE10[1:0]		MODE9[1:0]		MODE8[1:0]	
rw	rw	rw	rw	rw	rw	rw	rw	rw	rw	rw	rw	rw	rw	rw	rw
15	14	13	12	11	10	9	8	7	6	5	4	3	2	1	0
MODE7[1:0]		MODE6[1:0]		MODE5[1:0]		MODE4[1:0]		MODE3[1:0]		MODE2[1:0]		MODE1[1:0]		MODE0[1:0]	
rw	rw	rw	rw	rw	rw	rw	rw	rw	rw	rw	rw	rw	rw	rw	rw

位31:0	MODEy[1:0]:端口x的I/O引脚y(y=0～15)设置
	00:输入模式
	01:通用输出模式
	10:复用功能模式
	11:模拟模式(复位值)

图 4.18 GPIOx_MODER 寄存器描述

例如,如果想让端口 A 的引脚 14 配置位输出模式,则需要将 GPIOA_MODER 的第 29 位和第 28 位设置成 01。在程序中是通过 stm32u5xx_hal_gpio.c 文件中的 void HAL_GPIO_Init(GPIO_TypeDef * GPIOx, const GPIO_InitTypeDef * pGPIO_Init)函数实现的,该函数的输入参数为端口号 GPIOx、存有工作模式的结构体 pGPIO_Init。在该函数中,通过下列语句配置 GPIOx_MODER 寄存器:

```
/* Configure IO Direction mode (Input, Output, Alternate or Analog) */
    tmp = p_gpio->MODER;
```

```
    tmp & = ～(GPIO_MODER_MODE0 << (pin_position * 2U));
    tmp | = ((pGPIO_Init->Mode & GPIO_MODE) << (pin_position * 2U));
    p_gpio->MODER = tmp;
```

GPIOx_OTYPER(x＝A..J)用于设置端口 x 的 16 个引脚的输出类型,如图 4.19 所示。因为输出类型只有两种(推挽输出和开漏输出),因此每个引脚的配置只占用一个位。

31	30	29	28	27	26	25	24	23	22	21	20	19	18	17	16
Res.	Res.	Res.	Res.	Res.	Res.	Res.	Res.	Res.	Res.	Res.	Res.	Res.	Res.	Res.	Res.

15	14	13	12	11	10	9	8	7	6	5	4	3	2	1	0
OT15	OT14	OT13	OT12	OT11	OT10	OT9	OT8	OT7	OT6	OT5	OT4	OT3	OT2	OT1	OT0
rw	rw	rw	rw	rw	rw	rw	rw	rw	rw	rw	rw	rw	rw	rw	rw

位 31:16	保留,必须保持为复位值
位 15:0	OTy:端口x的I/O引脚y (y=15~0) 设置
	0:推挽输出 (复位值)
	1:开漏 输出

图 4.19　GPIOx_OTYPER 寄存器描述

在 HAL_GPIO_Init()函数中,通过下列语句配置 GPIOx_OTYPER 寄存器:

```
/* Configure the IO Output Type */
    tmp = p_gpio->OTYPER;
    tmp & = ～(GPIO_OTYPER_OT0 << pin_position);
    tmp | = (((pGPIO_Init->Mode & GPIO_OUTPUT_TYPE) >> 4U) << pin_position);
    p_gpio->OTYPER = tmp;
```

GPIOx_OSPEEDR(x＝A..J)用于设置端口 x 的 16 个引脚的速率,如图 4.20 所示。

31	30	29	28	27	26	25	24	23	22	21	20	19	18	17	16
OSPEED15[1:0]		OSPEED14[1:0]		OSPEED13[1:0]		OSPEED12[1:0]		OSPEED11[1:0]		OSPEED10[1:0]		OSPEED9[1:0]		OSPEED8[1:0]	
rw	rw	rw	rw	rw	rw	rw	rw	rw	rw	rw	rw	rw	rw	rw	rw

15	14	13	12	11	10	9	8	7	6	5	4	3	2	1	0
OSPEED7[1:0]		OSPEED6[1:0]		OSPEED5[1:0]		OSPEED4[1:0]		OSPEED3[1:0]		OSPEED2[1:0]		OSPEED1[1:0]		OSPEED0[1:0]	
rw	rw	rw	rw	rw	rw	rw	rw	rw	rw	rw	rw	rw	rw	rw	rw

位 31:0	OSPEEDy[1:0]:端口x的I/O引脚y (y=0~15) 设置
	00:低速
	01:中速
	10:高速
	11:极高速

图 4.20　GPIOx_OSPEEDR 寄存器描述

其他各项配置也在类似的寄存器中。

2. I/O 端口数据寄存器

每个 GPIO 包含两个存储映射数据寄存器:输入和输出数据寄存器(GPIOx_IDR, x＝A..J 和 GPIOx_ODR,x ＝ A..J)。GPIOx_ODR 存储要输出的数据,它是可读可写的。从 I/O 引脚输入的数据存储到 GPIOx_IDR 里,它是只读的。这两种寄存器之所以是 16 位的,是因为一个寄存器对应一组端口的 16 个引脚,如 GPIOA 的引脚 0 到引脚 15。

GPIOx_IDR(x＝A..J)用于保存端口 x 的 16 个引脚的输入状态,如图 4.21 所示。对应引脚的电平为高时,相应的寄存器位上的值为 1。

31	30	29	28	27	26	25	24	23	22	21	20	19	18	17	16
Res	Res	Res	Res	Res	Res	Res	Res	Res	Res	Res	Res	Res	Res	Res	Res
15	14	13	12	11	10	9	8	7	6	5	4	3	2	1	0
ID15	ID14	ID13	ID12	ID11	ID10	ID9	ID8	ID7	ID6	ID5	ID4	ID3	ID2	ID1	ID0
r	r	r	r	r	r	r	r	r	r	r	r	r	r	r	r

位 31:16	保留，必须保持为复位值
位 15:0	IDy：端口x的I/O引脚y（y=15~0）输入数据

图 4.21　GPIOx_IDR 寄存器描述

在 HAL 库中，通过 GPIO_PinState HAL_GPIO_ReadPin(const GPIO_TypeDef * GPIOx,uint16_t GPIO_Pin)函数读取该寄存器上对应引脚的状态，GPIOx 为要读取的引脚对应的 GPIO 端口，如 GPIOA、GPIOB 等，GPIOPin 对应要读取的引脚的编号。这部分代码如下：

```
GPIO_PinState HAL_GPIO_ReadPin(const GPIO_TypeDef * GPIOx, uint16_t GPIO_Pin)
{
  GPIO_PinState bitstatus;
  /* Check the parameters */
  assert_param(IS_GPIO_PIN(GPIO_Pin));
  if ((GPIOx -> IDR & GPIO_Pin) != 0U)
  {
    bitstatus = GPIO_PIN_SET;
  }
  else
  {
    bitstatus = GPIO_PIN_RESET;
  }
  return bitstatus;
}
```

在该代码中，GPIOx-> IDR 指向 GPIOx_IDR 寄存器。

GPIOx_ODR(x=A..J)用于保存端口 x 的 16 个引脚的输出状态，如图 4.22 所示。寄存器位上的值为 1 时，对应引脚的电平为高。

31	30	29	28	27	26	25	24	23	22	21	20	19	18	17	16
Res	Res	Res	Res	Res	Res	Res	Res	Res	Res	Res	Res	Res	Res	Res	Res
15	14	13	12	11	10	9	8	7	6	5	4	3	2	1	0
OD15	OD14	OD13	OD12	OD11	OD10	OD9	OD8	OD7	OD6	OD5	OD4	OD3	OD2	OD1	OD0
rw	rw	rw	rw	rw	rw	rw	rw	rw	rw	rw	rw	rw	rw	rw	rw

位 31:16	保留，必须保持为复位值
位 15:0	ODy：端口x的I/O引脚y（y=15~0）输出数据

图 4.22　GPIOx_ODR 寄存器描述

3. I/O 数据逐位处理

GPIO 位置位复位寄存器 GPIOx_BSRR(x=A..J)是一个 32 位寄存器，允许应用程序置位和复位输出数据寄存器(GPIOx_ODR)中的每个单独位，如图 4.23 所示。位置位复位寄存器的大小是 GPIOx_ODR 的两倍。

31	30	29	28	27	26	25	24	23	22	21	20	19	18	17	16
BR15	BR14	BR13	BR12	BR11	BR10	BR9	BR8	BR7	BR6	BR5	BR4	BR3	BR2	BR1	BR0
w	w	w	w	w	w	w	w	w	w	w	w	w	w	w	w
15	14	13	12	11	10	9	8	7	6	5	4	3	2	1	0
BS15	BS14	BS13	BS12	BS11	BS10	BS9	BS8	BS7	BS6	BS5	BS4	BS3	BS2	BS1	BS0
w	w	w	w	w	w	w	w	w	w	w	w	w	w	w	w

位 31:16	BRy：复位端口x的I/O引脚y（y=0~15），只可写
	0：无影响
	1：复位对应的ODy位
位 15:0	BSy：置位端口x的I/O引脚y（y=0~15），只可写
	0：无影响
	1：置位对应的ODy位

图 4.23 GPIOx_BSRR 寄存器描述

GPIOx_ODR 中的每个位对应 GPIOx_BSRR 中的两个控制位：BS(i)和 BR(i)。当向 BR(i)写入 1 时，即可设置相应的 ODR(i)位为 1。当向 BR(i)写入 1 时，复位相应的 ODR(i)位为 0。

STM32 之所以既设置了 ODR 寄存器进行输出，又设置了 BSRR 寄存器设置引脚输出，是因为两种寄存器的工作步骤和效率不一样。ODR 寄存器是可读可写的。当想要设置其中一个位时，需要先读出所有的位并存在一个变量里面，然后对这个变量中的一个位进行修改，再将这个变量存入 ODR 寄存器。这样，为了修改一个位，会涉及多个操作步骤。而 BSRR 寄存器是只写的。当想要设置其中的一个位为 1 时，只需要向对应的 BS(i)位写入 1 即可；当想要复位其中的一个位为 0 时，只需要向对应的 BR(i)位写入 1 即可。这样就减少了操作步骤，提高了效率，也保证了数据安全性。这在多任务实时操作系统中非常实用。同时由于操作步骤较少，使用该方法不会被中断打断。

在 HAL 库中，void HAL_GPIO_WritePin(GPIO_TypeDef * GPIOx，uint16_t GPIO_Pin，GPIO_PinState PinState)函数是利用该寄存器来控制引脚输出的，感兴趣的读者可以在代码中查看细节。

其他的寄存器可查阅 STM32 参考手册了解。

4.6 GPIO 的 HAL 库函数

在 STM32U5 的 HAL 库中，关于 GPIO 的驱动函数位于 stm32u5xx_hal_gpio.c 文件中。该文件包含的函数有：

```
/* Initialization and de-initialization functions *******************************/
void     HAL_GPIO_Init(GPIO_TypeDef  * GPIOx, const GPIO_InitTypeDef * pGPIO_Init);
void     HAL_GPIO_DeInit(GPIO_TypeDef  * GPIOx, uint32_t GPIO_Pin);
/* IO operation functions *******************************************************/
GPIO_PinState     HAL_GPIO_ReadPin(const GPIO_TypeDef * GPIOx, uint16_t GPIO_Pin);
void     HAL_GPIO_WritePin(GPIO_TypeDef * GPIOx, uint16_t GPIO_Pin, GPIO_PinState PinState);
void     HAL_GPIO_WriteMultipleStatePin(GPIO_TypeDef * GPIOx, uint16_t PinReset, uint16_t PinSet);
void     HAL_GPIO_TogglePin(GPIO_TypeDef * GPIOx, uint16_t GPIO_Pin);
void     HAL_GPIO_EnableHighSPeedLowVoltage(GPIO_TypeDef * GPIOx, uint16_t GPIO_Pin);
void     HAL_GPIO_DisableHighSPeedLowVoltage(GPIO_TypeDef * GPIOx, uint16_t GPIO_Pin);
```

```
HAL_StatusTypeDef HAL_GPIO_LockPin(GPIO_TypeDef * GPIOx, uint16_t GPIO_Pin);
void     HAL_GPIO_EXTI_IRQHandler(uint16_t GPIO_Pin);
void     HAL_GPIO_EXTI_Rising_Callback(uint16_t GPIO_Pin);
void     HAL_GPIO_EXTI_Falling_Callback(uint16_t GPIO_Pin);
```

在 STM32F1 的 HAL 库中,关于 GPIO 的驱动函数位于 stm32f1xx_hal_gpio.c 文件中。该文件包含的函数有:

```
/ ** @addtogroup GPIO_Exported_Functions_Group1
  * @{
  * /
void  HAL_GPIO_Init(GPIO_TypeDef  * GPIOx, GPIO_InitTypeDef * GPIO_Init);
void  HAL_GPIO_DeInit(GPIO_TypeDef   * GPIOx, uint32_t GPIO_Pin);
/ * IO operation functions ********************************************** /
/ ** @addtogroup GPIO_Exported_Functions_Group2
  * @{
  * /
GPIO_PinState HAL_GPIO_ReadPin(GPIO_TypeDef * GPIOx, uint16_t GPIO_Pin);
void     HAL_GPIO_WritePin(GPIO_TypeDef * GPIOx, uint16_t GPIO_Pin, GPIO_PinState PinState);
void     HAL_GPIO_TogglePin(GPIO_TypeDef * GPIOx, uint16_t GPIO_Pin);
HAL_StatusTypeDef HAL_GPIO_LockPin(GPIO_TypeDef * GPIOx, uint16_t GPIO_Pin);
void     HAL_GPIO_EXTI_IRQHandler(uint16_t GPIO_Pin);
void     HAL_GPIO_EXTI_Callback(uint16_t GPIO_Pin);
```

在两个库中,主要功能的函数名称是一样的,依据函数名称可以推断出函数大致的功能,从而便于移植和阅读。这是 HAL 库函数命名的特点。下面详细介绍几个常用的函数。

1. GPIO 初始化函数 HAL_GPIO_Init

函数原型: void HAL_GPIO_Init(GPIO_TypeDef * GPIOx,GPIO_InitTypeDef * GPIO_Init)

函数作用: 根据参数初始化 GPIOx/LPGPIOx 外设。

函数形参:

第一个参数为端口号,如 GPIOA、GPIOB 等。其类型 GPIO_TypeDef 是一个结构体,包含了该端口的相关寄存器的偏移地址,如图 4.24 所示。

```
typedef struct
{
  __IO uint32_t MODER;        /*!< GPIO port mode register,              Address offset: 0x00    */
  __IO uint32_t OTYPER;       /*!< GPIO port output type register,       Address offset: 0x04    */
  __IO uint32_t OSPEEDR;      /*!< GPIO port output speed register,      Address offset: 0x08    */
  __IO uint32_t PUPDR;        /*!< GPIO port pull-up/pull-down register, Address offset: 0x0C    */
  __IO uint32_t IDR;          /*!< GPIO port input data register,        Address offset: 0x10    */
  __IO uint32_t ODR;          /*!< GPIO port output data register,       Address offset: 0x14    */
  __IO uint32_t BSRR;         /*!< GPIO port bit set/reset  register,    Address offset: 0x18    */
  __IO uint32_t LCKR;         /*!< GPIO port configuration lock register, Address offset: 0x1C   */
  __IO uint32_t AFR[2];       /*!< GPIO alternate function registers,    Address offset: 0x20-0x24 */
  __IO uint32_t BRR;          /*!< GPIO Bit Reset register,              Address offset: 0x28    */
  __IO uint32_t HSLVR;        /*!< GPIO high-speed low voltage register, Address offset: 0x2C    */
  __IO uint32_t SECCFGR;      /*!< GPIO secure configuration register,   Address offset: 0x30    */
} GPIO_TypeDef;
```

图 4.24 GPIO_TypeDef 结构体定义

因此,其输入参数 GPIOx 应该是特定端口的寄存器起始地址(如 GPIOA 的寄存器起始地址)。在此起始地址后面,由 GPIO_TypeDef 结构体可知,第一个 32 位寄存器是 MODER,第二个是 OTYPER,以此类推。

第二个参数为一个类型为 GPIO_InitTypeDef 的结构体,该结构体包含如图 4.25 所示的几个成员。

```
typedef struct
{
  uint32_t Pin;          /*!< Specifies the GPIO pins to be configured.
                               This parameter can be a value of @ref GPIO_pins */

  uint32_t Mode;         /*!< Specifies the operating mode for the selected pins.
                               This parameter can be a value of @ref GPIO_mode */

  uint32_t Pull;         /*!< Specifies the Pull-up or Pull-Down activation for the selected pins.
                               This parameter can be a value of @ref GPIO_pull */

  uint32_t Speed;        /*!< Specifies the speed for the selected pins.
                               This parameter can be a value of @ref GPIO_speed */

  uint32_t Alternate;    /*!< Peripheral to be connected to the selected pins
                               This parameter can be a value of @ref GPIOEx_Alternate_function_selection */
} GPIO_InitTypeDef;
```

图 4.25 GPIO_InitTypeDef 结构体定义

通过对这些成员赋值,再将配置好的结构体作为形参送入函数中,即可实现对 GPIO 引脚的初始化操作。在 stm32u5xx_hal_gpio.h 文件中,已经定义好了每个成员的不同取值所代表的功能,如图 4.26 所示为 Mode 成员所能配置的值。其他定义请参考该文件内相关程序。

```
/** @defgroup GPIO_mode GPIO mode
  * @brief GPIO Configuration Mode
  *        Elements values convention: 0xX0yz00YZ
  *           - X  : GPIO mode or EXTI Mode
  *           - y  : External IT or Event trigger detection
  *           - z  : IO configuration on External IT or Event
  *           - Y  : Output type (Push Pull or Open Drain)
  *           - Z  : IO Direction mode (Input, Output, (Alternate or Analog)
  * @{
  */
/*!< Input Floating Mode                                              */
#define  GPIO_MODE_INPUT                   (0x00000000U)
/*!< Output Push Pull Mode                                            */
#define  GPIO_MODE_OUTPUT_PP               (0x00000001U)
/*!< Output Open Drain Mode                                           */
#define  GPIO_MODE_OUTPUT_OD               (0x00000011U)
/*!< Alternate Function Push Pull Mode                                */
#define  GPIO_MODE_AF_PP                   (0x00000002U)
/*!< Alternate Function Open Drain Mode                               */
#define  GPIO_MODE_AF_OD                   (0x00000012U)
/*!< Analog Mode                                                      */
#define  GPIO_MODE_ANALOG                  (0x00000003U)
/*!< External Interrupt Mode with Rising edge trigger detection       */
#define  GPIO_MODE_IT_RISING               (0x10110000U)
/*!< External Interrupt Mode with Falling edge trigger detection       */
```

图 4.26 Mode 成员所能配置的值

由 STM32CubeMX 生成的工程会在 MX_GPIO_Init() 函数内调用 HAL_GPIO_Init() 对引脚进行配置。

```
void MX_GPIO_Init(void)
{
  GPIO_InitTypeDef GPIO_InitStruct = {0};
  /* GPIO Ports Clock Enable */
  __HAL_RCC_GPIOC_CLK_ENABLE();
  /* Configure GPIO pin Output Level */
  HAL_GPIO_WritePin(GPIOC, GPIO_PIN_13|GPIO_PIN_3|GPIO_PIN_4, GPIO_PIN_RESET);
  /* Configure GPIO pins : PC13 PC3 PC4 */
  GPIO_InitStruct.Pin = GPIO_PIN_13|GPIO_PIN_3|GPIO_PIN_4;
  GPIO_InitStruct.Mode = GPIO_MODE_OUTPUT_PP;
  GPIO_InitStruct.Pull = GPIO_NOPULL;
  GPIO_InitStruct.Speed = GPIO_SPEED_FREQ_LOW;
  HAL_GPIO_Init(GPIOC, &GPIO_InitStruct);
```

2. GPIO 读取引脚函数 HAL_GPIO_ReadPin

函数原型：GPIO_PinState HAL_GPIO_ReadPin(const GPIO_TypeDef * GPIOx, uint16_t GPIO_Pin)

函数作用：读取对应的输入端口引脚上的值。

函数形参：

第一个参数为端口号，如 GPIOA、GPIOB 等。

第二个参数为引脚号，如 GPIO_PIN_0、GPIO_PIN_1 等。

返回值：对应引脚读到的值。

3. GPIO 写入引脚函数 HAL_GPIO_WritePin

函数原型：void HAL_GPIO_WritePin(GPIO_TypeDef * GPIOx, uint16_t GPIO_Pin, GPIO_PinState PinState)

函数作用：设置对应引脚的电平高低。通过设置 BSRR 寄存器或 BRR 寄存器实现。

函数形参：

第一个参数为端口号，如 GPIOA、GPIOB 等。

第二个参数为引脚号，如 GPIO_PIN_0、GPIO_PIN_1 等。

第三个参数为引脚状态，可设置为 GPIO_PIN_RESET 或 GPIO_PIN_SET。

4. GPIO 翻转引脚函数 HAL_GPIO_TogglePin

函数原型：void HAL_GPIO_TogglePin(GPIO_TypeDef * GPIOx, uint16_t GPIO_Pin)

函数作用：翻转对应引脚的电平。通过读取 ODR 寄存器和设置 BSRR 寄存器实现。

函数形参：

第一个参数为端口号，如 GPIOA、GPIOB 等。

第二个参数为引脚号，如 GPIO_PIN_0、GPIO_PIN_1 等。

视频讲解

4.7 实验：GPIO 输出之点亮 LED 灯

4.7.1 应用场景及目的

图 4.27 D1 LED 灯闪烁效果

使用 GPIO 输出来点亮 LED 灯是一个常见的嵌入式系统实验，也是学习嵌入式系统编程的基础之一。LED 灯可以用作指示设备状态、网络连接状态、电源状态等的指示器。通过本实验，可以了解 GPIO 的基本操作和控制方法，包括配置 GPIO 的输入/输出模式、设置引脚状态等，同时可以了解 LED 灯硬件的连接方法和原理。本实验需要让核心板上的 D1 LED 灯闪烁，如图 4.27 所示。

本实验对应的例程为 02-1_STM32U575_GPIO_LED_Beep。

4.7.2 原理图

核心板上的 D1 LED 灯采用三极管驱动，通过 PC13 引脚控制，如图 4.28 所示。该三极管为 NPN 三极管。当基极为高电平，即 PC13 为高电平时，三极管导通，从而使得 LED

亮。因此,需要配置 PC13 引脚为推挽输出模式,让其不断输出高低电平即可让 LED 闪烁。

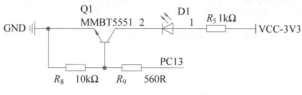

图 4.28 D1 LED 灯原理图

4.7.3 程序流程

在该程序中,首先进行系统的初始化和 GPIO 的初始化,这部分代码在配置 STM32CubeMX 后会自动生成。然后在主循环中需要添加用户代码不断改变 PC13 的输出状态。系统流程如图 4.29 所示。

4.7.4 程序配置

在 STM32CubeMX 中选择一个处理器型号,新建一个工程。在打开的窗口中单击 PC13,设置成 GPIO_Output 模式,如图 4.30 所示。

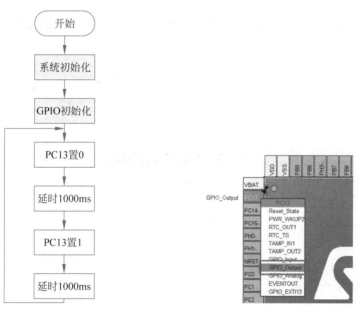

图 4.29 点亮 LED 灯程序流程图   图 4.30 将 PC13 设置为输出模式

在 GPIO 页面查看对应的引脚设置。我们采用默认设置,即推挽输出模式(Output Push Pull),无上拉或下拉电阻,慢速,如图 4.31 所示。

设置工程路径为全英文目录,设置 Toolchain/IDE 为 MDK-ARM,如图 4.32 所示。

在 Code Generator 中设置只复制必要的文件,并分别生成 .c/.h 文件,如图 4.33 所示。

单击 GENERATE CODE 按钮即可生成工程,如图 4.34 所示。

若出现如图 4.35 所示的提示框则单击 Yes 按钮即可,不使用 ICACHE 指令缓存功能。这是 STM32U5 的功能,STM32F4 等不会出现该提示。

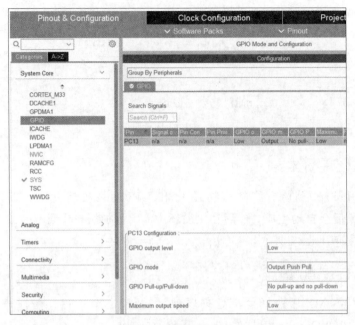

图 4.31　GPIO 配置页面

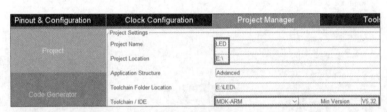

图 4.32　工程配置页面

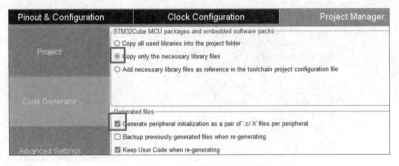

图 4.33　生成代码配置页面

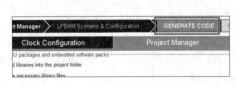

图 4.34　生成代码按钮

图 4.35　代码生成提示

打开工程。在 main.c 文件的 main()函数中,可以看到 STM32CubeMX 自动生成的配置代码。先编译一下工程,然后右击 MX_GPIO_Init()函数,在弹出的菜单中单击 Go To Definition of 'MX_GPIO_Init'即可打开函数定义位置,如图 4.36 所示。

图 4.36　选择 Go To Definition of 'MX_GPIO_Init'

在 MX_GPIO_Init()函数中,可以看到对引脚的配置方式。

```
void MX_GPIO_Init(void)
{
  GPIO_InitTypeDef GPIO_InitStruct = {0};                //定义配置结构体
  /* GPIO Ports Clock Enable */
  __HAL_RCC_GPIOC_CLK_ENABLE();                          //使能 GPIOC 的时钟
  /* Configure GPIO pin Output Level */
  HAL_GPIO_WritePin(GPIOC, GPIO_PIN_13, GPIO_PIN_RESET); //配置 PC13 引脚为低电平
  /* Configure GPIO pin : PC13 */
  GPIO_InitStruct.Pin = GPIO_PIN_13;                     //设置要配置的引脚
  GPIO_InitStruct.Mode = GPIO_MODE_OUTPUT_PP;            //设置为推挽输出模式
  GPIO_InitStruct.Pull = GPIO_NOPULL;                    //无上下拉电阻
  GPIO_InitStruct.Speed = GPIO_SPEED_FREQ_LOW;           //低速率
  HAL_GPIO_Init(GPIOC, &GPIO_InitStruct);                //进行配置
}
```

在 main()函数的 while(1)主循环中,添加下列代码:

```
/* Infinite loop */
  /* USER CODE BEGIN WHILE */
  while (1)
  {
    HAL_GPIO_WritePin(GPIOC,GPIO_PIN_13,GPIO_PIN_RESET);     //熄灭 D1
    HAL_Delay(1000);
    HAL_GPIO_WritePin(GPIOC,GPIO_PIN_13,GPIO_PIN_SET);       //点亮 D1
    HAL_Delay(1000);
    /* USER CODE END WHILE */

    /* USER CODE BEGIN 3 */
  }
```

通过调用 HAL_GPIO_WritePin()函数即可设置对应引脚的状态。

4.7.5 实验现象

单击 Build 或 Rebuild 按钮即可编译工程。在 Build Output 窗口中显示 0 Error 代表没有产生编译错误。若有编译错误，需要根据编译信息查找错误位置。

```
Build Output
Program Size: Code=6156 RO-data=808 RW-data=12 ZI-data=1644
FromELF: creating hex file...
"LED\LED.axf" - 0 Error(s), 0 Warning(s).
Build Time Elapsed:  00:00:03
Load "LED\\LED.axf"
Erase Done.
Programming Done.
Verify OK.
Flash Load finished at 13:24:40
```

图 4.37　下载信息

编译完成并设置好调试下载器后，单击 按钮即可下载代码到开发板中。若显示 Verify OK 则代表下载成功，如图 4.37 所示。

下载完成后按下开发板上的 RESET 按键复位，即可看到 D1 处的 LED 灯每秒会改变一次状态。

4.8　实验：GPIO 输入之按键输入检测

4.8.1　应用场景及目的

按键可以用来接收用户的输入，在嵌入式设备上进行菜单导航、选项选择等操作。通过本实验可以了解按键的工作原理，并学会如何使用 GPIO 的输入模式来检测按键是否按下。

本实验使用轮询的方式，在主循环中用 GPIO 的输入模式不断检测核心板和扩展板上的 3 个按键的状态。当检测到扩展板上的 KEY1 按下时，点亮扩展板上 LD1 处的 LED1。当检测到核心板上的 USER 按键按下时，打开蜂鸣器。当检测到扩展板上的 KEY2 按下时，关闭 LED1 和蜂鸣器。按键位置如图 4.38 所示。

本实验对应的例程为 03-1_STM32U575_GPIO_Key_Polling。

图 4.38　本实验按键位置

4.8.2　原理图

首先需要看一下这 3 个按键是与芯片的哪些接口连接的。由扩展板原理图可知，当 KEY1 和 KEY2 按下时，对应的引脚会变为低电平，当 LED1 引脚为高电平时，对应的 LED 灯会点亮，如图 4.39 所示。

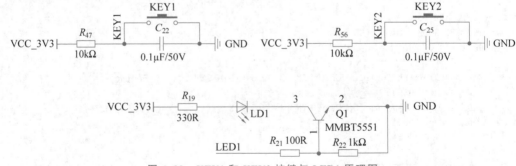

图 4.39　KEY1 和 KEY2 按键与 LED1 原理图

由如图 4.40 所示的底板原理图可知，扩展板的 KEY1 和 KEY2 按键通过 J6 扩展板转接座和 J4 核心板转接座分别连接到了 PC9 和 PC8 上，LED1 连接到了 PC4 上。

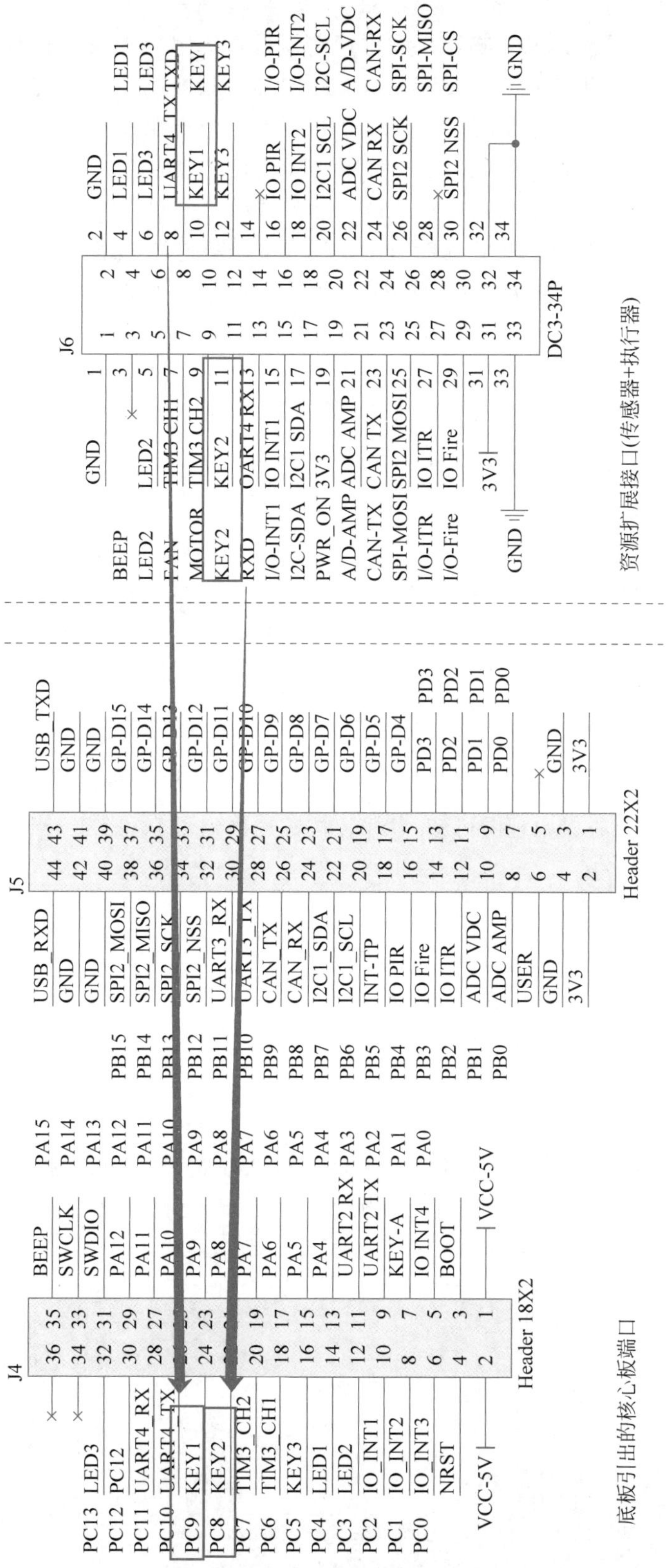

图 4.40 底板原理图

蜂鸣器位于底板上,其控制引脚标号为 BEEP,如图 4.41 所示。

蜂鸣器分为有源蜂鸣器和无源蜂鸣器。无源蜂鸣器是指蜂鸣器本身没有时钟源,需要外界提供一定频率的电平变化信号才能发声。有源蜂鸣器是指蜂鸣器本身有时钟源,外界只提供一个固定的电平即可让其发出声音。HMB1206 是一个有源蜂鸣器,因此只需要控制其引脚电压即可发声。蜂鸣器通过 Q2 处的增强型 N 沟道场效应管控制通断。当其栅极为高电平时,场效应管导通,蜂鸣器可以发声。D3 处的二极管是一个保护二极管,防止蜂鸣器这样的带线圈的感性负载在电流突然通断时产生反向电动势损坏电路。

通过原理图中的 J4 可以看到,BEEP 引脚连接到了 PA15 上,如图 4.42 所示。因此可以通过将 PA15 设置为高电平来使能蜂鸣器。

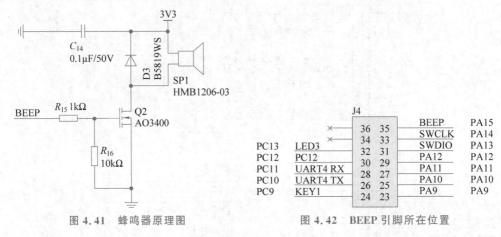

图 4.41　蜂鸣器原理图　　　　　图 4.42　BEEP 引脚所在位置

由如图 4.43 所示的核心板原理图可知,USER 按键连接到了 PA12 上,当按键按下时,PA12 变为低电平。

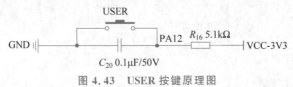

图 4.43　USER 按键原理图

4.8.3　程序流程

本实验在 GPIO 初始化时设置 PC8、PC9、PA12 为输入模式,然后在主循环中不断读取 3 个按键对应的引脚的状态,从而检测按键是否按下。当检测到引脚产生低电平时,还需要进行消抖处理,防止在按键按下或释放时产生的不稳定的状态变化,如图 4.44 所示。

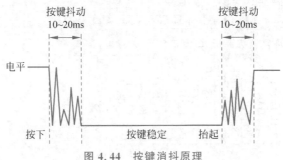

图 4.44　按键消抖原理

本实验程序流程如图 4.45 所示。

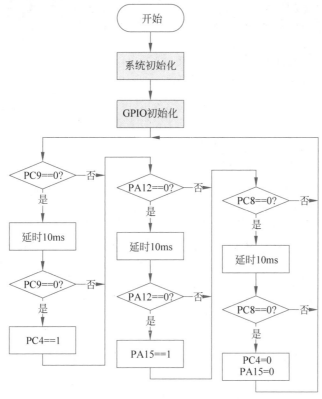

图 4.45　按键输入检测程序流程

4.8.4　程序配置

在 STM32CubeMX 中新建一个特定芯片的工程。将连接 LED 和蜂鸣器的 PC4、PA15 引脚设置成推挽输出模式,以便控制 LED 和蜂鸣器。将 PC8、PC9、PA12 设置成上拉输入模式,以便接收按键信号。设置后的 GPIO 信息如图 4.46 所示。

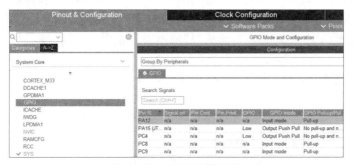

图 4.46　GPIO 配置页面

重新配置工程目录 Toolchain/MDK,设置为复制必要的文件,分别生成. c/. h 文件后,生成并打开工程。在 main. c 的 main()函数的主循环中,添加下面的代码:

```
/* USER CODE BEGIN WHILE */
while (1)
```

```
{
    //第一次判断按键是否按下
    if(HAL_GPIO_ReadPin(GPIOC,GPIO_PIN_9) == GPIO_PIN_RESET)
    {
        HAL_Delay(10);                                          //消抖
        //第二次判断按键是否按下
        if(HAL_GPIO_ReadPin(GPIOC,GPIO_PIN_9) == GPIO_PIN_RESET)
        {
            HAL_GPIO_WritePin(GPIOC,GPIO_PIN_4,GPIO_PIN_SET);      //点亮 LED1
        }
    }
    //第一次判断按键是否按下
    if(HAL_GPIO_ReadPin(GPIOA,GPIO_PIN_12) == GPIO_PIN_RESET)
    {
        HAL_Delay(10);                                          //消抖
        //第二次判断按键是否按下
        if(HAL_GPIO_ReadPin(GPIOA,GPIO_PIN_12) == GPIO_PIN_RESET)
        {
            HAL_GPIO_WritePin(GPIOA,GPIO_PIN_15,GPIO_PIN_SET);    //驱动蜂鸣器
        }
    }
    //第一次判断按键是否按下
    if(HAL_GPIO_ReadPin(GPIOC,GPIO_PIN_8) == GPIO_PIN_RESET)
    {
        HAL_Delay(10);                                          //消抖
        //第二次判断按键是否按下
        if(HAL_GPIO_ReadPin(GPIOC,GPIO_PIN_8) == GPIO_PIN_RESET)
        {
            HAL_GPIO_WritePin(GPIOC,GPIO_PIN_4,GPIO_PIN_RESET);   //关闭 LED1
            HAL_GPIO_WritePin(GPIOA,GPIO_PIN_15,GPIO_PIN_RESET); //关闭蜂鸣器
        }
    }
}
/* USER CODE END WHILE */
```

4.8.5 实验现象

编译程序,选择调试下载器并下载后,按下开发板上的 RESET 按键复位开发板。按下扩展板上的 KEY1,扩展板 LD1 处的 LED 灯会亮。按下核心板上的 USER 按键,蜂鸣器会响。按下扩展板上的 KEY2,LED 灯会灭,蜂鸣器会停止发出声响。

4.9 习题

简答题

1. 本章介绍了 GPIO 的哪几种工作模式?各应用在什么场景中?

2. 打开某个 STM32 电路板上的外设原理图,观察这些外设连接到了 STM32 的哪些引脚。为了使能对应的硬件资源,这些引脚应该被配置成什么工作模式?

3. 找到官方芯片手册中说明 GPIO 输入原理的内部架构图,并解释整个原理。

思考题

思考如何在主循环中判断某个按键的按键状态,当按下时,让 LED 灯亮或让蜂鸣器响;当抬起时,让 LED 灯灭或让蜂鸣器不响。

第5章　中断控制器 NVIC 与 EXTI

CHAPTER 5

5.1　什么是中断

在嵌入式系统中,中断是一种机制,用于在系统执行正常程序流程的同时,及时响应特定事件或条件的发生。当某个特定的事件发生时(如外部硬件触发、定时器到达指定时间),中断会打断当前正在执行的程序流程,转而执行一个预先定义好的中断服务程序(Interrupt Service Routine,ISR),来处理该事件。而中断嵌套是指中断系统正在执行一个中断服务时,有另一个优先级更高的中断提出中断请求,这时会暂时终止当前正在执行的级别较低的中断服务程序,去执行级别更高的中断服务程序,待处理完毕,再返回被中断了的中断服务程序继续执行过程。中断的处理过程如图5.1所示。

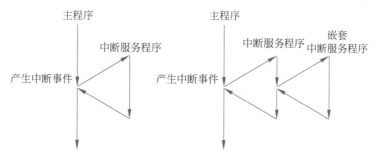

图 5.1　中断的处理过程示意图

中断的出现主要是为了提高系统的响应速度和效率。相比于轮询(Polling)方式,中断可以让系统在等待事件发生时不会浪费处理器资源,而是通过硬件或软件的方式,让事件一旦发生就立即得到响应。这样可以让系统在处理多个任务时更加灵活高效。

中断处理过程一般包括以下几个步骤。

(1) 中断请求触发:某个事件或条件发生,触发了相应的中断请求。

(2) 中断控制器响应:中断控制器检测到中断请求,根据优先级确定下一个要执行的中断服务程序。

(3) 保存上下文:在转到中断服务程序之前,系统需要保存当前程序的执行状态(如寄存器值、程序计数器等),以便在中断服务程序执行完毕后能够恢复到中断之前的状态。

(4) 执行中断服务程序:执行与中断相关的中断服务程序,处理中断事件。

(5) 恢复现场:中断服务程序执行完毕后,系统需要恢复之前保存的程序执行状态,以便回到中断发生之前的程序执行流程。

（6）继续执行：恢复程序执行流程，继续执行中断发生时被打断的程序。

通过合理地使用中断机制，可以实现系统的多任务处理、实时响应外部事件等功能，提高系统的性能和可靠性。

在 STM32 中还需要区分异常这个概念。中断和异常都是用于处理系统中的特殊事件，但它们的触发原因和处理方式有所不同。中断是由 CPU 外部事件触发的，如外部设备的状态改变、定时器溢出、外部 I/O 引脚的状态变化等，系统可以设计中断服务程序来处理这些事件，并且可以被优先级化和屏蔽；而异常是由 CPU 内部的条件触发的，如除零、非法指令、访问未定义地址等，通常表示系统出现了错误或者特殊情况。

视频讲解

5.2 嵌套向量中断控制器 NVIC

5.2.1 NVIC 简介

STM32 系列单片机支持众多的系统异常和外部中断。如 STM32F10xxx 系列有多达 10 个系统内部异常和 60 个外部中断，STM32F405xx 系列有多达 10 个系统内部异常和 82 个外部中断，STM32U5 系列有多达 12 个系统内部异常和 141 个外部中断。中断向量表存放在内存中的特定位置，其中存储着各种中断服务程序的入口地址。当一个中断事件发生时，处理器会根据中断向量表中对应中断号的地址跳转到相应的中断服务程序，以执行相应的中断处理操作。每个中断号对应着一个特定的中断事件，比如外部中断、定时器中断等，也对应着一个中断服务程序入口地址。通过中断向量表，嵌入式系统可以实现有效的中断处理，提高系统的响应速度和可靠性。表 5.1 为 STM32U5 系列的部分中断向量表。

表 5.1 STM32U5 系列的部分中断向量表

自然优先级	优先级类型	名 称	说 明	地 址
—	—	—	保留	0x0000 0000
−4	固定	Reset	复位	0x0000 0004
−2	固定	NMI	不可屏蔽中断。RCC 时钟安全系统（CSS）连接到 NMI 向量	0x0000 0008
−3 或 −1	固定	Secure HardFault	安全硬件错误	0x0000 000C
−1	固定	Nonsecure HardFault	非安全硬件故障，所有类别的故障	0x0000 000C
0	可设置	MemManage	内存管理	0x0000 0010
1	可设置	BusFault	预取指失败，存储器访问失败	0x0000 0014
2	可设置	UsageFault	未定义的指令或非法状态	0x0000 0018
3	可设置	SecureFault	安全故障	0x0000 001C
—	—	—	保留	0x0000 0020 ~ 0x0000 002B
4	可设置	SVC	通过 SWI 指令调用的系统服务	0x0000 002C
5	可设置	Debug Monitor	调试监控器	0x0000 0030
—	—	—	保留	0x0000 0034
6	可设置	PendSV	可挂起的系统服务	0x0000 0038

续表

自然优先级	优先级类型	名　称	说　明	地　址
7	可设置	SysTick	系统嘀嗒定时器	0x0000 003C
8	可设置	WWDG	窗口看门狗中断	0x0000 0040
9	可设置	PVD_PVM	可编程电压检测（PVD）/外设电压检测	0x0000 0044
10	可设置	RTC	RTC 全局非安全中断	0x0000 0048
...				
146	可设置	DCACHE2	DCACHE 2 全局中断	0x0000 0268
147	可设置	GFXTIM	GFXTIM 全局中断	0x0000 026C
148	可设置	JPEG	JPEG 同步中断	0x0000 0270

为了方便地管理这些中断和内部异常，STM32 使用了内嵌向量中断控制器（Nested Vectored Interrupt Controller，NVIC）。以下是 STM32 NVIC 的一些重要特点和功能。

（1）中断向量表：NVIC 使用中断向量表来确定中断服务程序的位置。在 STM32 中，中断向量表通常位于内部 Flash 的起始地址处，包含每个中断的地址。

（2）中断优先级：NVIC 允许每个中断有抢占优先级和子优先级。较低抢占优先级的中断可以被较高抢占优先级的中断打断，这样可以确保重要的中断能够及时得到处理。当多个中断或任务具有相同的抢占优先级时，子优先级决定了哪一个会首先得到执行。优先级的序号越小，优先级越高。

（3）中断控制：NVIC 可以用于使能或禁用特定中断。

（4）异常处理：除普通的外部中断请求外，NVIC 还负责处理内部异常，如硬件错误、系统异常等。

（5）中断挂起：NVIC 允许中断被暂时挂起，直到某些条件满足后重新使能。

通过合理配置 NVIC，STM32 可以有效地管理各种中断，并确保系统的可靠性和响应性。

5.2.2　NVIC 的优先级

为了设置每个中断的优先级，便于高优先级的中断优先得到响应，STM32 具有灵活的优先级管理方式。

首先，每个中断可被设置为不同的抢占优先级和子优先级等级。抢占优先级高的中断可以打断抢占优先级低的中断从而优先执行。当抢占优先级相同时，子优先级较高的中断会优先执行，但不会打断子优先级较低的中断。若两个中断的抢占优先级和子优先级相同，则按照自然优先级排序。需要注意的是，优先级的序号越小，优先级越高。

在 STM32 中，还有优先级分组的概念，一般可选择 5 个组中的一个组。设置为组 0 时，无法设置中断的抢占优先级的等级，可以用 4 个位设置子优先级的等级。设置为组 1 时，可以用 1 个位设置中断的抢占优先级的等级，可以用 3 个位设置子优先级的等级。具体采用哪个组的方案需要通过设置应用中断和复位控制寄存器（Application Interrupt and Reset Control Register，AIRCR）的第[10：8]位指定，如表 5.2 所示。

表 5.2　NVIC 的优先级分组

优先级分组	AIRCR[10∶8]	优先级划分
0	111	0 个位用于抢占优先级,4 个用于子优先级
1	110	1 个位用于抢占优先级,3 个用于子优先级
2	101	2 个位用于抢占优先级,2 个用于子优先级
3	100	3 个位用于抢占优先级,1 个用于子优先级
4	011	4 个位用于抢占优先级,0 个用于子优先级

举例来说,如果在系统初始化时选择使用组 2 的划分方式,那么对于某个中断,我们可以将其抢占优先级设置为 0~3 中的一个数,将其子优先级设置为 0~3 中的一个数。如果选择使用组 4 的划分方式,那么对于某个中断,可以将其抢占优先级设置为 0~16 中的一个数,而不可设置其子优先级。序号越小,优先级越高。

5.2.3　NVIC 的 STM32CubeMX 配置

在 NVIC 设置页面中,Priority Group 即为设置优先级分组的位置,其中有 5 个分组,如图 5.2 所示。如果选择 4 bits for pre-emption priority,那么抢占优先级可以设置为 0~15 中的一个,而子优先级不可以设置,因为抢占优先级和子优先级所使用的位数一共是 4 位。

图 5.2　STM32CubeMX 中的 NVIC 优先级分组设置

在 Code generation 页面,如果想调用中断处理函数,则需要选中 Generate IRQ handler 和 Call HAL handler 复选框,这样在生成的代码中才会生成中断处理函数和 HAL 库中的对应外设的中断处理函数,如图 5.3 所示。

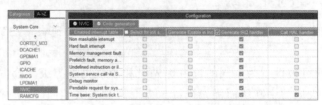

图 5.3　NVIC 的 Code generation 页面

这样,在所生成工程中的 stm32u5xx_it.c 文件中,会有如图 5.4 所示的两个中断处理函数。

图 5.4　STM32CubeMX 生成的中断处理函数

5.3　EXTI

5.3.1　EXTI 简介

EXTI 的全称是 External Interrupt/Event Controller，即外部中断/事件控制器，它允许外部事件(如 GPIO 引脚状态变化、以太网唤醒、USB 唤醒等)触发中断或事件，并在需要时唤醒系统。EXTI 与其他外设中断的不同是，EXTI 专指来源于芯片外部的信号所触发的中断，而其他外设中断来自芯片内部。

这里还需要区分一下中断和事件的概念。在 STM32 的手册中会经常看到中断(Interrupt)和事件(Event)。中断是事件的一种，可以称为中断事件。中断发生时会立即中断当前的程序执行流程，转而执行与该中断相关联的中断服务程序(Interrupt Service Routine，ISR)，处理完中断服务程序后返回源程序继续执行。非中断事件不会立即中断当前 CPU 程序的执行，而是会生成一个事件信号，可以通过软件轮询、触发 DMA 传输、使能其他外设等方式来处理。

5.3.2　EXTI 的内部架构

一个 EXTI 线上可以部署多个外部中断/事件来源。STM32F1、STM32F4 和 STM32U5 系列芯片都有多个 EXTI 线，前 16 个 EXTI 线的功能大致相同，都负责 GPIO 引脚的外部中断，其他的 EXTI 线不尽相同，不同型号 STM32 的 EXTI 线的总数也不太一样，如表 5.3 所示。

表 5.3　不同型号的 STM32 的 EXTI 线的功能说明

EXTI 线	STM32F103	STM32F405	STM32U575
0~15	GPIO	GPIO	GPIO
16	PVD 输出	PVD 输出	PVD 输出
17	RTC 闹钟事件	RTC 闹钟事件	COMP1 输出
18	USB 唤醒事件	USB OTG FS 唤醒事件	COMP2 输出
19	以太网唤醒事件	以太网唤醒事件	V_{DDUSB} 电压监测
20	—	USB OTG HS(在 FS 中配置)唤醒事件	V_{DDIO2} 电压监测
21	—	RTC 入侵和时间戳事件	V_{DDA} 电压监测 1
22	—	RTC 唤醒事件	V_{DDA} 电压监测 2

STM32F103、STM32F405 的 EXTI 内部架构如图 5.5 所示。

STM32U575 的 EXTI 内部架构如图 5.6 所示。

尽管两个结构框图细节不太一样，但是它们包含相似的结构和功能。图 5.6 的可配置事件输入对应图 5.5 的输入线，AHB 接口对应图 5.5 的 APB 总线，hclk 对应图 5.5 的 PCLK2，它们都受 EXTI 内部的寄存器和逻辑单元控制，从而向 CPU 或芯片内部其他单元输出中断或事件信息。

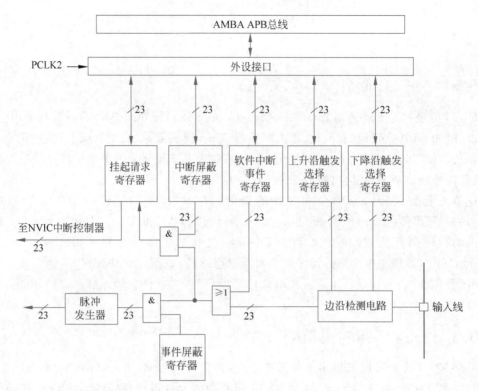

图 5.5　STM32F103、STM32F405 的 EXTI 内部架构图

图 5.5 的输入线连接着边沿检测电路,这对应图 5.6 的异步边沿探测电路。也就是说,需要通过外部信号电平跳变时产生的上升沿或下降沿来判断中断是否产生。

5.3.3　GPIO 的外部中断

由 GPIO 引脚触发的外部中断是经常被用到的,下面着重介绍 GPIO 外部中断的原理。如 5.3.2 节所述,EXTI0~EXTI15 连接的是 GPIO。由于 GPIO 引脚众多,远远超过 16 个,因此每根 EXTI 线需要连接多个 GPIO 引脚。因为一组 GPIO(如 GPIOA、GPIOB)有 16 个引脚,所以可以利用前 16 根 EXTI 线对这些引脚进行分组。分组方式如图 5.7 所示。

通过该结构图可以知道,不管同一组的哪个引脚触发了中断,该组的 EXTI 线上都会产生信号。但是,每个组只能设置一个引脚触发中断。举例来说,如果把 PA0 设置为外部中断模式,该组的其他引脚都不能被设置为外部中断。因此,实际上只能使用 16 个 GPIO 外部中断。每组使用的引脚编号由 EXTICRx(x＝1~4)寄存器设置。每个寄存器分为 4 个区域,每个区域的 8 位用于配置一个组内采用的中断引脚是哪个。

在 STM32F405 中,EXTI5~EXTI9 共用一个中断地址,EXTI10~EXTI15 共用一个中断地址。这意味着 EXTI5~EXTI9 会共用一个中断服务程序 EXTI9_5_IRQHandler(),如图 5.8 所示。

在 STM32U575 中,EXTI0~EXTI15 中每根中断线都有独立的中断地址,可以使用独立的中断服务程序。

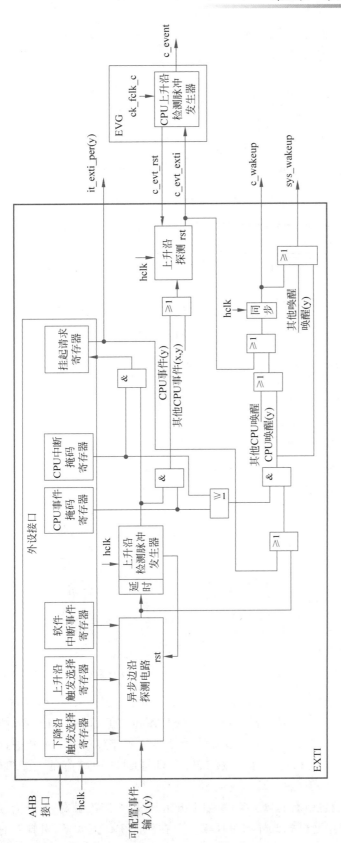

图 5.6　STM32U575 的 EXTI 内部架构

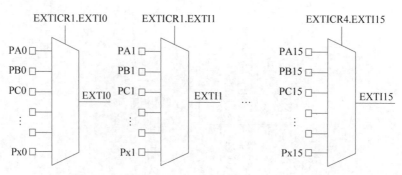

图 5.7 GPIO 与 EXTI 线的分组方式

位置	优先级	优先级类型	名称	说明	地址
19	26	可设置	CAN1_TX	CAN1 TX 中断	0x0000 008C
20	27	可设置	CAN1_RX0	CAN1 RX0 中断	0x0000 0090
21	28	可设置	CAN1_RX1	CAN1 RX1 中断	0x0000 0094
22	29	可设置	CAN1_SCE	CAN1 SCE 中断	0x0000 0098
23	30	可设置	EXTI9_5	EXTI 线 [9:5] 中断	0x0000 009C

表 45. STM32F405xx/07xx 和 STM32F415xx/17xx 的向量表（续）

图 5.8 STM32F405 的 EXTI 中断地址分配

5.3.4 EXTI 的 STM32CubeMX 配置

在 STM32CubeMX 中随便找一个 GPIO 引脚设置为 EXTI 模式，即可在 GPIO 界面中看到相应的配置，如图 5.9 所示。

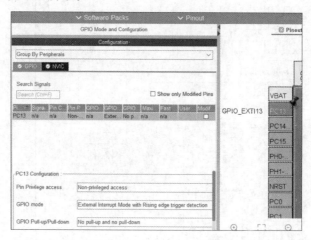

图 5.9 STM32CubeMX 中的 GPIO 的 EXTI 配置页面

Pin Privilege access 可以设置特权访问属性。Privileged-only access（仅特权访问）是一种访问权限，它意味着只有处于特权模式（Privileged Mode）的代码或者任务才能够配置外部中断线。这种权限设置可以确保只有系统的关键部分才能够对外部中断进行控制和操作，从而增强系统的安全性和稳定性。该配置是 STM32U5 中特有的，在 STM32F405、STM32F103 中没有。

GPIO mode 可以设置中断的触发条件，如上升沿触发、下降沿触发、上升沿或下降沿触发；也可以设置为外部中断模式或外部事件模式。在外部事件模式下，引脚上的电平或边沿的变化并不会直接触发中断,而是通过外部事件触发器(External Event Trigger)来控制。这通常用于同步外部事件和微控制器内部的操作,可以通过配置的方式触发相应的外部事件,如定时器的开始和结束、某些数据的传输等。

GPIO Pull-up/Pull-down 用于配置引脚的上拉电阻或下拉电阻。

设置完 GPIO 的触发模式后,还需要在 NVIC 页面使能该中断,如图 5.10 所示。

图 5.10　STM32CubeMX 的 GPIO 的 NVIC 使能页面

5.3.5　EXTI 的寄存器

下面介绍几个常用的寄存器。

1. EXTI 上升沿触发选择寄存器(EXTI_RTSR)和 EXTI 下降沿触发选择寄存器(EXTI_FTSR)

如图 5.11 和图 5.12 所示的两个寄存器用于配置某个中断线是否可被上升沿或下降沿触发。在 Cortex-M33 架构的单片机中,这两个寄存器各有 26 个有效位,对应 26 根 EXTI线(特定型号的芯片不会全部用到),而在 Cortex-M3 架构的单片机中,只有 20 个。

31	30	29	28	27	26	25	24	23	22	21	20	19	18	17	16
Res.	Res.	Res.	Res.	Res.	Res.	RT25	RT24	RT23	RT22	RT21	RT20	RT19	RT18	RT17	RT16
						rw	rw	rw	rw	rw	rw	rw	rw	rw	rw

15	14	13	12	11	10	9	8	7	6	5	4	3	2	1	0
RT15	RT14	RT13	RT12	RT11	RT10	RT9	RT8	RT7	RT6	RT5	RT4	RT3	RT2	RT1	RT0
rw	rw	rw	rw	rw	rw	rw	rw	rw	rw	rw	rw	rw	rw	rw	rw

图 5.11　EXTI 上升沿触发选择寄存器 EXTI_RTSR

31	30	29	28	27	26	25	24	23	22	21	20	19	18	17	16
Res.	Res.	Res.	Res.	Res.	Res.	FT25	FT24	FT23	FT22	FT21	FT20	FT19	FT18	FT17	FT16
						rw	rw	rw	rw	rw	rw	rw	rw	rw	rw

15	14	13	12	11	10	9	8	7	6	5	4	3	2	1	0
FT15	FT14	FT13	FT12	FT11	FT10	FT9	FT8	FT7	FT6	FT5	FT4	FT3	FT2	FT1	FT0
rw	rw	rw	rw	rw	rw	rw	rw	rw	rw	rw	rw	rw	rw	rw	rw

图 5.12　EXTI 下降沿触发选择寄存器 EXTI_FTSR

寄存器中的每个位对应一根 EXTI 线。当该位置 1 时,即可设置为上升沿或下降沿触发。如果两个寄存器对应位都被设置成了 1,则上升沿和下降沿都触发。

2. EXTI 软件中断事件寄存器(EXTI_SWIER)

EXTI_SWIER 寄存器用于软件触发事件,每个位对应每根 EXTI 线。当向对应位写 1时,则可以软件触发该 EXTI 线上的事件,如图 5.13 所示。

31	30	29	28	27	26	25	24	23	22	21	20	19	18	17	16
Res.	Res.	Res.	Res.	Res.	Res.	SWI25	SWI24	SWI23	SWI22	SWI21	SWI20	SWI19	SWI18	SWI17	SWI16
						rw	rw	rw	rw	rw	rw	rw	rw	rw	rw

15	14	13	12	11	10	9	8	7	6	5	4	3	2	1	0
SWI15	SWI14	SWI13	SWI12	SWI11	SWI10	SWI9	SWI8	SWI7	SWI6	SWI5	SWI4	SWI3	SWI2	SWI1	SWI0
rw	rw	rw	rw	rw	rw	rw	rw	rw	rw	rw	rw	rw	rw	rw	rw

图 5.13　EXTI 软件中断事件寄存器 EXTI_SWIER

3. EXTI 外部中断选择寄存器(EXTI_EXTICRm)

EXTI_EXTICRm 寄存器用于配置 EXTI0～EXTI15 这 16 根 EXTI 线连接到哪个引脚

上(m＝1～4)，每个寄存器可配置 4 根 EXTI 线，每根 EXTI 线使用 8 个位进行配置，如图 5.14 所示。

31	30	29	28	27	26	25	24	23	22	21	20	19	18	17	16
EXTI{4*(m-1)+3}[7:0]								EXTI{4*(m-1)+2}[7:0]							
rw	rw	rw	rw	rw	rw	rw	rw	rw	rw	rw	rw	rw	rw	rw	rw
15	14	13	12	11	10	9	8	7	6	5	4	3	2	1	0
EXTI{4*(m-1)+1}[7:0]								EXTI{4*(m-1)}[7:0]							
rw	rw	rw	rw	rw	rw	rw	rw	rw	rw	rw	rw	rw	rw	rw	rw

图 5.14　EXTI 外部中断选择寄存器 EXTI_EXTICRm

PA～PJ 对应 0x00～0x09 的写入值。例如，如果想配置 EXTI0 由 PC0 引脚触发，那么 EXTICR1 的位[7：0]应该被写入 0x02。如果想配置 EXTI5 由 PE5 引脚触发，那么 EXTICR2 的位[15：8]应该写入 0x04。

5.3.6　EXTI 的 HAL 库配置流程

配置 EXTI 的中断并编写中断服务程序共涉及以下几个流程。

（1）设置中断触发条件（在 STM32CubeMX 中配置）。如配置 GPIO 的某个引脚采用上升沿或下降沿触发。

（2）设置中断优先级（在 STM32CubeMX 中配置）。涉及使用 HAL_NVIC_SetPriority()设置中断优先级，如 HAL_NVIC_SetPriority(EXTI0_IRQn，0，0)。

（3）使能中断（在 STM32CubeMX 中配置）。涉及使用 HAL_NVIC_EnableIRQ()使能中断，如 HAL_NVIC_EnableIRQ(EXTI0_IRQn)。

（4）在中断服务程序中判断中断外设来源。不同的中断会调用不同的中断服务程序，如 EXTI0_IRQHandler()、TIM2_IRQHandler()等。这些函数的名称通常以 PPP_IRQHandler()命名（PPP 为外设简称）。在这些中断服务程序中又会调用外设通用中断处理函数 HAL_PPP_IRQHandler()（PPP 为外设简称）来向通用函数中引入外设句柄或名称。在 HAL 库中，同一种类型的外设会调用同一个通用中断处理函数。

```
void EXTI0_IRQHandler(void)
{
  /* USER CODE BEGIN EXTI0_IRQn 0 */

  /* USER CODE END EXTI0_IRQn 0 */
  HAL_GPIO_EXTI_IRQHandler(GPIO_PIN_0);
  /* USER CODE BEGIN EXTI0_IRQn 1 */

  /* USER CODE END EXTI0_IRQn 1 */
}
```

（5）在外设通用中断处理函数中会依据引入的外设句柄或名称来访问对应的中断标志位，判断到底哪个外设发生了中断，并清除该标志位，然后访问外设通用中断回调函数 HAL_PPP_Callback()（PPP 为外设简称）。

```
/**
  * @brief  This function handles EXTI interrupt request.
  * @param  GPIO_Pin Specifies the pins connected EXTI line
  * @retval None
  */
```

```
void HAL_GPIO_EXTI_IRQHandler(uint16_t GPIO_Pin)
{
  /* EXTI line interrupt detected */
  if(__HAL_GPIO_EXTI_GET_IT(GPIO_Pin) != RESET)
  {
    __HAL_GPIO_EXTI_CLEAR_IT(GPIO_Pin);
    HAL_GPIO_EXTI_Callback(GPIO_Pin);
  }
}
```

（6）执行中断回调函数。外设通用中断回调函数 HAL_PPP_Callback()是弱函数，可以在其他文件中重定义（一般写在 main.c 文件中），从而根据用户需求编写程序。

```
/**
 * @brief  EXTI line detection callbacks.
 * @param  GPIO_Pin Specifies the pins connected EXTI line
 * @retval None
 */
weak void HAL_GPIO_EXTI_Callback(uint16_t GPIO_Pin)
{
  /* Prevent unused argument(s) compilation warning */
  UNUSED(GPIO_Pin);
  /* NOTE: This function Should not be modified, when the callback is needed,
          the HAL_GPIO_EXTI_Callback could be implemented in the user file
   */
}
```

在上面的步骤中，执行中断时主要涉及 3 类函数：外设中断服务程序 PPP_IRQHandler()、HAL 库外设通用中断处理函数 HAL_PPP_IRQHandler()和外设通用中断回调函数 HAL_PPP_Callback()。图 5.15 再次表明了它们之间的关系。

图 5.15 中断处理函数之间的关系

图 5.15 表明，不同中断来源所对应的中断服务程序（ISR）入口地址（启动文件中定义）不同，但是同一类外设会调用相同的 HAL 库外设通用中断处理函数 HAL_PPP_IRQHandler()，进而调用相同的外设通用中断回调函数 HAL_PPP_Callback()。这主要是因为 HAL 库的设计考虑到了可移植性和模块化。

5.4 实验：用外部中断进行按键上升沿/下降沿检测

视频讲解

5.4.1 应用场景及目的

第 4 章进行的按键实验是依靠轮询的方式判断状态的，这会大量占用 CPU 的资源，也会导致程序在执行其他任务时检测不到突然的电平变化。在实际应用中,更多地会采用外部中断的方式来判断按键是否按下。当按键按下时,连接按键的引脚会触发一个电平变化。电平由高到低变化会产生下降沿,由低到高变化会产生上升沿。可以通过利用边沿的变化来触发中断,进而执行相应的动作。

本实验使用底板上的 USER 按键和五向按键来控制核心板上 D1 处的 LED 灯的亮灭。当按下 USER 按键时,点亮 LED 灯,当按下五向按键时,关闭 LED 灯。

本实验对应的例程为 04-1_STM32U575_GPIO_EXTI_Rise_Fall。

5.4.2 原理图

先来看 USER 按键的连接原理图,如图 5.16 所示。可以看到当按下 USER 按键后,USER 引脚会变为低电平,也就是产生下降沿。因此需要将与 USER 引脚相连的 GPIO 引脚 PA12 设置为下降沿触发中断。

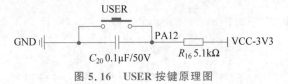

图 5.16 USER 按键原理图

在底板原理图中包含了五向按键的电路,如图 5.17 所示。U7B 处的运算放大器被连接为电压跟随器,U7A 处的运算放大器被连接为电压比较器。当按键抬起时,U7B 的 5 号引脚为 3.3V 电压,7 号引脚也输出 3.3V 电压。7 号引脚与 U7A 处的 3 号引脚相连。U7A 处的 2 号引脚通过 R_{30} 与 R_{31} 的分压得到 2.5V 电压。由于 U7A 处的 3 号引脚电压大于 2 号引脚,因此会在 1 号引脚处输出 5V 电压。此时 Q3 处的场效应管导通,IO INT4 引脚为低电平。当五向按键按下时,IO INT4 引脚为高电平。因此按下五向按键会产生一个上升沿。

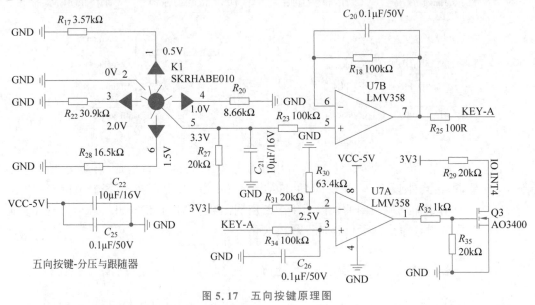

图 5.17 五向按键原理图

通过底板原理图的 J2(见图 5.18)可知,IO INT4 连接到了 PA0 上。PA0 需要被设置为上升沿触发才能在按下五向按键时触发中断。

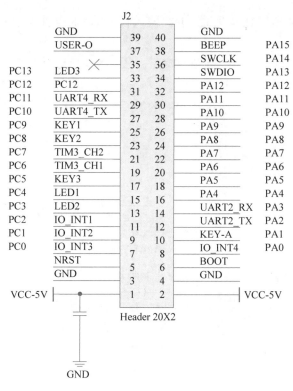

图 5.18　底板原理图的 J2 处插座

5.4.3　程序流程

本实验程序流程如图 5.19 所示。

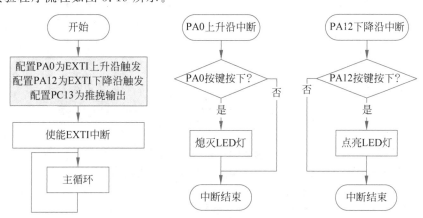

图 5.19　按键中断检测实验程序流程

通过流程图可知,PA0 需要配置为上升沿触发中断,PA12 需要配置为下降沿触发中断,然后在使能对应的 EXTI 中断后,进入空的主循环。后续任务完全由按键按下产生的中断所对应的中断服务程序执行。

5.4.4　程序配置

打开 STM32CubeMX,根据芯片型号新建一个工程。在打开的页面中,分别配置 PA0

和 PA12 为 EXTI0 和 EXTI12,设置为上拉输入模式,分别配置为上升沿触发和下降沿触发,如图 5.20 所示。

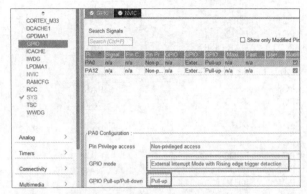

图 5.20   GPIO 配置页面

然后在 NVIC 标签页使能中断,如图 5.21 所示。

图 5.21   使能 GPIO 的中断

如图 5.22 所示的 NVIC 配置页面自动选中了两个中断的 Generate IRQ handler 和 Call HAL handler。这对应 stm32 ** xx_it. c 文件中的 EXTI0_IRQHandler()、EXTI12_IRQHandler()和 HAL_GPIO_EXTI_IRQHandler()。

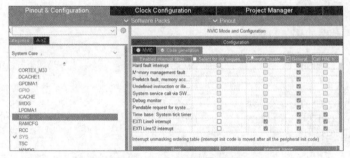

图 5.22   NVIC 配置页面

由于本实验要控制核心板上 D1 处的 LED 灯,该灯连接到了 PC13 引脚,因此 PC13 引脚需要被配置为推挽输出模式,默认为低电平,如图 5.23 所示。

图 5.23   PC13 引脚的配置

配置英文工程目录 Toolchain/MDK,设置为复制必要的文件,分别生成.c/.h 文件后,
生成并打开工程。

　　main.c 文件中调用的 MX_GPIO_Init()函数中配置了对应的引脚模式,并使能了
中断。

　　在 stm32u5xx_it.c 文件中,分别生成了 EXTI0 和 EXTI12 的中断处理函数。在对应
的函数中又调用了 HAL_GPIO_EXTI_IRQHandler()函数并输入了对应的引脚编号。

```
/**
  * @brief This function handles EXTI Line0 interrupt.
  */
void EXTI0_IRQHandler(void)
{
  /* USER CODE BEGIN EXTI0_IRQn 0 */
  /* USER CODE END EXTI0_IRQn 0 */
  HAL_GPIO_EXTI_IRQHandler(GPIO_PIN_0);
  /* USER CODE BEGIN EXTI0_IRQn 1 */
  /* USER CODE END EXTI0_IRQn 1 */
}
/**
  * @brief This function handles EXTI Line12 interrupt.
  */
void EXTI12_IRQHandler(void)
{
  /* USER CODE BEGIN EXTI12_IRQn 0 */
  /* USER CODE END EXTI12_IRQn 0 */
  HAL_GPIO_EXTI_IRQHandler(GPIO_PIN_12);
  /* USER CODE BEGIN EXTI12_IRQn 1 */
  /* USER CODE END EXTI12_IRQn 1 */
}
```

　　在 HAL_GPIO_EXTI_IRQHandler()函数中,通过输入引脚编号来判断是否为该引脚
产生的中断标志。若是对应引脚,则清除该中断标志,然后调用 HAL_GPIO_EXTI_Falling_
Callback()或 HAL_GPIO_EXTI_Rising_Callback()函数进入回调函数。

```
void HAL_GPIO_EXTI_IRQHandler(uint16_t GPIO_Pin)
{
  /* EXTI line interrupt detected */
  if (__HAL_GPIO_EXTI_GET_RISING_IT(GPIO_Pin) != 0U)
  {
    __HAL_GPIO_EXTI_CLEAR_RISING_IT(GPIO_Pin);
    HAL_GPIO_EXTI_Rising_Callback(GPIO_Pin);
  }

  if (__HAL_GPIO_EXTI_GET_FALLING_IT(GPIO_Pin) != 0U)
  {
    __HAL_GPIO_EXTI_CLEAR_FALLING_IT(GPIO_Pin);
    HAL_GPIO_EXTI_Falling_Callback(GPIO_Pin);
  }
}
```

　　在 main.c 文件的 USER CODE BEGIN 4 后面重新编写这两个函数:

```
void HAL_GPIO_EXTI_Falling_Callback(uint16_t GPIO_Pin)              //下降沿触发的回调函数
{
    if(GPIO_Pin == GPIO_PIN_12)
    {
        if(HAL_GPIO_ReadPin(GPIOA,GPIO_PIN_12) == GPIO_PIN_RESET) //读取按键是否按下
        {
            HAL_GPIO_WritePin(GPIOC,GPIO_PIN_13,GPIO_PIN_SET);    //点亮 LED 灯
        }
    }
}

void HAL_GPIO_EXTI_Rising_Callback(uint16_t GPIO_Pin)              //上升沿触发的回调函数
{
    if(GPIO_Pin == GPIO_PIN_0)
    {
        if(HAL_GPIO_ReadPin(GPIOA,GPIO_PIN_0) == GPIO_PIN_SET)    //读取按键是否按下
        {
            HAL_GPIO_WritePin(GPIOC,GPIO_PIN_13,GPIO_PIN_RESET);  //熄灭 LED 灯
        }
    }
}
```

在下降沿触发的回调函数中,先判断触发下降沿中断的引脚是不是 GPIO_PIN_12。这里不用判断是 PA12 还是 PB12,因为 PA12、PB12、PC12 这些引脚都在 EXTI12 线上,只有其中一个能够被设置成 EXTI 模式。如果是 GPIO_PIN_12 产生的,则设置 PC13 为高电平,点亮 LED 灯。

另外,在 NVIC 页面中 HAL_Delay()函数所依赖的 System tick timer 默认的抢占优先级是最低的,如图 5.24 所示。因此,如果此时在 EXTI 中断回调函数中调用 HAL_Delay()进行延时用于消抖的话,会导致程序无法正常执行。因为在执行高抢占优先级的中断时,无法执行低抢占优先级的中断,HAL_Delay()无法获得计时值。

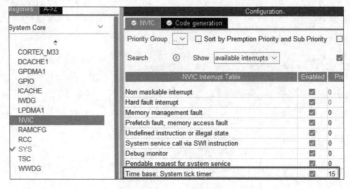

图 5.24　NVIC 中的 Systick 中断优先级配置

5.4.5　实验现象

编译工程,选择好调试下载器后,将程序下载到开发板上。复位后按下 USER 按键,即可看到核心板上 D1 处的 LED 灯点亮;按下五向键,即可看到该灯熄灭。

5.5　习题

简答题

1. 什么是中断？它在程序执行过程中有什么作用？

2. NVIC 的抢占优先级和子优先级有什么区别？

3. PA12 在 EXTI 的几号线上？能同时使能 PA1 和 PC1 为外部中断模式吗？尝试从芯片手册中找到依据。

4. 什么是中断向量表？发生对应中断时，程序是如何跳转到对应的中断服务程序中的？

5. 如果用户设置的两个中断的抢占优先级和子优先级相同，那么如何判断哪个优先级高？找到官方手册对应的说明位置。

思考题

设计一个方案，利用外部中断实现按下按键时打开某个外设，松开按键时关闭某个外设，主循环中不写任何程序。

## 第 6 章

时钟树与 SysTick

视频讲解

6.1 时钟树

6.1.1 时钟树简介

对于单片机来说,时钟就如同脉搏,为 CPU 和各种外设功能提供了特定的工作频率。一般来说一个单片机越复杂,其时钟系统也会相应地变得复杂,如 STM32 的外设较多,其时钟配置就比 51 单片机复杂。STM32 可以有多个时钟源,这些时钟源经过倍频或分频后应用到总线的外设和其他功能上,因此构成了一个庞大的时钟树。由于不同型号的 STM32 具有的外设种类不同、总线分布不同、允许的最大工作频率不同,因此其时钟树的连接情况也不尽相同,但其结构是类似的。在 STM32CubeMX 中进行配置时,在 Clock Configuration 页面中可以清晰地看到时钟树的连接方式,如图 6.1 所示。

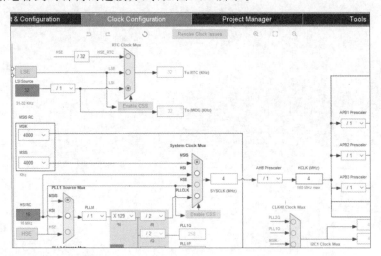

图 6.1　STM32CubeMX 中的时钟树配置页面

时钟树主要包含如下几部分。

(1) 时钟源:时钟频率的来源。

(2) 多路复用器与分频/倍频器:多路复用器可以从多个时钟来源中选择一个来源进行输出,分频/倍频器可以通过分频或倍频的方式将输入的时钟频率转换为输出的时钟频率。

（3）总线与外设：经过分频/倍频器处理后输出的时钟频率会分配给不同的总线（如AHB、APB）和外设上进行使用。不同的总线和外设所支持的最大时钟频率不尽相同。不同的时钟频率会影响外设的配置方式和使用效果。

6.1.2　时钟源

一般来说，STM32的时钟来源有4个。

（1）高速内部时钟（HSI）：内部RC振荡器产生。不同芯片中该时钟频率可能不同，STM32F405和STM32U575中为16MHz，STM32F103中为8MHz。

（2）高速外部时钟（HSE）：使用外部晶振或其他时钟源，通过OSC_IN和OSC_OUT引脚引入。

（3）低速内部时钟（LSI）：内部RC振荡器产生，STM32F405和STM32U575中为32kHz左右，STM32F103中为40kHz。主要提供给实时时钟和独立看门狗。

（4）低速外部时钟（LSE）：使用外部晶振或其他时钟源，通过OSC32_IN和OSC32_OUT引脚引入，通常采用32.768kHz晶振频率，因其主要用于RTC计时，易于分频。

在一些型号中还包括其他产生时钟信号的部分。如STM32U575中还有可调速的内部RC振荡器时钟MSIS、MSIK分别用于系统时钟（SYSCLK）和外设内核时钟。

6.1.3　多路复用器与分频/倍频器

在时钟树中，一根时钟线可能允许多个时钟源的输入，具体采用哪个时钟源需要通过配置多路复用器，如图6.2所示。

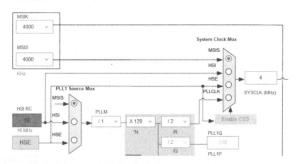

图6.2　通过多路复用器选择时钟源

PLL1 Source Mux多路复用器可以选择输入时钟为MSIS、HSI或HSE中的一个，输出给PLLM分频器使用。System Clock Mux将PLL倍频后的时钟作为时钟源给SYSCLK系统时钟使用。

PLL的全称为Phase Locked Loop，即锁相环。它是一种典型的反馈控制电路，利用外部输入的参考信号控制环路内部振荡信号的频率和相位，实现输出信号频率对输入信号频率的自动跟踪。当锁相环的输出信号的频率成比例地反映输入信号的频率时，输出电压与输入电压保持固定的相位差值，这样输出电压与输入电压的相位就被锁住了。PLL可用于倍频和分频。

时钟树中还有很多分频器，用于灵活地控制各个总线和外设上的时钟频率。可以通过调整这些分频器的值来成倍数地降低时钟频率，满足不同功能单元的需求。

6.1.4　总线与外设

在时钟树的最右侧是由总线连接的不同外设。

不同的外设依据芯片架构和速度高低的不同连接到了不同的总线上面，如 APB1 总线、APB2 总线。APB(Advanced Peripheral Bus)向上又连接着 AHB(Advanced High-performance Bus)。在 STM32 微控制器中，AHB 通常连接到 CPU 核心和高性能外设，而 APB 一般连接到 AHB 和低速外设。因此，APB 可以视为建立在 AHB 之上的更低速的外设总线。

在 STM32 中每个总线对应不同的一段连续地址，每个总线分配的一段连续地址又被分配出了很多用于配置外设的寄存器地址，如图 6.3 所示。

Table 6. Memory map and peripheral register boundary addresses (continued)

Bus	Secure boundary address	Nonsecure boundary address	Size (bytes)	Peripheral	Peripheral register map	STM32U535/545	STM32U575/585	STM32U59x/5Ax	STM32U5Fx/5Gx
APB2	0x5001 7C00 - 0x5001 FFFF	0x4001 7C00 - 0x4001 FFFF	33 K	Reserved	-	-	-	-	-
	0x5001 6C00 - 0x5001 7BFF	0x4001 6C00 - 0x4001 7BFF	4 K	DSI	DSI register map	-	-	X	X
	0x5001 6800 - 0x5001 6BFF	0x4001 6800 - 0x4001 6BFF	1 K	LTDC	LTDC register map	-	-	X	X
	0x5001 6400 - 0x5001 67FF	0x4001 6400 - 0x4001 67FF	1 K	GFXTIM	GFXTIM register map	-	-	X	X
	0x5001 6400 - 0x5001 6BFF	0x4001 6400 - 0x4001 6BFF	2 K	USB RAM	-	X	-	-	-
	0x5001 6000 - 0x5001 63FF	0x4001 6000 - 0x4001 63FF	1 K	USB	USB register map	X	-	-	-
	0x5001 5C00 - 0x5001 5FFF	0x4001 5C00 - 0x4001 5FFF	1 K	Reserved	-	-	-	-	-
	0x5001 5800 - 0x5001 5BFF	0x4001 5800 - 0x4001 5BFF	1 K	SAI2	SAI register map	-	X	X	X
	0x5001 5400 - 0x5001 57FF	0x4001 5400 - 0x4001 57FF	1 K	SAI1		X	X	X	X
	0x5001 4C00 - 0x5001 53FF	0x4001 4C00 - 0x4001 53FF	2 K	Reserved	-	-	-	-	-
	0x5001 4800 - 0x5001 4BFF	0x4001 4800 - 0x4001 4BFF	1 K	TIM17	TIM16/TIM17 register map	X	X	X	X
	0x5001 4400 - 0x5001 47FF	0x4001 4400 - 0x4001 47FF	1 K	TIM16		X	X	X	X
	0x5001 4000 - 0x5001 43FF	0x4001 4000 - 0x4001 43FF	1 K	TIM15	TIM15 register map	X	X	X	X
	0x5001 3C00 - 0x5001 3FFF	0x4001 3C00 - 0x4001 3FFF	1 K	Reserved	-	-	-	-	-
APB2	0x5001 3800 - 0x5001 3BFF	0x4001 3800 - 0x4001 3BFF	1 K	USART1	USART register map	X	X	X	X
	0x5001 3400 - 0x5001 37FF	0x4001 3400 - 0x4001 37FF	1 K	TIM8	TIMx register map	X	X	X	X
	0x5001 3000 - 0x5001 33FF	0x4001 3000 - 0x4001 33FF	1 K	SPI1	SPI register map	X	X	X	X
	0x5001 2C00 - 0x5001 2FFF	0x4001 2C00 - 0x4001 2FFF	1 K	TIM1	TIMx register map	X	X	X	X

图 6.3　STM32 参考手册中的外设寄存器地址说明

通过查看这种外设地址分配表格可以知道哪些外设连接到了什么总线上面。这种表格位于 STM32 的参考手册(Reference Manual)中。

6.1.5　时钟树的 STM32CubeMX 配置

前面的实验没有配置 Clock Configuration 页面，因为在新工程中会采用默认的时钟设置。而实际上，在配置工程时，首先需要为不同的总线分配合适的时钟频率，以便完成后续的外设配置。如配置定时器时，需要依靠其所在的 APB 频率来计算合适的分频系数和计数值，从而产生所需的时间。

首先，需要在 RCC(Reset and Clock Control)栏目配置是否使能 HSE(High Speed Clock)和 LSE(Low Speed Clock)外部时钟，如图 6.4 所示。

Disable 代表不使能，此时使用内部时钟。

BYPASS Clock Source 为旁路时钟源，在该模式下必须提供外部时钟。外部时钟信号(50％占空比的方波、正弦波或三角波)必须连到 OSC_IN 引脚，此时 OSC_OUT 引脚可被设置为 GPIO 模式，如图 6.5 所示。所谓旁路模式，是指无需上面提到的使用外部晶体时所需的芯片内部时钟驱动组件，直接从外界导入时钟信号。

Crystal/Ceramic Resonator 为外部晶体/陶瓷谐振器。该时钟源是由外部无源晶体与

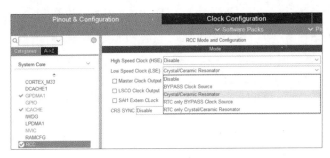

图 6.4 RCC 配置页面

MCU 内部时钟驱动电路共同配合形成,有一定的启动时间,精度较高,如图 6.6 所示。为了减少时钟输出的失真和缩短启动稳定时间,晶体/陶瓷谐振器和负载电容必须尽可能地靠近振荡器引脚。负载电容值必须根据所选择的晶体来具体调整。

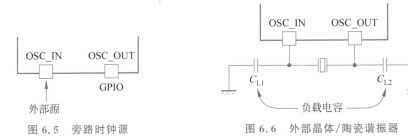

图 6.5 旁路时钟源　　　　　　图 6.6 外部晶体/陶瓷谐振器

　　然后需要在 Clock Configuration 页面中设置各个总线的时钟源和分频系数。时钟源和分频系数可以通过点选的方式手动设置,也可以在所需位置直接输入数值,按回车键后让软件自动设置所需要的系数。

　　HAL 库主要通过调用 HAL_RCC_OscConfig()和 HAL_RCC_ClockConfig()函数实现配置,详细程序请查看工程代码。

视频讲解

6.2　SysTick

6.2.1　SysTick 简介

　　在 STM32 单片机中,SysTick 是一个系统定时器(System timer),也就是系统时钟的另一种计时方式。它可以通过编程配置定时器中断、延时等功能,从而让程序方便地进行定时或延时操作。此外,SysTick 还可以被用来作为操作系统的时基,如 FreeRTOS、RT-thread 等。

6.2.2　SysTick 的 HAL 库函数

　　系统复位后,时基配置函数 HAL_InitTick()在程序开始时通过 HAL_Init()调用,或在时钟配置时通过 HAL_RCC_ClockConfig()自动调用。HAL_InitTick()代码如下所示:

```
__weak HAL_StatusTypeDef HAL_InitTick(uint32_t TickPriority)
{
  /* Check uwTickFreq for MisraC 2012 (even if uwTickFreq is a enum type that don't take the
value zero) */
```

```
  if ((uint32_t)uwTickFreq == 0UL)
  {
    return HAL_ERROR;
  }
  /* Configure the SysTick to have interrupt in 1ms time basis */
  if (HAL_SYSTICK_Config(SystemCoreClock / (1000UL / (uint32_t)uwTickFreq)) > 0U)
  {
    return HAL_ERROR;
  }

  /* Configure the SysTick IRQ priority */
  if (TickPriority < (1UL << __NVIC_PRIO_BITS))
  {
    HAL_NVIC_SetPriority(SysTick_IRQn, TickPriority, 0U);
    uwTickPrio = TickPriority;
  }
  else
  {
    return HAL_ERROR;
  }

  /* Return function status */
  return HAL_OK;
}
```

在 HAL_SYSTICK_Config(SystemCoreClock / (1000UL / (uint32_t)uwTickFreq)) 中，SystemCoreClock 为系统核心频率，其除以 1000UL / (uint32_t)uwTickFreq 后的值会输入 SysTick_Config()函数中，作为重装载值使用。因为 1 秒钟时钟会有 SystemCoreClock 个周期，所以 1ms 会有 SystemCoreClock / 1000UL 个周期。将此值输入函数中，会让 SysTick 每 1ms 产生中断。

SysTick_Config()函数如下所示。其输入参数减 1 后即为 SysTick 的重载值。

```
__STATIC_INLINE uint32_t SysTick_Config(uint32_t ticks)
{
  if ((ticks - 1UL) > SysTick_LOAD_RELOAD_Msk)
  {
    return (1UL);                                     /* Reload value impossible */
  }

  SysTick->LOAD  = (uint32_t)(ticks - 1UL);  /* set reload register */
  NVIC_SetPriority (SysTick_IRQn, (1UL << __NVIC_PRIO_BITS) - 1UL); /* set Priority for
Systick Interrupt */
  SysTick->VAL   = 0UL;                              /* Load the SysTick Counter Value */
  SysTick->CTRL  = SysTick_CTRL_CLKSOURCE_Msk |
                   SysTick_CTRL_TICKINT_Msk   |
                   SysTick_CTRL_ENABLE_Msk;   /* Enable SysTick IRQ and SysTick Timer */
  return (0UL);                                      /* Function successful */
}
```

SysTick 中断调用的中断处理函数为 void SysTick_Handler(void)。HAL_IncTick() 负责在每次中断产生时为 uwTick 增加一个数值。

```
/**
  * @brief This function handles System tick timer.
  */
```

```
void SysTick_Handler(void)
{
  /* USER CODE BEGIN SysTick_IRQn 0 */
  /* USER CODE END SysTick_IRQn 0 */
  HAL_IncTick();
  /* USER CODE BEGIN SysTick_IRQn 1 */
  /* USER CODE END SysTick_IRQn 1 */
}
```

6.3 实验：SysTick 之闪灯实验

视频讲解

6.3.1 应用场景及目的

GPIO 输出之点亮 LED 灯实验中使用 HAL_Delay( )进行了延时点亮或熄灭 LED 灯。函数 HAL_Delay( )所依据的时间值就是来自 SysTick 中断中累计的计数值。

本实验在 SysTick 中断中对一个变量进行加 1 的操作,然后判断是否加到了 1000,是的话就点亮或熄灭 PC13 引脚连接的 LED 灯。

本实验对应的例程为 05-1_STM32U575_SysTick。

6.3.2 程序配置

在 STM32CubeMX 中选择使用的 STM32 型号后,新建一个工程,将 PC13 引脚设置为推挽输出模式。

在 NVIC 栏目中确认 Time base：System tick timer 已经使能了中断,并根据需要设置优先级,如图 6.7 所示。

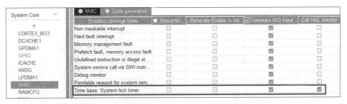

图 6.7 在 NVIC 中设置 Time base 中断

同时保证在 Code generation 标签页中选中了生成对应代码的选项,如图 6.8 所示。

图 6.8 NVIC 中的 Code generation 标签页

配置英文工程目录 Toolchain/MDK,设置为复制必要的文件,分别生成 .c/.h 文件后,生成并打开工程。

在 stm32u5xx_it.c 文件中,修改如下代码:

```
/**
  * @brief This function handles System tick timer.
  */
void SysTick_Handler(void)
{
  /* USER CODE BEGIN SysTick_IRQn 0 */
  static uint32_t count = 0;
  /* USER CODE END SysTick_IRQn 0 */
  HAL_IncTick();
  /* USER CODE BEGIN SysTick_IRQn 1 */
  count++;
  if(count % 1000 == 0)
  {
    HAL_GPIO_TogglePin(GPIOC,GPIO_PIN_13);
  }
  /* USER CODE END SysTick_IRQn 1 */
}
```

6.3.3 实验现象

编译工程,选择好调试下载器后,将程序下载到开发板上。复位后可以看到核心板上 D1 处的 LED 灯每秒钟会改变一次亮灭状态。

6.4 习题

简答题

1. SysTick 的作用有哪些?

2. 查找 STM32 芯片手册,找到 SPI2 这个外设挂载到了哪个 APB 总线上。该外设的起始地址是多少?

思考题

思考如何将 SysTick 配置为每 10ms 中断一次,每中断 10 次翻转一次 PC13 上的 LED 灯的状态(每 0.1s 翻转一次)。

第 7 章

CHAPTER 7

串行通信 USART

设备之间往往需要通过有线的方式进行通信。按照不同的通信方式,可以将现有的通信协议分为几个类别。本章主要介绍其中一种常见的有线通信方式——串行通信。串行通信广泛应用于各种计算机系统和外部设备之间的数据交换与通信,它通过串行传输数据位来实现信息的传输,是一种简单、可靠的通信方式。在 STM32 中,串行通信一般是指用通用同步/异步收发器(Universal Synchronous/Asynchronous Receiver/Transmitter,USART)进行通信。

7.1 通信方式分类

7.1.1 按照连接方式分类

按照连接方式分类,通信方式分为并行、串行两种。

并行通信中存在多条数据线,因此可以在同一时刻并行传输多个数据位,如图 7.1 所示。其优点为:数据传输速度快,能够同时传输多个数据位。其缺点为:对线路长度敏感,可能存在信号完整性和延迟问题,线路成本高,消耗引脚较多。

串行通信最少仅需要一根数据线进行发送或接收,数据用二进制位按照顺序一位一位地发送到接收方,如图 7.2 所示。其优点为:使用较少的线路来传输数据,传输距离远,抗干扰性好,功耗低,可以轻松增加新的设备或连接点。其缺点为:传输速度较低。

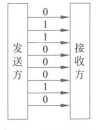

图 7.1 并行通信

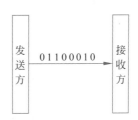

图 7.2 串行通信

7.1.2 按照同步方式分类

按照数据的同步方式,通信可分为同步通信和异步通信,其区别在于通信时是否需要共用一个时钟线来进行时钟和数据的同步。

在同步通信中,发送方和接收方的时钟是相互同步的,数据的发送和接收都在时钟信号的控制下进行,如图 7.3 所示。发送方提供同步时钟和数据信号,接收方通过同步时钟确保数据的准确传输。在一些通信协议下,发送方在发送数据之前会等待接收方的确认信号或使用预定的时序来发送数据。接收方在接收到数据后会发送确认信号或按照预定的时序进行数据处理。

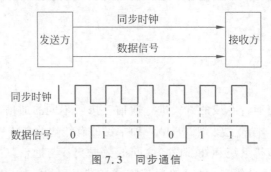

图 7.3　同步通信

在异步通信中,发送方和接收方的时钟不是相互同步的,收发双方数据的发送和接收是独立进行的,没有统一的时钟信号来控制数据传输,如图 7.4 所示。发送方和接收方之间一般没有明确的同步机制,数据的发送和接收是根据开始和结束标记来识别的。发送方发送数据时,在数据之间会插入起始和结束标记,接收方通过检测这些标记来识别数据的起止。

图 7.4　异步通信

7.1.3　按照传输方向分类

按照数据的传输方向,通信可分为单工、全双工与半双工通信,如图 7.5 所示。

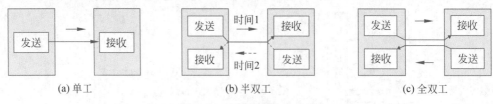

图 7.5　按照传输方向分类

在单工通信中,数据只能单向传输,即数据流只能在一个方向上传输,而不能在两个方向上同时传输。典型的例子是广播电台传输,其中信息只能由发送方传输到接收方,接收方无法向发送方发送任何信息。单工通信类似于单行道,数据只能在一个方向上移动。

在全双工通信中,数据可以在两个方向上同时传输,允许发送方和接收方之间的双向通信。这意味着发送方和接收方都可以同时发送和接收数据,就像电话通信中的双向通话一样。

在半双工通信中,数据传输在两个方向上进行,但不能同时进行。发送方和接收方之间只能在不同的时间段内交替发送和接收数据,而不能同时进行数据的发送和接收。这就像对讲机一样,一方说话时另一方只能听,而不能同时说话。

7.2　串行通信简介

视频讲解

7.2.1　常见的串行通信协议

通信协议定义了数据传输的格式、速率、时序和控制信号等细节。只有两个设备之间遵循相同的协议才能按照约定的方式进行通信。以下是一些常见的串行通信协议。

RS-232是一种最常见的串行通信协议,用于在计算机和外部设备之间传输数据。它定义了电气特性和信号线连接方式。RS-232通常使用DB-9或DB-25连接器,并且支持相对较短的通信距离,最远为十几米。

RS-485是一种用于在工业环境中进行远距离数据传输的串行通信协议,传输距离可达1000米以上。与RS-232相比,RS-485具有更好的抗干扰性和更长的通信距离,可支持多个设备的多点通信。它通常用于工业自动化和建筑自动化等领域。

USB(Universal Serial Bus,通用串行总线)是一种广泛应用的串行通信协议,用于连接计算机与外部设备,如打印机、键盘、鼠标、存储设备等。USB具有高速传输、热插拔和即插即用等特点,可以支持多种设备在同一总线上进行通信。

SPI(Serial Peripheral Interface,串行外设接口)是一种用于在微控制器和外围设备之间进行高速串行通信的协议。它使用4根信号线(时钟、主输入/从输出MISO、从输入/主输出MOSI和片选),支持全双工通信和多从设备共享总线。

I^2C(Inter-Integrated Circuit Bus,集成电路总线)是一种串行通信协议,用于在微控制器和外部设备之间进行短距离通信。它使用两根信号线(串行数据线SDA和串行时钟线SCL),支持多个从设备共享同一总线,并具有地址寻址和数据流控制功能。

USART(Universal Synchronous/Asynchronous Receiver/Transmitter,通用同步/异步收发器)和UART(Universal Asynchronous Receiver/Transmitter,通用异步收发器)都是用于串行通信的通用接口,但它们之间存在一些区别。

UART是一种通用的异步串行通信接口,用于在计算机和外部设备之间进行数据传输。它使用两条信号线(TX和RX)进行单向或双向通信。UART在通信时不使用时钟信号,而是通过约定的波特率来同步数据传输。由于异步通信不需要严格的时钟同步,因此UART在设计上相对简单,成本较低。

USART是一种功能更为强大的通用串行同步/异步接口,可以支持同步和异步通信模式。与UART不同,USART可以支持同步通信,这意味着数据传输时可以使用外部时钟信号进行同步。除了TX和RX信号线外,USART通常还提供额外的控制信号(如时钟信号、使能信号等),从而提供更多的灵活性和功能。

7.2.2　波特率和采样速率

在通信中经常用波特率来衡量通信的速率。波特率是指在系统中单位时间内传输的码元个数。对于USART而言,码元可以用高低电平两个状态来表示,一个码元只能传递1bit

的信息,所以波特率和比特率在数值上是相等的。例如,当波特率为 115 200Baud 时,实质就是 UART 串口每秒传输 115 200bit 的数据量,传输一个比特的时间等于 1/115 200s。对于某些采用了 4 个电平等级的码元进行编码的方案而言,一个码元可以表示两个比特的信息,所以在数值上比特率是波特率的两倍。

一般来说,接收方的采样速率需要不低于发送方的发送速率。为了采样精确,避免传输过程中的干扰,STM32 在 USART 的接收过程中还引入了过采样。过采样是指在接收端对串行数据信号进行多次采样,以确保准确地识别每个位的状态(高电平或低电平)。具体来说,STM32 中的 USART 通常使用 8 倍或 16 倍过采样率,这意味着对于每个串行数据位,USART 将对输入信号进行 8 次或 16 次采样。

选择 8 倍过采样率以获得更高的通信速度(高达 $f_{PCLK}/8$)。在这种情况下,接收器对时钟偏差的最大容差将会降低。

选择 16 倍过采样率以增加接收器对时钟偏差的容差。在这种情况下,最大通信速度限制为最高 $f_{PCLK}/16$。

仅当总时钟系统偏差小于 USART 接收器的容差时,USART 异步接收器才能正常工作。

7.2.3　USART 的数据帧格式

USART 的数据帧格式如图 7.6 所示。

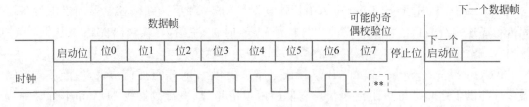

图 7.6　USART 的数据帧格式

时钟线上是使用 USART 时钟信号的时序,** 代表一个可被设置为产生或不产生的时钟信号,由 LBCL 位控制。如果使用 UART,则没有时钟线。

可通过对 USART_CR1 寄存器中的 M 位进行编程来选择 8 位或 9 位的字长。当选择 8 位字长且不使能奇偶校验位时,一帧里面包含的数据是 8 位的。

数据包从起始位开始,到停止位结束。一般来说,起始位为低电平,停止位为高电平。停止位长度的典型值为 1 位、1.5 位和 2 位。停止位的存在使得接收端可以确定数据帧的传输结束,并为下一个数据帧的开始做好准备。

可以配置数据帧中是否包含奇偶校验位。数据帧中使能这一位后,使得 1 的个数应为偶数(偶校验)或奇数(奇校验),以此来校验资料传送的正确性。

7.3　USART 简介

视频讲解

在 STM32 中,通用同步/异步收发器(USART)能够灵活地与外部设备进行全双工数据交换,满足外部设备对工业标准 NRZ 异步串行数据格式的要求。USART 通过小数波特率发生器提供了多种波特率。它支持同步单向通信和半双工单线通信;还支持局部连接网络（Local Interconnect Network，LIN）、智能卡协议与红外线数据协会（Infrared Data Association，IrDA）的 SIRENDEC 规范，以及调制解调器操作（CTS/RTS）。它还支持多处理器通信。通过配置多个缓冲区使用 DMA 可实现高速数据通信。

7.4　USART 的内部架构

STM32U575 的 USART 的内部架构如图 7.7 所示。

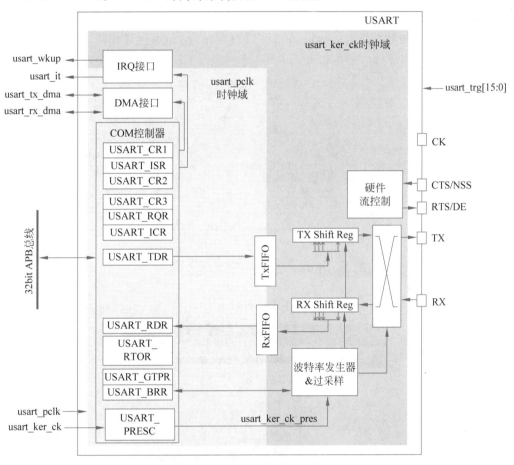

图 7.7　USART 的内部架构

TX 和 RX 分别为发送和接收引脚，向外可以连接其他芯片，向内连接了 TX 和 RX 的移位寄存器。移位寄存器可以一位一位地接收或发送二进制位，发送数据时数据来自 TDR 寄存器经过 TxFIFO 缓存的数据，接收数据时数据经过 RxFIFO 缓存传递给 RDR 寄存器。通过寄存器的配置，还可以使能 USART 的 DMA 传输和 IRQ 中断。

CTS：在 USART 的硬件流控制中，CTS 是由接收端设备控制的信号。当 CTS 为高电平时，表示接收端准备好接收数据。发送端（STM32）只有在检测到 CTS 为高电平时才会发送数据，以避免数据丢失或溢出。

NSS：此引脚在 Synchronous slave 模式下用作从机选择输入。

RTS：在 USART 的硬件流控制中，RTS 是由发送端（通常是 STM32）控制的信号。当

USART 发送缓冲区中的数据准备好时,STM32 可以通过将 RTS 设置为低电平来请求接收端准备好接收数据。接收端在收到 RTS 信号后会做好接收准备,然后发送端才开始发送数据。

DE:通常用于 RS-485 通信中,用于控制驱动器(如转换器)的使能。DE 信号在数据传输开始和结束时控制驱动器的使能状态,以便正确传输数据。

usart_pclk 时钟信号用于连接外设总线接口。当需要访问 USART 寄存器时,该时钟必须处于活动状态。

usart_ker_ck 是 USART 的时钟源。它独立于 usart_pclk,并由 RCC 提供。因此,即使 usart_ker_ck 时钟停止,也可以写入/读取 USART 寄存器。

当不支持双时钟域特性时,usart_ker_ck 时钟与 usart_pclk 时钟相同。

USART 内部信号接口描述如表 7.1 所示。

表 7.1　USART 内部信号接口描述

接　口　名	信　号　类　型	描　　　述
usart_pclk	输入	APB 时钟
usart_ker_ck	输入	USART 内核时钟
usart_wkup	输出	USART 提供唤醒中断
usart_it	输出	USART 全局中断
usart_tx_dma	输入/输出	USART 发送 DMA 请求
usart_rx_dma	输入/输出	USART 接收 DMA 请求
usart_trg[15：0]	输入	USART 触发源

7.5　USART 的 STM32CubeMX 配置

在 STM32CubeMX 中,USART/UART 的配置位于 Connectivity 类别,如图 7.8 所示。

图 7.8　STM32CubeMX 中的 USART 配置页面

Mode 选项说明如下。

Asynchronous：全双工异步通信。

Synchronous Master/Slave：发送方为同步传输提供时钟的同步通信。在 USART_CR2 寄存器上写 CLKEN 位选择同步模式，用户可以以主机（Master）或从机（Slave）方式控制双向同步串行通信，增加 CK 引脚作为 USART 发送器时钟的输出。

Single Wire(Half-Duplex)：单线半双工通信。单线半双工模式通过设置 USART_CR3 寄存器的 HDSEL 位选择。RX 引脚不再被使用，TX 和 RX 引脚在芯片内部互联，通过单线半双工协议与对侧交互数据。

Multiprocessor Communication：可以进行 USART 的多处理器通信（多个 USART 连接在一个网络中）。例如，其中一个 USART 可以是主设备，其 TX 输出连接到其他 USART 的 RX 输入，而其他设备则是从设备，其各自的 TX 输出逻辑与在一起，并连接到主设备的 RX 输入。

IrDA：通过设置 USART_CR3 寄存器的 IREN 位选择 IrDA 模式。IrDA 全称为 Infrared Data Association，它是一种通过红外线进行数据传输的标准化协议。在 STM32 微控制器中，IrDA 模块允许微控制器控制相关芯片通过红外线与其他设备进行通信，例如，与支持 IrDA 协议的移动电话、PDA 等设备进行无线数据传输。

LIN：指局域互联网络（Local Interconnect Network），是一种用于汽车电子系统中的串行通信协议。LIN 通常用于连接汽车内部的各种电子控制单元（ECU），如门控制单元、座椅控制单元、窗户控制单元等，以实现低速数据通信。

选择 Asynchronous 模式，即可看到下方的参数设置。下面介绍其中一些参数的作用。

（1）Basic Parameters 中可以设置波特率、数据长度、是否使能奇偶校验、停止位长度。

（2）Advanced Parameters 中可以设置数据传输方向、过采样率等。

- Single Sample 为单次采样，每个数据位只进行一次采样，通常是在位的中间，用于在线路无噪声时增加接收器对时钟偏差的容差。
- ClockPrescaler 用来设置 USART 时钟的分频系数，以便配合过采样率等参数生成适合所需波特率的时钟信号。
- Fifo Mode 用于设置是否使能 FIFO 模式，当 FIFO 模式被启用时，USART 会使用一个硬件缓冲区来存储接收和发送的数据，这可以提高数据传输的效率和可靠性。
- Txfifo Threshold 用来设置发送 FIFO 缓冲区的阈值，当发送 FIFO 缓冲区中的可用空间低于或等于此阈值时，会触发相应的中断，这个中断可以通知主程序开始填充发送缓冲区，以便继续发送数据。
- Rxfifo Threshold 用于设置接收 FIFO 缓冲区的阈值，当接收 FIFO 缓冲区中的可用数据量达到或超过此阈值时，会触发相应的中断，这个中断可以通知主程序开始读取接收缓冲区中的数据，以便及时处理接收到的数据。
- Autonomous Mode 用于设置在单片机的 Stop 模式下能够自发运行 USART 功能，如产生中断唤醒设备或触发 DMA 传输。

若要使能串口的中断，需要在 NVIC Settings 标签页中进行配置。

7.6 USART 的寄存器

由于架构和所支持的功能不同，不同型号的 STM32 在寄存器的细节功能定义上有所不同。例如，STM32F405 的状态寄存器 USART_SR 与 STM32U575 的中断与状态寄存器

USART_ISR 有相同的地方,也有不同的地方,如图 7.9 和图 7.10 所示。

31	30	29	28	27	26	25	24	23	22	21	20	19	18	17	16
								Reserved							

15	14	13	12	11	10	9	8	7	6	5	4	3	2	1	0
		Reserved				CTS	LBD	TXE	TC	RXNE	IDLE	ORE	NF	FE	PE
						rc_w0	rc_w0	r	rc_w0	rc_w0	r	r	r	r	r

图 7.9　STM32F405 的状态寄存器 USART_SR

31	30	29	28	27	26	25	24	23	22	21	20	19	18	17	16
						TCBGT			REACK	TEACK		RWU	SBKF	CMF	BUSY
						r			r	r		r	r	r	r

15	14	13	12	11	10	9	8	7	6	5	4	3	2	1	0
ABRF	ABRE	UDR	EOBF	RTOF	CTS	CTSIF	LBDF	TXE	TC	RXNE	IDLE	ORE	NE	FE	PE
r	r	r	r	r	r	r	r	r	r	r	r	r	r	r	r

图 7.10　STM32U575 的中断与状态寄存器 USART_ISR

因此要学会使用不同芯片的官方手册来查看具体的含义。下面看一看 STM32U575 常用的寄存器。

1. USART 控制寄存器 1(USART_CR1)(未使用 FIFO)(见图 7.11)

31	30	29	28	27	26	25	24	23	22	21	20	19	18	17	16
		FIFO EN	M1	EOBIE	RTOIE			DEAT[4:0]					DEDT[4:0]		
		rw	rw	rw	rw	rw	rw	rw	rw	rw	rw	rw	rw	rw	rw

15	14	13	12	11	10	9	8	7	6	5	4	3	2	1	0
OVER8	CMIE	MME	M0	WAKE	PCE	PS	PEIE	TXEIE	TCIE	RXNEIE	IDLEIE	TE	RE	UESM	UE
rw	rw	rw	rw	rw	rw	rw	rw	rw	rw	rw	rw	rw	rw	rw	rw

位 29	FIFOEN:FIFO模式使能
	0:FIFO失能
	1:FIFO使能
位 28	M1:字长(需要和位12的M0配合使用)
	M[1:0]=00:1位起始位,8位数据位,n位停止位
	M[1:0]=01:1位起始位,9位数据位,n位停止位
	M[1:0]=10:1位起始位,7位数据位,n位停止位
位 26	RTOIE:接收超时中断使能
	0:中断失能
	1:USART_ISR寄存器的RTOF=1时产生中断
位 15	OVER8:过采样模式
	0:16倍过采样
	1:8倍过采样
位 12	M0:字长(和M1配合使用)
位 10	PCD:校验控制使能。这个位选择硬件奇偶校验控制(生成和检测)。当奇偶校验控制被启用时,计算得到的奇偶校验位被插入最高有效位位置(如果M=1,则为第9位;如果M=0,则为第8位),并且对接收到的数据进行奇偶校验检查
	0:校验控制失能
	1:校验控制使能
位 9	PS:校验选择
	0:偶校验
	1:奇校验
位 7	TXEIE:发送数据寄存器空
	0:中断失能
	1:当USART_ISR寄存器中的TXE=1时产生中断
位 6	TCIE:发送完成中断使能
	0:中断失能
	1:当USART_ISR寄存器中的TC=1时产生中断
位 5	RXNEIE:接收数据寄存器非空
	0:中断失能
	1:当USART_ISR寄存器中的ORE=1或RXNE=1时产生中断
位 4	IDLEIE:空闲中断使能
	0:中断失能
	1:当USART_ISR寄存器中的IDLE=1时产生中断
位 3	TE:发送使能
	0:发送失能
	1:发送使能
位 2	RE:接收使能
	0:接收失能
	1:接收使能
位 0	UE:USART使能
	0:USART分频器和输出失能,低功耗模式
	1:USART使能

图 7.11　USART 控制寄存器 1(USART_CR1)

2. USART 中断和状态寄存器（USART_ISR）（未使用 FIFO）（见图 7.12）

31	30	29	28	27	26	25	24	23	22	21	20	19	18	17	16
						TCBGT			RE ACK	TE ACK		RWU	SBKF	CMF	BUSY
						r			r	r		r	r	r	r

15	14	13	12	11	10	9	8	7	6	5	4	3	2	1	0
ABRF	ABRE	UDR	EOBF	RTOF	CTS	CTSIF	LBDF	TXE	TC	RXNE	IDLE	ORE	NE	FE	PE
r	r	r	r	r	r	r	r	r	r	r	r	r	r	r	r

位 16	BUSY：忙标志
	0：USART在空闲状态
	1：正在接收
位 7	TXE：发送数据寄存器空
	TXE由硬件置1，当USART_TDR寄存器的内容已被传输到移位寄存器时，写入USART_TDR寄存器会将其清除。TXE标志也可以通过向USART_RQR寄存器中的TXFRQ写入1来置位，以丢弃数据（仅在智能卡T=0模式下，在传输失败的情况下） 当USART_CR1寄存器中的TXEIE=1时会产生中断
	0：数据未传输到移位寄存器
	1：数据传输到移位寄存器
位 6	TC：发送完成
	该位指示最后写入USART_TDR的数据已从移位寄存器中传输出去，当传输包含数据的帧完成且TXE被设置时，TC标志被设置。如果在USART_CR1寄存器中设置TCIE为1，则会生成中断 TC位可以通过向USART_ICR寄存器中的TCCF写入1或通过写入USART_TDR寄存器来由软件清除
位 5	RXNE：读数据寄存器非空
	当USART_RDR移位寄存器的内容已传输到USART_RDR寄存器时，RXNE位由硬件设置。通过从USART_RDR寄存器读取来清除它。RXNE标志也可以通过向USART_RQR寄存器中的RXFRQ写入1来清除
	0：没接收到数据
	1：接收到数据待读取
位 4	IDLE：空闲线检测
	当检测到空闲线时，硬件会置位此位。如果在USART_CR1寄存器中IDLEIE=1，则会生成中断。通过将1写入USART_ICR寄存器中的IDLECF位来进行软件清除
	0：未检测到空闲线
	1：检测到空闲线

图 7.12　USART 中断和状态寄存器（USART_ISR）

3. USART 发送数据寄存器（USART_TDR）（见图 7.13）

31	30	29	28	27	26	25	24	23	22	21	20	19	18	17	16

15	14	13	12	11	10	9	8	7	6	5	4	3	2	1	0
										TDR[8:0]					
							rw	rw	rw	rw	rw	rw	rw	rw	rw

图 7.13　USART 发送数据寄存器（USART_TDR）

该寄存器包含要发送的数据。USART_TDR 寄存器提供了内部总线和输出移位寄存器之间的并行接口。当启用奇偶校验进行传输时（在 USART_CR1 寄存器中将 PCE 位设置为 1），写入的值在 MSB（根据数据长度为 7 位或 8 位）上没有作用，因为它会被奇偶校验替换。

4. USART 接收数据寄存器（USART_RDR）（见图 7.14）

31	30	29	28	27	26	25	24	23	22	21	20	19	18	17	16

15	14	13	12	11	10	9	8	7	6	5	4	3	2	1	0
										RDR[8:0]					
							r	r	r	r	r	r	r	r	r

图 7.14　USART 接收数据寄存器（USART_RDR）

该寄存器包含接收到的数据。RDR 寄存器提供了输入移位寄存器与内部总线之间的并行接口。当启用奇偶校验进行接收时，从 MSB 位读取的值是接收到的奇偶校验位。

7.7 USART 的 HAL 库函数

7.7.1 初始化函数

USART 的初始化主要涉及两个函数: HAL_UART_Init(UART_HandleTypeDef *huart)和 HAL_UART_MspInit(UART_HandleTypeDef * uartHandle)。

当利用 STM32CubeMX 配置串口并生成工程后,会在主函数中产生 MX_USART1_UART_Init()函数。在该函数中,会设置配置 USART 所涉及的参数的结构体,并将这个结构体传入 HAL_UART_Init()函数中进行初始化,如图 7.15 所示。

```
30
31    void MX_USART1_UART_Init(void)
32  □ {
33
34      /* USER CODE BEGIN USART1_Init 0 */
35
36      /* USER CODE END USART1_Init 0 */
37
38      /* USER CODE BEGIN USART1_Init 1 */
39
40      /* USER CODE END USART1_Init 1 */
41      huart1.Instance = USART1;
42      huart1.Init.BaudRate = 115200;
43      huart1.Init.WordLength = UART_WORDLENGTH_8B;
44      huart1.Init.StopBits = UART_STOPBITS_1;
45      huart1.Init.Parity = UART_PARITY_NONE;
46      huart1.Init.Mode = UART_MODE_TX_RX;
47      huart1.Init.HwFlowCtl = UART_HWCONTROL_NONE;
48      huart1.Init.OverSampling = UART_OVERSAMPLING_16;
49      huart1.Init.OneBitSampling = UART_ONE_BIT_SAMPLE_DISABLE;
50      huart1.Init.ClockPrescaler = UART_PRESCALER_DIV1;
51      huart1.AdvancedInit.AdvFeatureInit = UART_ADVFEATURE_NO_INIT;
52      if (HAL_UART_Init(&huart1) != HAL_OK)
53  □   {
54        Error_Handler();
55      }
```

图 7.15　MX_USART1_UART_Init()函数内容

在 HAL_UART_Init()函数中,先调用 HAL_UART_MspInit()函数对 GPIO、时钟这些底层硬件进行初始化,然后再配置相关的外设参数。

在 HAL_UART_MspInit()函数中,先配置了相关的时钟,然后配置对应的 GPIO 引脚为功能复用模式,如图 7.16 所示。

```
72
73
74    void HAL_UART_MspInit(UART_HandleTypeDef* uartHandle)
75  □ {
76
77      GPIO_InitTypeDef GPIO_InitStruct = {0};
78      RCC_PeriphCLKInitTypeDef PeriphClkInit = {0};
79      if(uartHandle->Instance==USART1)
80  □   {
81        /* USER CODE BEGIN USART1_MspInit 0 */
82
83        /* USER CODE END USART1_MspInit 0 */
84
85  □     /** Initializes the peripherals clock
86        */
87        PeriphClkInit.PeriphClockSelection = RCC_PERIPHCLK_USART1;
88        PeriphClkInit.Usart1ClockSelection = RCC_USART1CLKSOURCE_PCLK2;
89        if (HAL_RCCEx_PeriphCLKConfig(&PeriphClkInit) != HAL_OK)
90  □     {
91          Error_Handler();
92        }
93
94        /* USART1 clock enable */
95        __HAL_RCC_USART1_CLK_ENABLE();
96
97        __HAL_RCC_GPIOA_CLK_ENABLE();
98        /**USART1 GPIO Configuration
99        PA9      ------> USART1_TX
100       PA10     ------> USART1_RX
101       */
102       GPIO_InitStruct.Pin = GPIO_PIN_9|GPIO_PIN_10;
103       GPIO_InitStruct.Mode = GPIO_MODE_AF_PP;
104       GPIO_InitStruct.Pull = GPIO_NOPULL;
105       GPIO_InitStruct.Speed = GPIO_SPEED_FREQ_LOW;
106       GPIO_InitStruct.Alternate = GPIO_AF7_USART1;
107       HAL_GPIO_Init(GPIOA, &GPIO_InitStruct);
```

图 7.16　HAL_UART_MspInit()函数内容

USART 的使用方式主要有轮询模式、中断模式和 DMA 模式。下面主要介绍前两个模式所涉及的 HAL 库函数。DMA 模式将在第 8 章介绍。

7.7.2　轮询模式

轮询模式是指在程序中不断查询发送完成或接收到数据的标志位。当标志位显示数据已发送完毕或接收寄存器中存在数据,则需要写入或读出相应的数据。相比于中断或 DMA 方式进行数据收发,轮询收发的实现相对简单,不需要额外配置中断或 DMA 控制器,减少了开发的复杂性。USART 轮询收发需要通过不断地轮询寄存器标志位来检查发送和接收缓冲区的状态,这会占用 CPU 的资源,导致 CPU 无法充分用来执行其他任务。

HAL 库中主要调用以下两个函数来进行串口的轮询操作。

1. 发送函数 HAL_UART_Transmit

函数原型: HAL_StatusTypeDef HAL_UART_Transmit(UART_HandleTypeDef * huart,const uint8_t * pData,uint16_t Size,uint32_t Timeout)

函数作用: 在阻塞模式下发送特定长度的数据。当 UART 奇偶校验未启用(PCE=0),且字长配置为 9 位(USART_CR1 寄存器的 M1M0=01)时,发送的数据被视为一组 u16。在这种情况下,Size 必须指示通过 pData 提供的 u16 数量。当 FIFO 模式被启用时,向 TDR 寄存器写入数据会将一个数据添加到 TXFIFO 中。仅当 TXFNF 标志被设置时,才会执行向 TDR 寄存器的写操作。从硬件的角度来看,TXFNF 标志和 TXE 被映射到同一位字段。

函数形参:

第一个参数为 huart,UART 的句柄,包含了该 UART 外设的相关信息。

第二个参数为 pData,指向数据缓存区(u8 或 u16)的指针。

第三个参数为 Size,数据(u8 或 u16)的数量。

第四个参数为 Timeout,超时等待时间,单位为 ms,HAL_MAX_DELAY 为永久等待。

返回值: HAL 状态,HAL_OK 表示发送成功,HAL_ERROR 表示参数错误,HAL_BUSY 表示串口被占用,HAL_TIMEOUT 表示发送超时。

通过查看该函数的编写方法,可看到其中调用了一些等待并判断标志位的函数,如图 7.17 所示。在规定时间内如果没有检测到对应的标志位,则继续等待,直到检测到标志位或超时才进行下一步动作。因此这种方式也叫作阻塞方式。

main.c　startup_stm32u575xx.s　stm32u5xx_hal_uart.c

```
    }

    while (huart->TxXferCount > 0U)
    {
      if (UART_WaitOnFlagUntilTimeout(huart, UART_FLAG_TXE, RESET, tickstart, Timeout) != HAL_OK)
      {

        huart->gState = HAL_UART_STATE_READY;

        return HAL_TIMEOUT;
      }
      if (pdata8bits == NULL)
      {
        huart->Instance->TDR = (uint16_t)(*pdata16bits & 0x01FFU);
        pdata16bits++;
      }
      else
      {
        huart->Instance->TDR = (uint8_t)(*pdata8bits & 0xFFU);
        pdata8bits++;
      }
      huart->TxXferCount--;
    }

    if (UART_WaitOnFlagUntilTimeout(huart, UART_FLAG_TC, RESET, tickstart, Timeout) != HAL_OK)
    {
      huart->gState = HAL_UART_STATE_READY;

```

图 7.17　HAL_UART_Transmit()函数内容

2. 接收函数 HAL_UART_Receive

函数原型：HAL_StatusTypeDef HAL_UART_Receive(UART_HandleTypeDef *huart,uint8_t * pData,uint16_t Size,uint32_t Timeout)

函数作用：在阻塞模式下接收特定长度的数据。当 UART 奇偶校验未启用(PCE=0),且字长配置为 9 位(M1M0=01)时,接收到的数据被视为一组 u16。在这种情况下,Size 必须指示通过 pData 可用的 u16 数量。当 FIFO 模式被启用时,只要 RXFIFO 不为空,RXFNE 标志就会被置位。仅当 RXFNE 标志被置位时,才会执行从 RDR 寄存器的读取操作。从硬件的角度来看,RXFNE 标志和 RXNE 被映射到同一位字段。

函数形参：

第一个参数为 huart,UART 的句柄,包含了该 UART 外设的相关信息。

第二个参数为 pData,指向数据缓存区(u8 或 u16)的指针。

第三个参数为 Size,数据(u8 或 u16)的数量。

第四个参数为 Timeout,超时等待时间,单位为 ms,HAL_MAX_DELAY 为永久等待。

返回值：HAL 状态,HAL_OK 表示发送成功,HAL_ERROR 表示参数错误,HAL_BUSY 表示串口被占用,HAL_TIMEOUT 表示接收超时。

7.7.3　中断模式

由于轮询模式会占用大量的 CPU 资源,因此中断模式更为常用。在介绍 USART 的寄存器 USART_CR1 时可以看到,接收到数据、发送完成、空闲状态都可以产生相应的中断。程序可以利用这些中断来判断发送或接收数据是否完成并执行相应的动作。在 HAL 库中是通过调用相关的函数实现的。

1. 中断模式发送函数 HAL_UART_Transmit_IT

函数原型：HAL_StatusTypeDef HAL_UART_Transmit_IT(UART_HandleTypeDef *huart,const uint8_t * pData,uint16_t Size)

函数作用：在中断模式下发送一定数量的数据。当 UART 奇偶校验未启用(PCE=0),且字长配置为 9 位(M1M0=01)时,发送的数据被视为一组 u16。在这种情况下,Size 必须指示通过 pData 提供的 u16 数量。该函数将置位 TXEIE 和 TCIE 来使能发送寄存器空和发送完成中断。产生中断后将调用发送中断回调函数 HAL_UART_TxCpltCallback()。

函数形参：

第一个参数为 huart,UART 的句柄,包含了该 UART 外设的相关信息。

第二个参数为 pData,指向数据缓存区(u8 或 u16)的指针。

第三个参数为 Size,数据(u8 或 u16)的数量。

返回值：HAL 状态。

2. 中断模式接收函数 HAL_UART_Receive_IT

函数原型：HAL_StatusTypeDef HAL_UART_Receive_IT(UART_HandleTypeDef *huart,const uint8_t * pData,uint16_t Size)

函数作用：在中断模式下接收一定数量的数据。当 UART 奇偶校验未启用(PCE=0),且字长配置为 9 位(M1M0=01)时,接收的数据被视为一组 u16。在这种情况下,Size 必须指示通过 pData 提供的 u16 数量。该函数将置位 RXNEIE 来使能接收寄存器非空中断。

产生中断后将调用发送中断回调函数 HAL_UART_RxCpltCallback()。

函数形参：

第一个参数为 huart，UART 的句柄，包含了该 UART 外设的相关信息。

第二个参数为 pData，指向数据缓存区(u8 或 u16)的指针。

第三个参数为 Size，数据(u8 或 u16)的数量。

返回值：HAL 状态。

3. 中断处理函数 HAL_UART_IRQHandler

函数原型：void HAL_UART_IRQHandler(UART_HandleTypeDef * huart)

函数作用：处理所有 UART 中断请求，对不同的 UART 外设的处理通过引入的形参来判断。这个函数会根据中断标志位的状态来判断是接收中断还是中断处理完成，然后执行相应的处理流程，比如调用回调函数处理接收到的数据或者进行发送缓冲区的管理。

函数形参：

参数 huart 为 UART 的句柄，包含了该 UART 外设的相关信息。

4. 发送完成中断回调函数 HAL_UART_TxCpltCallback

函数原型：void HAL_UART_TxCpltCallback(UART_HandleTypeDef * huart)

函数作用：发送完成中断回调函数，在其中判断中断来自哪个 UART，然后由用户编写相应的处理程序。

函数形参：

参数 huart 为 UART 的句柄，包含了该 UART 外设的相关信息。

5. 接收完成中断回调函数 HAL_UART_RxCpltCallback

函数原型：void HAL_UART_RxCpltCallback(UART_HandleTypeDef * huart)

函数作用：接收完成中断回调函数，在其中判断中断来自哪个 UART，然后由用户编写相应的处理程序。

函数形参：

参数 huart 为 UART 的句柄，包含了该 UART 外设的相关信息。

6. 中断使能函数 __HAL_UART_ENABLE_IT

函数原型：__HAL_UART_ENABLE_IT(__HANDLE__,__INTERRUPT__)

函数作用：使能特定的中断。该函数为宏定义，通过输入形参来判断为哪个寄存器的哪个位置位。

函数形参：

第一个参数为__HANDLE__，UART 的句柄，包含了该 UART 外设的相关信息。

第二个参数为__INTERRUPT__，中断标志位，代表使能哪个中断，如 UART_IT_TXE 代表发送数据寄存器空中断，UART_IT_TC 代表发送完成中断，UART_IT_RXNE 代表接收数据寄存器非空中断，UART_IT_RTO 代表接收超时中断，UART_IT_IDLE 代表空闲中断。

这类以"__"开头的大写函数名的函数一般为宏定义函数，可执行简单的对寄存器赋值的操作，如下所示：

```
#define __HAL_UART_ENABLE_IT(__HANDLE__, __INTERRUPT__)  (\
                    (((((uint8_t)(__INTERRUPT__)) >> 5U) == 1U)?\
                    ((__HANDLE__)->Instance->CR1 |= (1U <<\
```

```
                                ((__INTERRUPT__) & UART_IT_MASK))): \
                                (((((uint8_t)(__INTERRUPT__)) >> 5U) == 2U)?\
                                ((__HANDLE__) -> Instance -> CR2 |= (1U <<\
                                ((__INTERRUPT__) & UART_IT_MASK))): \
                                ((__HANDLE__) -> Instance -> CR3 |= (1U <<\
                                ((__INTERRUPT__) & UART_IT_MASK))))
```

7. 中断标志清除函数__HAL_UART_CLEAR_FLAG

函数原型:__HAL_UART_CLEAR_FLAG(__HANDLE__, __FLAG__)

函数作用:清除特定的 UART 挂起标志。

函数形参:

第一个参数为__HANDLE__,UART 的句柄,包含了该 UART 外设的相关信息。

第二个参数为__FLAG__,标志位。

视频讲解

7.8 实验:USART 之重定向 printf()

7.8.1 应用场景及目的

printf()是 C 语言中用于格式化输出的函数,它的原型定义在头文件< stdio. h >中。printf()函数的主要作用是将格式化的数据输出到标准输出设备(通常是控制台),以供用户查看。在计算机上运行 C 语言程序时,直接调用 printf()即可在屏幕上显示相应的字符,而在嵌入式设备中,往往通过串口输出想要显示的字符。因此为了在单片机中直接调用printf()函数来实现串口数据的输出,需要先修改一些程序来实现 printf()的重定向,让其调用串口输出函数来把字符打印出来。

这里需要了解两种不同的重定向方式:一种是使用标准 C 语言库的方式,另一种是使用 MicroLIB 的方式。MicroLIB 是 ARM 提供的一个轻量级的 C 库,旨在用于嵌入式系统和资源受限环境下的应用程序开发。在编译 STM32 的程序时,如果选择使用 MicroLIB,编译器将会使用这个库来链接程序。MicroLIB 相比于标准的 C 库更加轻量级,它精简了一些功能和代码,以减小库的体积和减少程序的资源占用。这对于嵌入式系统来说是非常重要的,因为这些系统通常具有有限的存储空间和处理能力。是否使用 MicroLIB 库可在Keil 的工程选项的 Target 标签页进行配置,如图 7.18 所示。

图 7.18 选择是否使用 MicroLIB 库

在标准 C 库中 printf()之类的函数使用了半主机(Semihosting)模式,直接用在单片机程序中会导致程序无法运行。半主机是一种用于 ARM 目标设备的机制,允许应用程序代码与运行调试器的主机进行通信。此机制可用于允许 C 库中的函数(如 printf()和 scanf()使用主机的屏幕和键盘,而不是目标设备上的屏幕和键盘。这对于开发过程非常有用,因为开发硬件通常不具备最终系统所需的所有输入和输出设备。

当不使用 MicroLIB 时,为了让标准库中的 printf() 调用单片机的串口,需要先通过下列的代码修改半主机模式的一些函数。

```
__ASM (".global __use_no_semihosting");   //内联汇编指令,用于告诉编译器不使用半主机模式
//标准库需要的支持函数
struct FILE                               //标准库用于文件流处理的结构体之一。并没有真正
                                          //的文件流,但是标准库要求它存在
{
    int handle;
};
FILE __stdout;                            //用于标识标准输出流。在这里可能并不会真正使用
                                         //它,但是同样需要提供给标准库
//这个函数被定义为避免使用半主机模式而存在,但在这个例子中,函数体内并没有实际的操作
void _sys_exit( int x)
{
    x = x;
}
//用于避免使用半主机模式,它只是简单地将参数 ch 赋值给自己,因为在这里并不需要这个函数
void _ttywrch( int ch)
{
    ch = ch;
}
```

当不使用 MicroLIB 或使用 MicroLIB 时,都需要重定向下列函数:

```
//printf()实现重定向
int fputc( int ch, FILE * f)
{
    uint8_t temp[1] = {ch};
    HAL_UART_Transmit(&huart1, temp, 1, 2);
    return ch;
}
```

这是重定向 printf() 函数的关键。当 printf() 等标准输出函数被调用时,实际上会调用 fputc() 函数来输出一个字符。在这里,fputc() 函数将一个字符发送到串口,以实现通过串口输出。HAL_UART_Transmit() 函数用于向串口发送数据,huart1 是串口 1 的句柄,需要在程序的其他地方正确初始化和配置。

本实验对应的例程为 06-1_STM32U575_USART_Printf。

7.8.2 原理图

如图 7.19 所示,在核心板原理图中可以看到,调试下载器的串口线 LINK_RXD 和 LINK_TXD 连接的是 PA9 和 PA10,所以这两个引脚需要配置作为 USART 使用。

同时核心板的 J6 处的跳线需要将 PA9 和 LINK_RXD 连接,PA10 和 LINK_TXD 连接,如图 7.20 所示。

7.8.3 程序配置

在 STM32CubeMX 中新建一个工程,在里面将 PA9、PA10 配置为 USART1 模式,并配置 USART1 为异步模式、115 200b/s 数据传输速率、8 位数据位、无奇偶校验、1 位停止位,如图 7.21 所示。

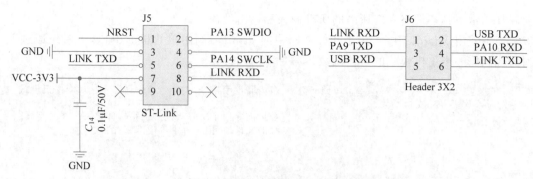

图 7.19　原理图中调试下载器的串口线连接方式

图 7.20　核心板 J6 处的跳线连接方式　　　　　图 7.21　USART1 的配置方式

配置英文工程目录 Toolchain/MDK,设置为复制必要的文件,分别生成.c/.h 文件后,生成并打开工程。

在 main.c 文件的/ * USER CODE BEGIN 0 * /和/ * USER CODE END 0 * /之间添加下列代码:

```
/* USER CODE BEGIN 0 */
__ASM (".global __use_no_semihosting");   //内联汇编指令,用于告诉编译器不使用半主机模式
//标准库需要的支持函数
struct FILE                               //标准库用于文件流处理的结构体之一。并没有真
                                          //正的文件流,但是标准库要求它存在
{
  int handle;
};
FILE __stdout;                            //用于标识标准输出流.在这里可能并不会真正使用
                                          //它,但是同样需要提供给标准库
//这个函数被定义为避免使用半主机模式而存在,但在这个例子中,函数体内并没有实际的操作
void _sys_exit(int x)
{
  x = x;
}
//用于避免使用半主机模式,它只是简单地将参数 ch 赋值给自己,因为在这里并不需要这个函数
void _ttywrch(int ch)
{
```

```
    ch = ch;
}
//printf 实现重定向
int fputc(int ch, FILE * f)
{
    uint8_t temp[1] = {ch};
    HAL_UART_Transmit(&huart1, temp, 1, 2);
    return ch;
}
/* USER CODE END 0 */
```

添加头文件使其支持标准 IO 库：

```
/* USER CODE BEGIN Includes */
#include "stdio.h"
/* USER CODE END Includes */
```

在主循环中添加代码：

```
/* USER CODE BEGIN WHILE */
  while (1)
  {
    printf("The Send data is % d\r\n",gSendCount++);    //发送接收数据
    printf("Hello HQYJ!!!\n");
    HAL_Delay(500);
    /* USER CODE END WHILE */

    /* USER CODE BEGIN 3 */
  }
```

在代码前部添加全局变量 gSendCount 的定义：

```
/* USER CODE BEGIN PV */
uint8_t gSendCount = 0;             //发送数据计数
/* USER CODE END PV */
```

注意关闭 MicroLIB 选项，如图 7.22 所示。如果使用 MicroLIB，则只需要在 main.c 文件的/ * USER CODE BEGIN 0 * /和/ * USER CODE END 0 * /之间重定向 fputc()即可。

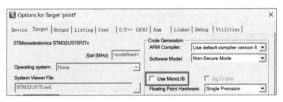

图 7.22 关闭 MicroLIB 选项

7.8.4 实验现象

编译工程，选择好调试下载器后，将程序下载到开发板上。注意不要拔掉调试下载器。然后打开串口调试助手，在里面找到 USB 串行设备（使用 DAPLink）或 ST-Link Virtual COM Port（使用 ST-Link），选择其作为串口使用，如图 7.23 和图 7.24 所示。然后设置波特率、校验位、数据位、停止位与程序配置保持一致后，单击"打开"按钮打开端口。

复位开发板后,可以看到数据被打印出来,如图 7.25 所示。

图 7.23　使用 DAPLink 时选择的接口　　图 7.24　使用 ST-Link 时选择的接口　　图 7.25　串口打印实验现象

视频讲解

7.9　实验:USART 之定长数据的发送与接收(轮询方式)

7.9.1　应用场景及目的

利用轮询标志位来判断外设状态是一种常见的方式。通过该方式可以查询外设的状态并执行相应的动作。在上一个实验中,重定向的 fputc() 函数利用的是 HAL_UART_Transmit() 进行数据发送。该函数通过在规定的时间内查询相应的标志位来确定是否发送成功。本实验在上一个实验的基础上,利用 HAL 库的函数 HAL_UART_Receive() 来实现以轮询方式接收串口数据。

7.9.2　程序配置

打开上一个实验,修改主循环中的代码为:

```
/* USER CODE BEGIN WHILE */
  while (1)
  {
        if(!HAL_UART_Receive(&huart1,rec, 1, 100))
        {
            printf("Rec: % s\n",rec);
            memset(rec,0,sizeof(rec));
        }
    /* USER CODE END WHILE */
```

添加承载接收字符的数组:

```
int main(void)
{
  /* USER CODE BEGIN 1 */
    uint8_t rec[10] = {0};
  /* USER CODE END 1 */
```

在文件开头添加声明 memset() 函数的头文件 string.h:

```
/* USER CODE BEGIN Includes */
# include "stdio.h"
# include "string.h"
/* USER CODE END Includes */
```

7.9.3　实验现象

编译工程,选择好调试下载器后,将程序下载到开发板上。然后打开串口调试助手,在里面找到 USB 串行设备(使用 DAPLink)或 ST-Link Virtual COM Port(使用 ST-Link),选择其作为串口端口使用。然后设置波特率、校验位、数据位、停止位与程序配置保持一致后,单击"打开"按钮打开端口。

将接收和发送均设置为 ASCII,如图 7.26 所示。

复位开发板后,在数据发送区随便输入一个英文字符,单击"发送"按钮后,即可在数据接收区看到单片机接收并打印出的字符,如图 7.27 所示。

图 7.26　设置接收和发送的编码格式

图 7.27　实验现象

7.10　实验：USART 之不定长数据的发送与接收(中断方式)

视频讲解

7.10.1　应用场景及目的

由于使用轮询的方式判断标志位需要耗费大量的 CPU 计算时间,因此需要用中断的方式来进行发送和接收。当使用中断方式发送数据时,在发送完成前还可以继续执行其他指令,在发送完成后会进入中断服务程序,执行发送完毕后的程序。使用中断方式接收数据时,在收到数据之前,程序会继续执行其他指令,收到数据之后会进入中断服务程序,执行接收完毕后的程序。这样,无论是在发送还是接收的过程中,都不会占用 CPU 的时间。本实验还需要使用空闲中断来判断一段连续的数据是否接收完毕,从而将接收到的数据统一发送出来。

本实验需要打开 UART 的中断。首先使用 HAL_UART_Receive_IT()来用中断的方式接收数据。这需要在中断服务函数 HAL_UART_RxCpltCallback()中编写相应的程序接收 1 字节长度的字符,并在产生空闲中断后在编写的空闲中断处理函数中打印一段连续接收的数据。当发送完成后,调用发送完成中断回调函数 HAL_UART_TxCpltCallback()打印发送完成的字符。

另外,本实验将使用 MicroLIB,因此在使用 printf()之前只需要重定向 fputc()函数即可。

本实验的例程为 06-4_STM32U575_USART_Non-FixedDataRxTx_IT。

7.10.2 程序配置

打开 STM32CubeMX,找到对应的型号,新建一个工程,并将 USART 对应的引脚 PA9、PA10 设置成为 USART 模式,配置相应的参数为数据传输速率 115 200b/s、字长 8 位、无奇偶校验、停止位 1 位,如图 7.21 所示。

打开 USART1 的中断,并确保生成了相应的中断处理函数,如图 7.28 和图 7.29 所示。

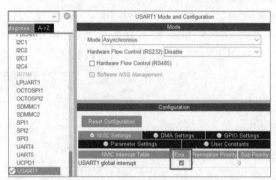

图 7.28 使能 USART1 的全局中断

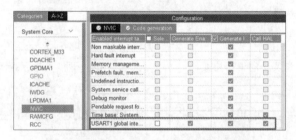

图 7.29 选中生成中断处理函数代码选项

配置英文工程目录 Toolchain/MDK,设置为复制必要的文件,分别生成 .c/.h 文件后,生成并打开工程。

在工程选项中选中 Use MicroLIB 复选框,如图 7.30 所示。

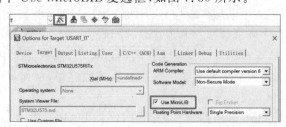

图 7.30 在工程选项中选中 Use MicroLIB 复选框

在 main.c 的前部引入 stdio.h 头文件,以便使用 printf() 函数。

```
/* USER CODE BEGIN Includes */
#include "stdio.h"
/* USER CODE END Includes */
```

在 USER CODE 0 处添加 fputc() 的重定向。

```
/ * USER CODE BEGIN 0 * /
int fputc(int ch, FILE * f)
{
  uint8_t temp[1] = {ch};
  HAL_UART_Transmit(&huart1, temp, 1, 2);
  return ch;
}
/ * USER CODE END 0 * /
```

在 USER CODE 2 处使能中断接收、清除并使能空闲中断。

```
/ * USER CODE BEGIN 2 * /
    HAL_UART_Receive_IT(&huart1,(uint8_t * )&RXbuff,1);          //中断接收数据
    __HAL_UART_CLEAR_IDLEFLAG(&huart1);                          //清除空闲中断标志
    __HAL_UART_ENABLE_IT(&huart1,UART_IT_IDLE);                  //使能空闲中断
    printf("Init over\n");
  / * USER CODE END 2 * /
```

在 USER CODE 4 处重定向接收中断回调函数和发送中断回调函数,并编写空闲中断回调函数。在接收中断回调函数中,需要将每次接收到的 1 个字节赋值给一个数组并进行计数。在空闲中断回调函数中,需要在停止接收后利用中断的方式将本次连续接收的字符用中断的方式全部打印出来,打印完成后会调用发送完成中断回调函数。

```
/ * USER CODE BEGIN 4 * /
void HAL_UART_RxCpltCallback(UART_HandleTypeDef  * huart)       //接收中断回调函数
{
    if(huart -> Instance == USART1)                            //判断是否是 USART1
    {
        Databuff[Data_num++] = RXbuff[0];                     //数据保存
        HAL_UART_Receive_IT(&huart1,(uint8_t * )&RXbuff,1);   //UART1 开启下一次接收
    }
}
void HAL_UART_TxCpltCallback(UART_HandleTypeDef * huart)       //发送完成中断回调函数
{
    if(huart -> Instance == USART1)                            //判断是否是 USART1
    {
        printf("\nSend over\n");
    }
}
void USER_IdleCallback(UART_HandleTypeDef  * huart)            //空闲中断回调函数
{
    if(huart -> Instance == USART1)                            //判断是否是 USART1
    {
        HAL_UART_Transmit_IT(&huart1,Databuff,Data_num);      //发送数据
        HAL_UART_Receive_IT(&huart1,(uint8_t * )&RXbuff,1);   //UART1 开启下一次接收
        Data_num = 0;
    }
}
/ * USER CODE END 4 * /
```

定义以下全局变量。

```
/ * USER CODE BEGIN PV * /
# define RX_BUF_MAX_LEN 1024
uint8_t RXbuff[1];
uint8_t Databuff[RX_BUF_MAX_LEN];
uint8_t Data_num;
/ * USER CODE END PV * /
```

因为新定义了一个函数 USER_IdleCallback(),所以需要在 main.h 头文件中添加该函数的声明:

```
/* USER CODE BEGIN EFP */
void USER_IdleCallback(UART_HandleTypeDef * huart);
/* USER CODE END EFP */
```

然后需要在 stm32u5xx_it.c 文件中添加 USART1 的中断处理过程:

```
/**
  * @brief This function handles USART1 global interrupt.
  */
void USART1_IRQHandler(void)
{
  /* USER CODE BEGIN USART1_IRQn 0 */

  /* USER CODE END USART1_IRQn 0 */
  HAL_UART_IRQHandler(&huart1);
  /* USER CODE BEGIN USART1_IRQn 1 */
    if(__HAL_UART_GET_FLAG(&huart1,UART_FLAG_IDLE)!= RESET)  //判断是否将空闲状态标志置1
    {
        __HAL_UART_CLEAR_IDLEFLAG(&huart1);                  //清除空闲中断标志
        USER_IdleCallback(&huart1);                         //执行空闲中断服务程序
    }
  /* USER CODE END USART1_IRQn 1 */
}
/* USER CODE BEGIN 1 */
```

7.10.3 实验现象

单击 Rebuild 按钮编译工程,选择好调试下载器后,将程序下载到开发板上后复位开发板。打开串口调试助手,在里面找到 USB 串行设备(使用 DAPLink)或 ST-Link Virtual COM Port(使用 ST-Link),选择其作为串口端口使用。然后设置波特率、校验位、数据位、停止位与程序配置保持一致后,单击"打开"按钮打开端口。

将接收和发送均设置为 ASCII,如图 7.31 所示。

复位开发板后,首先会显示"Init over",代表 printf()可正常输出字符,程序运行正常。在数据发送区随便输入一串英文字符,单击"发送"按钮后,即可在数据接收区看到单片机接收并打印出的相同的字符,并伴有在发送完成中断服务程序中打印的"Send over",如图 7.32 所示。

图 7.31 将接收和发送均设置为 ASCII

图 7.32 实验现象

7.11 习题

简答题

1. USART 和 UART 的区别是什么？简述 UART 的数据帧格式、波特率、校验位的概念。

2. 什么是 USART 发送和接收的轮询模式？什么是中断模式？

3. 找到芯片手册的 USART 章节中的 USART 内部架构图，对照该图简述内部工作原理。

4. 找到芯片手册的 USART 章节中介绍 FIFO 的内容，翻译并理解。FIFO 是做什么用的？发送和接收的 FIFO 的最大位数是多少？如何配置触发中断的 FIFO 位数阈值？

5. 阅读 HAL 库中的 HAL_UART_Receive() 函数，分析该函数功能是如何具体实现的。

思考题

1. 设计一个抢答器，当对应的抢答按键按下时，触发外部中断服务程序，在串口上输出对应的按键编号。

2. 思考如何利用轮询或中断的方式接收计算机发过来的协议数据并解析出有效数据。例如，该协议数据以 0x0102 开头，以 0x0304 结尾，中间为 ASCII 码格式的有效数据。

第8章

CHAPTER 8

直接存储器访问

视频讲解

8.1 DMA 简介

直接存储器访问（Direct Memory Access，DMA）用于在外设与存储器之间以及存储器与存储器之间提供高速数据传输。可以在无需任何 CPU 操作的情况下通过 DMA 快速移动数据，这样节省的 CPU 资源可供其他操作使用。

由于无论是存储器还是外设，其在 STM32 芯片中都具有对应的数据地址，因此，存储器和外设之间的数据传递本质上对应的都是地址中的数据的传递。DMA 可以实现直接的地址上的数据传递，因此传输过程中无须 CPU 干预。

8.2 DMA 的内部架构

图 8.1 为 STM32U575 的通用 DMA（General Purpose Direct Memory Access controller，GPDMA）内部架构图，其他型号芯片的 DMA 架构图与之类似。由于 STM32U575 的 DMA 有多种类型，如低功耗 DMA（LPDMA）、Chrom-ART Accelerator controller（DMA2D），这些 DMA 的功能和架构与通用 DMA 有些区别，因此需要单独命名。而 STM32F405 的 DMA 没有这么多类型。

在图 8.1 中，外部的 DMA 请求或触发用于请求或触发 DMA 传输。DMA 请求是外设或其他硬件模块发出的信号，用于请求 DMA 控制器执行数据传输操作。当外设或硬件模块需要在内存和自身之间进行数据传输时，会向 DMA 控制器发送 DMA 请求信号。这样，DMA 控制器就可以直接从外设读取数据并将其传输到内存，或者从内存读取数据并将其传输到外设。而 DMA 触发是指由软件或特定的事件触发，用于启动 DMA 传输操作。与 DMA 请求不同，DMA 触发是由软件编程或特定的事件触发器（如定时器溢出、外部中断等）生成的信号。当 DMA 触发被激活时，DMA 控制器会根据预先设置的传输参数执行相应的数据传输操作。

通道数据路径是指 DMA 通道内部数据传输的路径。DMA 通道负责控制数据的传输，从源地址（如外设寄存器或内存）读取数据，然后将其传输到目标地址（同样是外设寄存器或内存）。通道数据路径涉及 DMA 通道内部的数据传输流程，包括数据缓冲区、数据寄存器、数据传输控制等。通过优化通道数据路径，可以提高 DMA 传输的效率和性能。

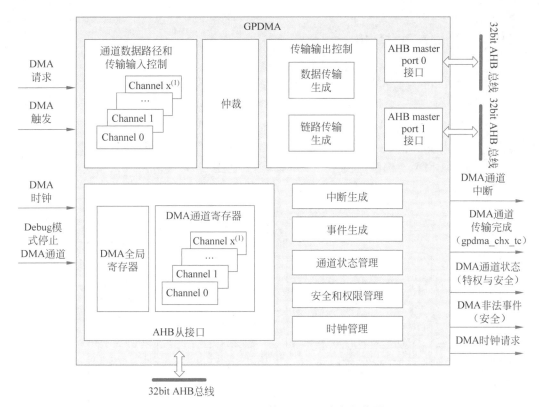

图 8.1 STM32U575 的 GPDMA 内部架构图

传输输入控制是指 DMA 通道对数据传输的控制方式和参数设置。这包括 DMA 传输的触发方式、传输方向(从源到目的还是相反)、数据大小(字节、半字、字等)、传输模式(单次传输、循环传输等)等。传输输入控制允许用户根据具体的应用需求配置 DMA 传输的参数,以实现灵活的数据传输控制。

仲裁器用来决定多个 DMA 请求之间的优先级和顺序的机制。DMA 控制器经常需要同时处理来自多个源的请求,这时仲裁机制用于确保每个请求得到公平处理,并避免资源争夺或冲突。

数据传输生成用于 DMA 的数据传输,其 DMA 传输完成后会执行与数据传输相关的操作,比如中断、增加/减少内存地址等。链路传输生成用于 DMA 链接列表的更新,其在 DMA 传输完成后会执行与链接传输相关的操作,比如依据链接列表(linked-list)更新 DMA 配置,重新选择传输路径、数据大小等。

AHB master port 0 接口和 AHB master port 1 接口是 DMA 控制器提供的两个 AHB 主接口。在循环模式下,DMA 控制器会在传输完成后自动回到起始地址并继续传输。为了确保数据正确地循环,必须明确指定用于循环模式的传输端口(Circular Port)。配置正确的循环传输端口可以优化 DMA 控制器的性能。不同的端口可能具有不同的优先级和带宽,配置合适的端口可以确保数据传输的效率和可靠性。

AHB 从接口用于 DMA 控制器响应其他设备对其寄存器或配置数据的访问请求。例如,CPU 可能需要读取或设置 DMA 控制器的配置寄存器,这通过 AHB 从接口来实现。

8.3　DMA 的通道

要想让 DMA 控制数据的传递,必须有传递数据用的通道。通道连接了数据传递的两端:一端是源地址,另一端是目的地址。为了能够同时接收来自源的 DMA 传输(读访问)和发送到目的地址的 DMA 传输(写访问),DMA 对 DMA 通道使用专用 FIFO(First In First Out)。这里的通道也可以叫作数据流,注意区分它和请求通道的区别。图 8.2 为 STM32F405 的 DMA 架构图,它有 8 个数据流。其他型号的 STM32 与之类似。

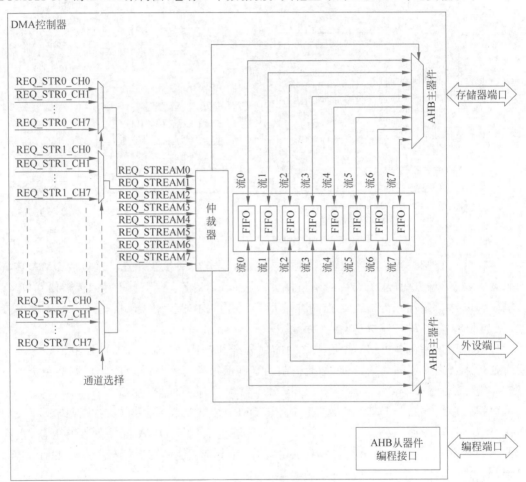

图 8.2　STM32F405 的 DMA 架构图

FIFO 的特点是按照先进先出的原则进行数据存储和读取。在 STM32 的 DMA 中,DMA 传输可以使用 FIFO 来缓存数据,提高 DMA 传输的效率和性能。在 DMA 传输期间,数据首先被存储到 FIFO 中,然后通过 DMA 控制器直接传输到目标内存或外设。这种方式可以减少 CPU 的介入,提高系统的效率和性能。STM32 的 DMA 模块通常提供多个 FIFO 大小选项,可以根据需求选择不同大小的 FIFO。较大的 FIFO 大小通常能够提供更大的数据缓存空间,从而减少 DMA 传输期间的 CPU 干预次数,提高传输效率。DMA 模块通常提供了 FIFO 相关的中断和错误处理机制,可以在 FIFO 发生溢出或半满等情况时触发中断,并提供相应的错误标志位供软件处理。

STM32U575 为通道划分出了 4 个仲裁等级,对应通道的等级可在 GPDMA_CxCR. PRIO[1:0]中进行设置。仲裁策略定义如下:

一个高优先级的流量类别(队列 3),专门用于优先级为 3 的通道,用于处理对时间敏感的传输。此流量类别通过固定优先级的仲裁与任何其他低优先级的流量类别进行竞争。在这个类别中,请求的单次/突发传输是循环轮流仲裁的。

3 个低优先级的流量类别(队列 0、队列 1 或队列 2),用于处理非时间敏感传输,其优先级分别为 0、1 或 2。在这个类别中,每个请求的单次/突发传输都是循环轮流仲裁的,其权重是从编程优先级单调递增的:

优先级为 0 的请求被分配到队列 0。

优先级为 1 的请求被分配并复制到队列 0 和队列 1。

优先级为 2 的请求被分配并复制到队列 0、队列 1 和队列 2。

任何队列 0、队列 1 或队列 2 在轮流方式下平等授予其所有活动输入请求,前提是存在同时请求的情况。

另外,对于低流量情况,可以使用循环轮流仲裁器(Round-robin Arbiter)在队列 0、队列 1 和队列 2 中公平交替选择同时的请求。

这部分的功能原理如图 8.3 所示。

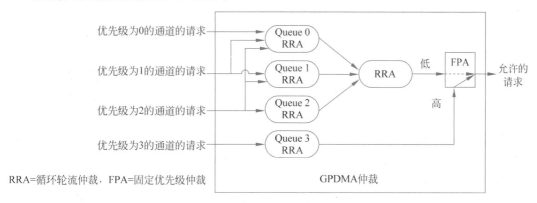

图 8.3 GPDMA 的仲裁功能原理

8.4 DMA 的中断

由于 DMA 在使用过程中可以不经过 CPU 参与,因此当 DMA 发生某些事件时,需要通过中断的方式通知 CPU 及时进行相应的处理。STM32U575 的 GPDMA 所支持的中断如表 8.1 所示。

表 8.1 STM32U575 的 GPDMA 所支持的中断

中 断 事 件	中断使能位	事件标志位
Transfer Complete	GPDMA_CxCR. TCIE	GPDMA_CxSR. TCF
Half Transfer	GPDMA_CxCR. HTIE	GPDMA_CxSR. HTF
Data Transfer Error	GPDMA_CxCR. DTEIE	GPDMA_CxSR. DTEF

续表

中断事件	中断使能位	事件标志位
Update Link Error	GPDMA_CxCR. ULEIE	GPDMA_CxSR. ULEF
User Setting Error	GPDMA_CxCR. USEIE	GPDMA_CxSR. USEF
Suspended	GPDMA_CxCR. SUSPIE	GPDMA_CxSR. SUSPF
Trigger Overrun	GPDMA_CxCR. TOFIE	GPDMA_CxSR. TOF

Transfer Complete 中断是指当 DMA 传输完成时触发的中断。当 DMA 控制器从源地址传输数据到目标地址，并且传输完成后，会产生 Transfer Complete 中断，通知处理器可以继续执行其他任务或处理传输完成后的数据。这个中断通常用于在 DMA 传输完成后执行必要的清理或处理程序。

Half Transfer 中断是指当 DMA 传输的数据量达到设置的一半时触发的中断。在某些 DMA 控制器中，可以配置 DMA 传输的数据量，并且在数据传输完成一半时触发 Half Transfer 中断，以便处理器可以执行一些预定的操作，例如，切换缓冲区或执行其他任务。这个中断通常用于处理大量数据传输时的优化，以提高系统性能或实现特定的数据处理逻辑。

Data Transfer Error 中断是指在 DMA 传输过程中发生错误时触发的中断。这种错误可能包括源或目标地址错误、数据溢出、传输超时等。当 DMA 控制器检测到这些错误时，会触发 Data Transfer Error 中断，通知处理器发生了传输错误，需要进行相应的错误处理。处理器可以在中断服务程序中采取适当的措施，例如，重新启动传输、进行错误恢复或记录错误信息，以确保数据传输的正确性和系统的稳定性。

Update Link Error 中断是指在 DMA 链表模式下，当 DMA 控制器试图更新链表中的下一个传输描述符时发生错误时触发的中断。DMA 链表模式允许在一个 DMA 传输完成后自动加载下一个传输描述符，以便连续执行多个传输操作。当 DMA 控制器在尝试更新链表时发生错误，例如，无法找到下一个传输描述符或者链表格式错误时，就会触发 Update Link Error 中断。这个中断通常用于识别和处理 DMA 链表中的配置错误或传输错误，以确保数据传输的正确性和系统的稳定性。

User Setting Error 中断是指在 DMA 配置过程中，发现用户设置的参数存在错误或不支持的情况时触发的中断。这种中断通常用于检测和处理用户在配置 DMA 传输时可能出现的错误，例如，配置了不支持的传输模式、错误的传输方向、无效的源或目标地址等。当 DMA 控制器检测到这些错误时，会触发 User Setting Error 中断，通知处理器存在 DMA 配置错误，需要进行相应的处理。处理器可以在中断服务程序中采取适当的措施，例如，重新配置 DMA 传输参数、向用户发出警告或错误消息，以确保 DMA 传输的正确性和系统的稳定性。

Suspended 中断是指当 DMA 传输被暂停时（例如，由于软件请求或其他 DMA 传输），DMA 控制器会触发相应的中断。这种中断允许处理器在 DMA 传输被暂停时进行相应的处理，例如，重新配置 DMA 传输参数、清理传输缓冲区或执行其他必要的操作。

Trigger Overrun（触发器溢出）中断用于处理当 DMA 通道接收到一个新的触发信号（如外部触发器或软件触发器）时，而当前的 DMA 传输尚未完成时发生的情况。Trigger Overrun 主要用于处理 DMA 传输的竞争条件。当 DMA 通道接收到新的触发信号时，如果当前的 DMA 传输尚未完成,可能会发生竞争条件,即新的传输请求与当前传输请求冲突。这种情况下,如果不进行处理,可能会导致数据的错误传输或者 DMA 控制器的异常状态。启用 Trigger Overrun 功能可以使 DMA 控制器在发生竞争条件时采取相应的措施。处理器可以根据情况采取适当的措施,例如,重新配置 DMA 传输或者重置 DMA 控制器,以避免数据传输错误或系统异常。

8.5 DMA 的 STM32CubeMX 配置

在 STM32CubeMX 中配置 STM32U575 的 GPDMA 时,可以设置所有 16 个通道的模式,如图 8.4 所示。

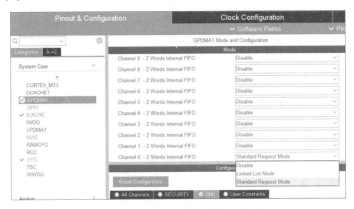

图 8.4 GPDMA 的通道模式设置

Standard Request Mode(标准请求模式):在标准请求模式下,DMA 通道会响应外设发送的单个传输请求,并执行单个数据传输操作。这种模式适用于简单的数据传输任务,通常只需要配置源地址、目的地址、传输方向、传输数据宽度等基本参数即可。在这种模式下,每个传输操作都是独立的,DMA 通道在完成一个传输后会等待下一个传输请求的到来。

Linked-List Mode(链表模式):在链表模式下,DMA 通道会按照用户提供的链表结构执行多个传输操作,而不需要在每次传输之间重新配置 DMA 寄存器。这种模式允许用户在链表中定义一系列的传输操作,包括不同的源地址、目的地址、传输方向、传输数据宽度等参数。DMA 通道会按照链表中的顺序依次执行每个传输操作,直到链表中的所有传输操作都完成。

当选择了标准请求模式后,会在下方的 Configuration 中出现如图 8.5 所示的设置页面。下面介绍其中的一些选项。

Circular Mode 是指 DMA 的循环模式。在循环模式下,DMA 通道可以被配置为在完成一次传输后自动重新开始,而不需要外部触发。这意味着 DMA 通道可以反复地执行相同的传输操作,而不需要额外地配置或触发信号。循环模式通常用于需要连续地传输数据的应用场景,例如音频处理、数据采集等。通过配置 DMA 通道为循环模式,可以实现高效地连续数据传输,而不需要 CPU 的干预。

Circular Port 可选择 DMA 和 AHB 总线连接的端口。

Request 是指请求信号的来源,可以是软件触发,也可以是 ADC、TIM 定时器、I^2C、

图 8.5　GPDMA 的标准请求模式的通道配置

USART 等外设的触发。

DMA Handle in IP Structure 是指 DMA 在 IP 结构中的句柄。通过将 DMA 句柄添加到 IP(即外设的功能模块)的结构中,可以在代码中方便地使用该句柄来配置 DMA 控制器的各种参数、启动数据传输、监视传输完成事件等。在 CubeMX 中配置 GPDMA 时,指定 DMA 句柄通常是为了将 DMA 控制器与特定的外设或数据流关联起来。例如,在配置串行通信接口(UART)的 DMA 传输时,可以将 DMA 句柄添加到 UART 的 IP 结构中,以便在代码中使用该句柄来控制 UART 的 DMA 传输。该结构体的格式一般和请求源有关。

Priority 用来设置该通道的优先级。

Direction 用来设置传输方向为外设到存储、存储到外设还是存储到存储。

Source Data Setting 和 Destination Data Setting 用来配置源数据和目标数据的地址是否增长、数据宽度、突发长度、分配的传输端口等。Burst Length(突发长度)是指 DMA 在一个传输周期内连续传输的数据量。Burst Length 的设置影响着 DMA 的传输效率和性能。较大的突发长度通常会提高数据传输的效率,因为 DMA 控制器可以在一个传输周期内传输更多的数据。然而,需要注意的是,突发长度不能超过外设或存储器的最大支持容量,否则可能会导致数据传输错误或异常。通常,可以根据外设的数据传输特性和系统性能要求来选择合适的突发长度,否则过大的长度也会导致资源浪费、延迟增加、系统性能下降。

Trigger Configuration 可用于设置采用事件的上升沿或下降沿来触发 DMA 传输。

8.6　DMA 的寄存器

不同型号的 STM32 的寄存器名称和寄存器中对应位上的功能是不太一样的。例如,在 STM32U575 中,GPDMA_CxCR 可用于配置中断使能,而在 STM32F405 中,是 DMA_LISR 和 DMA_HISR,在 STM32F103 中,是 DMA_ISR。在使用 STM32 时需要做的是了解不同型号单片机所具有的功能,学会到芯片手册中查找。下面挑选一些常用的 DMA 寄存器进行介绍。

1. GPDMA 通道 x 控制寄存器(GPDMA_CxCR)(见图 8.6)

31	30	29	28	27	26	25	24	23	22	21	20	19	18	17	16
								PRIO[1:0]						LAP	LSM
								rw	rw					rw	rw

15	14	13	12	11	10	9	8	7	6	5	4	3	2	1	0
	TOIE	SUSPIE	USEIE	ULEIE	DTEIE	HTIE	TCIE						SUSP	RESET	EN
	rw	rw	rw	rw	rw	rw	rw						rw	w	rw

位 23:22	PRIO[1:0]: 通道x相对于其他通道的优先级
	00: 低优先级,低权重
	01: 低优先级,中权重
	10: 低优先级,高权重
	11: 高优先级
位 14:8	对应中断功能的中断使能(参考8.4节)
	0: 中断失能
	1: 中断使能
位 2	SUSP: 暂停
	将1写入RESET字段(位1)会导致硬件将该位去除,无论写入该位的内容是什么。另外,软件必须写入1以暂停活动通道(正在其主端口上进行GPDMA传输的通道)。写入0以恢复暂停的通道
	0: 写入0: 恢复通道,读取到0: 通道未暂停
	1: 写入1: 暂停通道,读取到1: 通道已暂停
位 1	RESET: 复位
	该位只能写入。写入0没有影响。写入1意味着以下内容被重置: FIFO、通道内部状态、SUSP和EN位(无论分别写入位2和位0的内容是什么)。当通道处于稳定状态即以下情况之一时,重置才会生效: 活动通道处于暂停状态(GPDMA_CxSR.SUSPF = 1且GPDMA_CxSR.IDLEF =GPDMA_CxCR.EN = 1) 通道处于禁用状态(GPDMA_CxSR.IDLEF = 1且GPDMA_CxCR.EN = 0) 在写入RESET后,要继续使用该通道,用户必须在重新启用通道之前明确重新配置通道,包括硬件修改的配置寄存器(GPDMA_CxBR1、GPDMA_CxSAR和GPDMA_CxDAR)
	0: 无作用
	1: 通道复位

图 8.6 GPDMA 通道 x 控制寄存器(GPDMA_CxCR)

2. GPDMA 通道 x 状态寄存器(GPDMA_CxSR)(见图 8.7)

31	30	29	28	27	26	25	24	23	22	21	20	19	18	17	16
								FIFOL[7:0]							
						r	r	r	r	r	r	r	r	r	r

15	14	13	12	11	10	9	8	7	6	5	4	3	2	1	0
TOF	SUSPF	USEF	ULEF	DTEF	HTF	TCF									IDLEF
r	r	r	r	r	r	r									r

位 23:16	FIFOL[7:0]: 监控的FIFO级别
	FIFO中可用的写入节拍数,以编程的目标数据宽度为单位(参见GPDMA_CxTR1.DDW_LOG2[1:0],以字节、半字或字为单位) 监控的FIFO级别是指DMA控制器中的一个功能,用于管理数据的传输。通过设置监控的FIFO级别,用户可以控制DMA传输的调度和流量,以优化系统性能和资源利用率。例如,当FIFO中的数据量达到一定水平时,可以触发中断来通知处理器处理数据或采取其他必要的操作。这有助于避免DMA传输过程中的数据溢出或下溢,并可以在必要时进行及时处理
位 14:8	对应事件的标志位(参考DMA的中断章节)
	0: 无对应事件
	1: 产生了对应事件
位 0	IDLEF: 空闲标志位
	0: 通道没有在空闲状态
	1: 通道在空闲状态

图 8.7 GPDMA 通道 x 状态寄存器(GPDMA_CxSR)

3. GPDMA 通道 x 源地址寄存器（GPDMA_CxSAR）（见图 8.8）

该寄存器配置传输的源起始地址。

当 GPDMA_CxCR.EN ＝ 0 时，可写入该寄存器。

当 GPDMA_CxCR.EN ＝ 1 时，该寄存器为只读，并由硬件持续更新，以反映下一个突发传输的源地址。

当通道完成传输时（然后硬件已取消 GPDMA_CxCR.EN 的有效状态），可写入该寄存器。通道传输可以在不同的级别完成和配置：块、2D/重复块、LLI 或完全链接列表。

在链接列表模式下，在链接传输期间，如果 GPDMA_CxLLR.USA ＝ 1，该寄存器将由 GPDMA 自动从内存中更新。

31	30	29	28	27	26	25	24	23	22	21	20	19	18	17	16
							SA[31:16]								
rw	rw	rw	rw	rw	rw	rw	rw	rw	rw	rw	rw	rw	rw	rw	rw
15	14	13	12	11	10	9	8	7	6	5	4	3	2	1	0
							SA[15:0]								
rw	rw	rw	rw	rw	rw	rw	rw	rw	rw	rw	rw	rw	rw	rw	rw

位 31:0	SA[31:0]：源地址
	这个字段是指向下一个数据读取的地址的指针 在通道活动期间，根据源地址模式（GPDMA_CxTR1.SINC），这个字段在每个源数据传输后保持固定或按数据宽度（GPDMA_CxTR1.SDW_LOG2[1:0]）递增，反映下一个从中读取数据的地址

图 8.8　GPDMA 通道 x 源地址寄存器（GPDMA_CxSAR）

4. GPDMA 通道 x 目的地址寄存器（GPDMA_CxDAR）（见图 8.9）

这个寄存器配置传输的目的地起始地址。

当 GPDMA_CxCR.EN ＝ 0 时，可写入该寄存器。

当 GPDMA_CxCR.EN ＝ 1 时，该寄存器为只读，并由硬件持续更新，以反映下一个突发传输到目的地的地址。

当通道完成传输时（然后硬件已取消 GPDMA_CxCR.EN 的有效状态），可写入该寄存器。通道传输可以在不同的级别完成和配置：块、2D/重复块、LLI 或完全链接列表。

在链接列表模式下，在链接传输期间，如果 GPDMA_CxLLR.UDA＝1，则该寄存器将由 GPDMA 从内存中自动更新。

31	30	29	28	27	26	25	24	23	22	21	20	19	18	17	16
							DA[31:16]								
rw	rw	rw	rw	rw	rw	rw	rw	rw	rw	rw	rw	rw	rw	rw	rw
15	14	13	12	11	10	9	8	7	6	5	4	3	2	1	0
							DA[15:0]								
rw	rw	rw	rw	rw	rw	rw	rw	rw	rw	rw	rw	rw	rw	rw	rw

位 31:0	DA[31:0]：目标地址
	该字段是指向下一个要写入数据的地址的指针 在通道活动期间，根据目标寻址模式（GPDMA_CxTR1.DINC），该字段保持不变或者在每个传输目标数据后以数据宽度（GPDMA_CxTR1.DDW_LOG2[21:0]）增加，反映了下一个要写入数据的地址

图 8.9　GPDMA 通道 x 目的地址寄存器（GPDMA_CxDAR）

8.7　DMA 的 HAL 库函数

1. DMA 初始化函数 HAL_DMA_Init

函数原型：HAL_StatusTypeDef HAL_DMA_Init(DMA_HandleTypeDef ＊ const hdma)

函数作用：依据 DMA_InitTypeDef 结构体中的参数在正常模式下初始化 DMA 通道。

函数形参：

hdma 指向包含对应 DMA 通道的配置信息的 DMA_HandleTypeDef 结构体。

返回值：HAL 状态。

2. 阻塞模式 DMA 启动函数 HAL_DMA_Start

函数原型：HAL_StatusTypeDef HAL_DMA_Start(DMA_HandleTypeDef ＊ const hdma，

uint32_t SrcAddress，

uint32_t DstAddress，

uint32_t SrcDataSize)

函数作用：在正常模式(阻塞模式)下开启 DMA 通道传输。

函数形参：

第一个参数指向包含对应 DMA 通道的配置信息的 DMA_HandleTypeDef 结构体。

第二个参数为源地址。

第三个参数为目的地址。

第四个参数为传输的数据的字节数。

返回值：HAL 状态。

3. 中断模式 DMA 启动函数 HAL_DMA_Start_IT

函数原型：HAL_StatusTypeDef HAL_DMA_Start_IT(DMA_HandleTypeDef ＊ const hdma，

uint32_t SrcAddress，

uint32_t DstAddress，

uint32_t SrcDataSize)

函数作用：在带中断使能的正常模式(非阻塞模式)下开启 DMA 通道传输。

函数形参：

第一个参数指向包含对应 DMA 通道的配置信息的 DMA_HandleTypeDef 结构体。

第二个参数为源地址。

第三个参数为目的地址。

第四个参数为传输的数据的字节数。

返回值：HAL 状态。

4. 阻塞模式 DMA 中止函数 HAL_DMA_Abort

函数原型：HAL_StatusTypeDef HAL_DMA_Abort(DMA_HandleTypeDef ＊ const hdma)

函数形参：

hdma 指向包含对应 DMA 通道的配置信息的 DMA_HandleTypeDef 结构体。

函数作用：中止正在进行的 DMA 通道传输(阻塞模式)。

5. 中断模式 DMA 中止函数 HAL_DMA_Abort_IT

函数原型：HAL_StatusTypeDef HAL_DMA_Abort_IT(DMA_HandleTypeDef ＊ const hdma)

函数形参：

hdma 指向包含对应 DMA 通道的配置信息的 DMA_HandleTypeDef 结构体。

函数作用：在中断模式下中止正在进行的 DMA 通道传输(非阻塞模式)。

6. DMA 中断处理函数 HAL_DMA_IRQHandler

函数原型：void HAL_DMA_IRQHandler(DMA_HandleTypeDef * const hdma)

函数形参：

hdma 指向包含对应 DMA 通道的配置信息的 DMA_HandleTypeDef 结构体。

函数作用：处理 DMA 中断请求（非阻塞模式）。

7. 外设相关 DMA 函数

很多外设可以使用 DMA 传输数据，因此在这些外设的 HAL 库驱动文件中也包含了相关的 DMA 配置函数，如在 stm32u5xx_hal_uart.c 中，包含下列 DMA 函数：

HAL_StatusTypeDef HAL_UART_Transmit_DMA(UART_HandleTypeDef * huart, const uint8_t * pData, uint16_t Size);

HAL_StatusTypeDef HAL_UART_Receive_DMA(UART_HandleTypeDef * huart, uint8_t * pData, uint16_t Size);

HAL_StatusTypeDef HAL_UART_DMAPause(UART_HandleTypeDef * huart);

HAL_StatusTypeDef HAL_UART_DMAResume(UART_HandleTypeDef * huart);

HAL_StatusTypeDef HAL_UART_DMAStop(UART_HandleTypeDef * huart);

在 stm32u5xx_hal_adc.c 中，包含下列 DMA 函数：

HAL_StatusTypeDef HAL_ADC_Start_DMA(ADC_HandleTypeDef * hadc, const uint32_t * pData, uint32_t Length);

HAL_StatusTypeDef HAL_ADC_Stop_DMA(ADC_HandleTypeDef * hadc);

通过调用不同外设的 DMA 函数，可以灵活地配置相关外设的 DMA 传输方式。

8.8 实验：USART 之空闲中断与 DMA 配合接收

视频讲解

8.8.1 应用场景及目的

前面的实验使用中断的方式，让 UART 在接收了固定长度的字节（如 1 字节）时产生中断，将该字节赋值给数组。尽管这样做会比轮询模式减少一些 CPU 占用，但是依然会占用 CPU 的时间来处理接收到的每个字节。为了避免在 UART 传输中频繁打扰 CPU，可以使用 DMA 的方式搬运接收到的数据，只在一串连续的数据接收完成后才调用空闲中断进行处理。

本实验使用 STM32U575 的 GPDMA 搬运一串连续的 UART 数据到一个数组，发生 USART1 中断时在 USART1_IRQHandler 中断处理函数中判断是否为 USART1 的空闲中断，然后在空闲中断回调函数中计算接收到的数据长度、停止 DMA 传输、打印接收到的数据、清空接收数据、重启 DMA 传输。

本实验的例程为 07-1_STM32U575_USART_IdleAndDMA。

8.8.2 程序配置

打开 STM32CubeMX，新建一个工程，并将 PA9、PA10 引脚设置成为 USART 模式，配置相应的参数为数据传输速率 115 200b/s、字长 8 位、无奇偶校验、停止位 1 位，如图 7.21 所示。

由于需要使用 USART1 的空闲中断，因此需要在 NVIC Settings 中打开 USART1 的全局中断并生成对应的中断处理函数，如图 7.28 和图 7.29 所示。

由于需要使用 DMA 传输 USART1 接收到的数据，因此在 GPDMA1 中将 Channel 0 设置为 Standard Request Mode，使能 Circular Mode 进行循环传输，将 Request 请求来源设置为 USART1_RX，设置目的地址自动递增把接收到的数据存储进数组内，如图 8.10 所示。

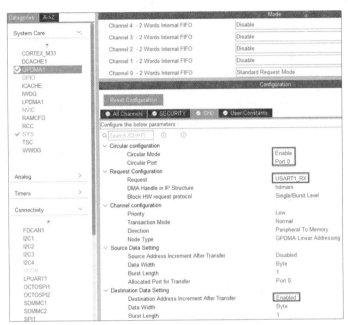

图 8.10　利用 GPDMA1 的 CH0 接收 USART1 的配置方式

配置英文工程目录 Toolchain/MDK，设置为复制必要的文件，分别生成 .c/.h 文件后，生成并打开工程。

打开工程选项，选中 Use MicroLIB 复选框，如图 7.30 所示。

为了通过 printf() 函数输出串口数据，需要在 main.c 文件中引入 stdio.h 头文件，并重定向 fputc() 函数。

```
/* USER CODE BEGIN 0 */
    //printf()实现重定向
    int fputc(int ch, FILE * f)
    {
        uint8_t temp[1] = {ch};
        HAL_UART_Transmit(&huart1, temp, 1, 2);
        return ch;
    }
/* USER CODE END 0 */
```

因为需要用串口的空闲中断来对接收到的连续数据进行处理，所以需要利用 __HAL_UART_ENABLE_IT(&huart1, UART_IT_IDLE) 使能空闲中断。因为要开启 UART1 的 DMA 传输，将收到的数据传递到一个数组，所以需要使用 HAL_UART_Receive_DMA(&huart1, (uint8_t *) rx_buffer, 200) 将串口数据传递到 rx_buffer 数组，该数组是一个

200 字节的数组。添加的代码如下所示：

```
/ * USER CODE BEGIN 2 * /
    //使能空闲中断
    __HAL_UART_ENABLE_IT(&huart1, UART_IT_IDLE);
    // 开启 DMA 接收数据通道,将串口数据存到 buf 数组
    HAL_UART_Receive_DMA(&huart1, (uint8_t * )rx_buffer, 200);
/ * USER CODE END 2 * /
```

定义 rx_buffer 数组如下：

```
/ * USER CODE BEGIN PV * /
uint8_t rx_buffer[200];                    //接收数据的数组
/ * USER CODE END PV * /
```

由于需要通过检测是否发生了空闲中断来确定是否需要调用空闲中断回调函数,因此需要在 USART1 的中断处理函数 USART1_IRQHandler()中判断中断是否来源于空闲中断标志位。在 stm32u5xx_it.c 中的 USART1_IRQHandler()函数中添加 USER_UART_IRQHandler(&huart1)来执行该函数,如下所示：

```
void USART1_IRQHandler(void)
{
  / * USER CODE BEGIN USART1_IRQn 0 * /

  / * USER CODE END USART1_IRQn 0 * /
  HAL_UART_IRQHandler(&huart1);
  / * USER CODE BEGIN USART1_IRQn 1 * /
  //串口中断处理函数
  USER_UART_IRQHandler(&huart1);
  / * USER CODE END USART1_IRQn 1 * /
}
```

然后在 main.c 文件中编写一下 USER_UART_IRQHandler()。该函数通过判断中断是否来自 huart1 且其空闲中断标志位是否为 1 来决定是否执行空闲中断回调函数 USER_UART_IDLECallback()。在空闲中断回调函数中,先计算 DMA 接收到的数据长度、停止 DMA 传输,然后通过串口打印收到的数据、清零数组、清零相关计数变量,最后重新开始 DMA 传输。相关代码如下所示：

```
/ * USER CODE BEGIN 4 * /
//中断处理的回调函数
void USER_UART_IDLECallback(UART_HandleTypeDef * huart)
{
    uint8_t data_length = 200 - __HAL_DMA_GET_COUNTER(&handle_GPDMA1_Channel0);
                                                    //计算接收到数据的长度
    HAL_UART_DMAStop(&huart1);                       //停止本次的 DMA 传输
    printf("Receive Data(length = % d):",data_length);
    HAL_UART_Transmit(&huart1,(uint8_t * )rx_buffer,data_length,1000);        //发送数据
    memset(rx_buffer,0,data_length);                 //清空接收缓冲区
    data_length = 0;
    HAL_UART_Receive_DMA(&huart1, (uint8_t * )rx_buffer, 200);  //重启开始 DMA 传输
}

//串口中断处理函数
```

```
void USER_UART_IRQHandler(UART_HandleTypeDef * huart)
{
    if(USART1 == huart1.Instance)                              //判断是否是串口1
    {
        if(RESET != __HAL_UART_GET_FLAG(&huart1,UART_FLAG_IDLE))   //是否产生空闲中断
        {
            __HAL_UART_CLEAR_IDLEFLAG(&huart1);
            printf("\r\nUART1 Idle IQR Detected\r\n");
            USER_UART_IDLECallback(huart);                     //调用中断处理的回调函数
        }
    }
}
/*
/* USER CODE END 4 */
```

最后在 main.c 文件前面添加 ♯include "string.h"来使用 memset()函数:

```
/* USER CODE BEGIN Includes */
♯include "stdio.h"
♯include "string.h"
/* USER CODE END Includes */
```

添加 handle_GPDMA1_Channel0 的定义:

```
/* USER CODE BEGIN PV */
uint8_t rx_buffer[200];                    //接收数据的数组
extern DMA_HandleTypeDef handle_GPDMA1_Channel0;
                                           //DMA 结构体变量在 stm32u5xx_it.c 中已经定义
/* USER CODE END PV */
```

在 main.h 中添加 USER_UART_IRQHandler()函数的声明:

```
/* USER CODE BEGIN EFP */
void USER_UART_IRQHandler(UART_HandleTypeDef * huart);
/* USER CODE END EFP */
```

8.8.3 实验现象

单击 Rebuild 按钮编译工程,选择好调试下载器后,将程序下载到开发板上。然后打开串口调试助手,在里面找到 USB 串行设备(使用 DAPLink)或 ST-Link Virtual COM Port(使用 ST-Link),选择其作为串口端口使用。设置波特率、校验位、数据位、停止位与程序配置保持一致后,单击"打开"按钮打开端口。

复位开发板后,在串口调试助手的数据发送界面输入一定的数据后单击"发送"按钮,然后会在数据接收界面显示检测到 UART1 的空闲中断,并显示接收到的数据长度和对应的内容,如图 8.11 所示。

图 8.11　实验现象

8.9　习题

简答题

1. 为什么要用 DMA？有什么好处？

2. DMA 能够响应哪些外设的请求？尝试找到芯片手册中的对应位置。

3. 打开 HAL_UART_Receive_DMA()函数的定义代码，解释一下该函数中每行代码的作用。

思考题

思考 DMA 的 Transfer Complete 中断的使用方式，编写程序观察其作用。

第9章
CHAPTER 9

定时器 TIM

9.1 定时器 TIM 简介

视频讲解

定时器用于生成精确的时间延迟、周期性触发事件以及测量时间间隔等任务。它们通常用于实现各种定时和计数功能,例如,控制脉冲的频率、PWM(脉冲宽度调制)、输入捕获和输出比较等。STM32 的定时器通常包括基本定时器、通用定时器和高级定时器等不同类型。它们具有不同的功能和特性,可以根据应用的需求选择合适的类型。

STM32F4 单片机共有 14 个定时器,分别是 2 个高级定时器(TIM1、TIM8)、10 个通用定时器(TIM2～TIM5、TIM9～TIM14)和 2 个基本定时器(TIM6、TIM7)。

STM32U5 单片机总共有 11 个定时器,分别是 2 个高级定时器(TIM1、TIM8)、7 个通用定时器(TIM2～TIM5、TIM15～TIM17)和 2 个基本定时器(TIM6、TIM7),它们的功能对比如表 9.1 所示。

表 9.1 高级定时器、通用定时器和基本定时器的功能对比

功　能	高级定时器 TIM1/TIM8	通用定时器 TIM2/TIM3/TIM4/TIM5	通用定时器 TIM15/TIM16/TIM17	基本定时器 TIM6/TIM7
计数模式	√	√	√	√
输入捕获模式	√	√	√	
PWM 输入模式	√	√	√	
强制输出模式	√	√	√	
输出比较模式	√	√	√	
PWM 模式	√	√	√	
非对称 PWM 模式	√	√	√	
组合 PWM 模式	√	√	√	
组合三相 PWM 模式	√			
互补输出和死区时间插入	√		√	
断路功能	√		√	
双向断路输入	√			
通过外部事件清零 tim_ocxref	√	√	√	

功　　能	高级定时器 TIM1/TIM8	通用定时器 TIM2/TIM3/TIM4/TIM5	通用定时器 TIM15/TIM16/TIM17	基本定时器 TIM6/TIM7
六步骤 PWM 生成	√		√	
单脉冲模式	√	√	√	
可重新触发的单脉冲模式	√	√	√	
基于比较值的单脉冲模式	√	√	√	
编码器接口模式	√	√		
方向位输出	√	√	√	
UIF 位重映射	√	√	√	√
定时器输入 XOR 功能	√	√		
霍尔传感器接口	√			
定时器和外部触发器同步		√	√	
定时器同步	√	√	√	
ADC 触发器	√	√	√	√
DMA 突发模式	√	√	√	
DMA 请求	√	√	√	√
Debug 模式	√	√	√	√
低功耗模式	√	√	√	√

在表 9.1 中,"√"标识表明列对应的外设支持相关的功能,没有"√"标识表明不支持此功能。下面以 STM32U5 的基本定时器和通用定时器为例进行讲解。

9.2　基本定时器 TIM6/TIM7

9.2.1　概述

基本定时器 TIM6/TIM7 是由可编程预分频器驱动的 16 位自动重载计数器。它们可以用来生成时间基准。基本定时器还可以用于触发数模转换器 DAC。这是定时器的触发输出完成的。

这些定时器是完全独立的,不共享任何资源。

基本定时器(TIM6/TIM7)有如下特点。

- 16 位自动重装载向上计数器。
- 16 位可编程预分频器,用于将计数器时钟频率按任意因子(1~65 535)分频。
- 同步电路用于触发 DAC。
- 在更新事件(计数器溢出)上生成中断/DMA。

9.2.2　基本定时器的内部架构

基本定时器的内部架构图如图9.1所示。

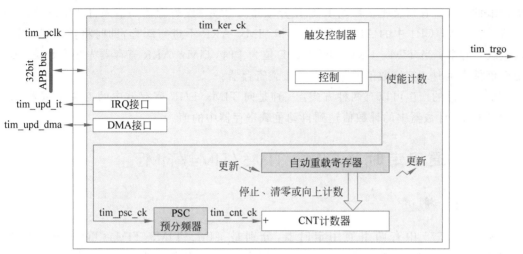

提示：

Reg　预重载寄存器根据控制位和更新事件将数据传输到影子寄存器

⚡　事件

⚡　中断&DMA

图 9.1　基本定时器的内部架构图

各输入/输出信号的说明如表9.2所示。

表 9.2　基本定时器输入/输出信号描述

内部信号名称	信号类型	描　　　　述
tim_pclk	输入	来自 APB 的定时器时钟
tim_ker_ck	输入	定时器内核时钟。该时钟必须与 tim_pclk（从相同的源获得）同步。时钟比 tim_ker_ck/tim_pclk 必须是整数：1、2、3、……、16（最大值）
tim_trgo	输出	内部触发器输出。此触发器可以触发其他芯片上的外设（DAC）
tim_upd_it	输出	定时器更新事件中断
tim_upd_dma	输出	定时器更新 DMA 请求

定时器的时钟来源于 APB 总线，在定时器内部形成 tim_ker_ck 内核时钟，输入给触发器控制器（Trigger Controller）。TIMx_CR1 寄存器中的 CEN 位和 TIMx_EGR 寄存器中的 UG 位是实际的控制位，只能通过软件更改（UG 位在产生更新事件后可以自动清除）。一旦 CEN 位被写为 1，PSC 预分频器就会由内部时钟 tim_ker_ck 驱动，也就是经过触发器控制器控制得到的 tim_psc_ck。触发器控制器除了负责使能定时器时钟外，还能通过 tim_trgo 信号触发 DAC 转换。

PSC 预分频器用于将 tim_psc_ck 时钟分频（也就是将原始时钟频率除以一定的数值），形成 tim_cnt_ck，输出给 CNT 计数器。计数器会以 tim_cnt_ck 时钟的频率进行计数。当计数到自动重载寄存器的预设值时，CNT 计数器中的值会清零，并可以产生中断或触发 DMA。

可以看到,在图 9.1 中,PSC 预分频器和自动重载寄存器的框图带有阴影,这代表它们是影子寄存器。用户设置的值会暂存到另一个寄存器中,然后当发生更新事件时才会将该值转存到影子寄存器里起作用。例如,PSC 预分频器的值来自 TIMx_PSC 寄存器,在产生更新事件时该寄存器会把值赋给 PSC 预分频器。自动重载寄存器的值来自 TIMx_ARR 寄存器,当 TIMx_CR1 中的 ARPE 位为 0 时,TIMx_ARR 不进行缓存,即时将数值赋值给自动重载寄存器;当 TIMx_CR1 中的 ARPE 位为 1 时,TIMx_ARR 寄存器先缓存数值,等到更新事件产生时才把该数值赋值给自动重载寄存器。

更新事件的产生可以有两种方式:一种是向 TIMx_EGR 寄存器中的 UG 位写入 1,另一种是 CNT 计数器中的计数值达到自动重载寄存器中的值。

9.3 通用定时器 TIM2/TIM3/TIM4/TIM5

9.3.1 概述

STM32U575 中有两组通用定时器,分别是 TIM2/TIM3/TIM4/TIM5 和 TIM15/TIM16/TIM17,它们的功能近似,但也有些不同。下面介绍第一组。

第一组通用定时器由一个可编程预分频器驱动的 16 位或 32 位自动重载计数器组成。它们可用于各种用途,包括测量输入信号的脉冲长度(输入捕获)或生成输出波形(输出比较和 PWM)。使用定时器预分频器和 RCC 时钟控制器预分频器,可以将脉冲长度和波形周期调制为从几微秒到几毫秒不等的范围。这些定时器是完全独立的,不共享任何资源。

该组通用定时器包括如下特性。

(1) 16 位或 32 位的向上、向下、向上/向下自动重载计数器。

(2) 16 位可编程预分频器,用于将计数器时钟频率按 1~65 535 的任意因子进行分频(也可即时调整)。

(3) 最多 4 个独立通道,用于:

* 输入捕获;
* 输出比较;
* PWM 生成(边缘对齐和中心对齐模式);
* 单脉冲模式输出。

(4) 同步电路用于控制定时器与外部信号的同步,并连接多个定时器。

(5) 在出现以下事件时产生中断/DMA。

* 更新:计数器溢出/下溢、计数器初始化(由软件或内部/外部触发器计数);
* 触发事件(计数器启动、停止、初始化或由内部/外部触发器计数);
* 输入捕获;
* 输出比较。

(6) 支持增量(四象限)编码器和霍尔传感器电路用于定位目的。

(7) 支持外部时钟触发或周期电流管理。

9.3.2　通用定时器的内部架构

通用定时器 TIM2/TIM3/TIM4/TIM5 的内部架构如图 9.2 所示,输入/输出引脚说明如表 9.3 所示。

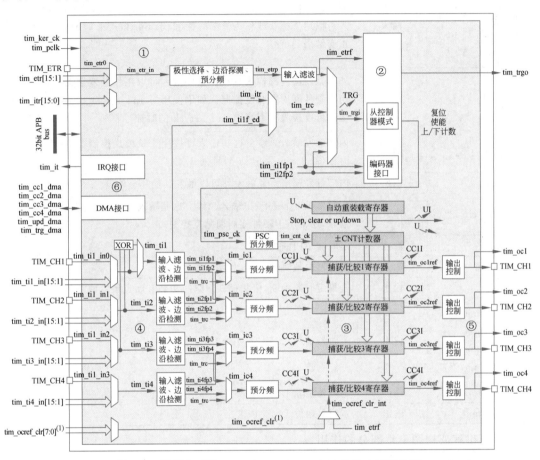

图 9.2　通用定时器 TIM2/TIM3/TIM4/TIM5 的内部架构图

表 9.3　通用定时器输入/输出引脚说明

引脚名称	信号类型	描　　述
TIM_CH1 TIM_CH2 TIM_CH3 TIM_CH4	输入/输出	定时器多功能通道。每个通道可以用于捕获、比较或 PWM TIM_CH1 和 TIM_CH2 还可以用作外部时钟输入(低于 tim_ker_ck 时钟的 1/4)、外部触发器和正交编码器输入 TIM_CH1、TIM_CH2 和 TIM_CH3 可以用于与数字霍尔效应传感器进行接口
TIM_ETR	输入	外部触发输入。此输入可用作外部触发器或外部时钟源。如果使用了 tim_etr_in 预分频器,此输入可以接收频率高于 tim_ker_ck 的时钟

内部输入/输出信号说明如表 9.4 所示。

表 9.4 通用定时器内部输入/输出信号说明

内部信号名称	信号类型	描　述
tim_ti1_in[15：0] tim_ti2_in[15：0] tim_ti3_in[15：0] tim_ti4_in[15：0]	输入	内部定时器输入总线。tim_ti1_in[15：0] 和 tim_ti2_in[15：0] 输入可以用于捕获或作为外部时钟(低于 tim_ker_ck 时钟的 1/4)以及正交编码器信号
tim_etr[15：0]	输入	外部触发器内部输入总线。这些输入可以用作触发器、外部时钟或用于硬件逐周期脉宽控制。如果使用了 tim_etr_in 预分频器,这些输入可以接收频率高于 tim_ker_ck 的时钟
tim_itr[15：0]	输入	内部触发输入总线。这些输入可以用于从模式控制器,或作为输入时钟(低于 tim_ker_ck 时钟的 1/4)
tim_trgo	输出	内部触发输出。此触发器可以触发其他片上外设
tim_ocref_clr[7：0]	输入	定时器 tim_ocref_clr 输入总线。这些输入可以用于清除 tim_ocxref 信号,通常用于硬件逐周期脉宽控制
tim_pclk	输入	定时器 APB 时钟
tim_ker_ck	输入	定时器内核时钟
tim_it	输出	全局定时器中断,汇集捕获/比较、更新和断点触发请求
tim_cc1_dma tim_cc2_dma tim_cc3_dma tim_cc4_dma	输出	定时器捕获/比较 1~4 号 DMA 请求
tim_upd_dma	输出	定时器更新 DMA 请求
tim_trg_dma	输出	定时器触发 DMA 请求

下面讲解架构图中每部分的作用。

① 时钟源。

时钟源可以被分为以下几个来源。

内部时钟(tim_ker_ck)。

外部时钟模式 1：外部输入引脚(tim_ti1 或 tim_ti2),允许通过外部信号(例如来自外部传感器或其他设备的脉冲信号)来驱动定时器的计数。

外部时钟模式 2：外部触发输入(tim_etr_in)。

内部触发输入(tim_itr)：使用一个定时器作为另一个定时器的预分频器,例如,定时器 1 可以配置为定时器 2 的预分频器。

② 控制器。

控制器包括从模式控制器、编码器接口和触发控制器。从模式控制器用于将输入的时钟信号转换为输出给预分频器 PSC 的时钟信号,并控制复位、使能、递增/递减、计数功能。编码器接口允许 STM32 定时器直接与旋转编码器连接,以便实现位置和速度测量等功能。通过编码器接口,定时器可以直接读取旋转编码器的脉冲信号,并将其转换为相应的位置或速度信息。这种功能通常用于需要对旋转运动进行精确控制和测量的应用,例如,机器人控制、电动机控制和位置反馈系统等。触发控制器用于生成触发信号 tim_trgo,可以触发其他外设。

③ 计数器与捕获/比较寄存器。

计数器(CNT)和捕获/比较寄存器之间存在着密切的功能关系。

计数器用于依靠输入特定频率的时钟来记录定时器的计数值,它是一个递增或递减的计数器。

捕获操作通常涉及将捕获寄存器的值与计数器的当前值相关联,以记录外部事件发生时的计数器值。由于计数器的值是按照特定频率增加的,所以通过记录捕获事件时的计数器的值,可以精确测量事件的发生时间。

计数器与比较寄存器也有密切的关系。比较寄存器用于与计数器的当前值进行比较,并在匹配时触发相关的事件。通过配置比较寄存器的值,可以实现定时器的输出比较功能,例如,产生 PWM 输出、定时器中断触发等。比较操作可以基于计数器的当前值和比较寄存器中的预设值来决定何时触发相应的事件。

④ 输入捕获。

输入捕获可以测量输入引脚上的脉冲信号的频率、高低电平的持续时间、脉冲计数等。它通过记录外部引脚上发生的上升沿或下降沿所对应的计数值来计算时间差。详细介绍参见 9.5 节。

⑤ 输出比较。

输出比较通常比较定时器的计数器值与一个预设的比较值,根据比较结果产生相应的输出。输出比较通常有两种模式:单边沿比较和双边沿比较。在单边沿比较模式下,当定时器的计数器值与比较值相等时,输出触发一次。在双边沿比较模式下,当计数器值小于或等于比较值时,输出为低电平;当计数器值大于比较值时,输出为高电平(也可设置为相反状态)。比较结果还可以触发一些操作,如输出触发、中断请求等。输出比较功能在许多应用中都很常见,如 PWM(脉冲宽度调制)、电动机控制、LED 灯亮度控制等。后面的章节会详细介绍输出比较的功能。

⑥ 中断请求和 DMA 接口。

TIM2/TIM3/TIM4/TIM5 能够产生更新中断、捕获/比较中断、触发中断、索引中断、方向改变中断等。

TIM2/TIM3/TIM4/TIM5 能够通过定时器更新事件、捕获/比较、触发生成 DMA 请求。

通过设置 TIMx_DIER 寄存器,可以配置使能的中断和 DMA 请求。

9.3.3　通用定时器的寄存器

通用时器的寄存器非常多,下面介绍一些常用的寄存器。

1. TIMx 控制寄存器 1(TIMx_CR1)(x＝2～5)(见图 9.3)

15	14	13	12	11	10	9	8	7	6	5	4	3	2	1	0
Res.	Res.	Res.	DITH EN	UIFRE MAP	Res.	CKD[1:0]		ARPE	CMS[1:0]		DIR	OPM	URS	UDIS	CEN
			rw	rw		rw	rw	rw	rw	rw	rw	rw	rw	rw	rw

位 12	DITHEN：抖动模式使能
	0：抖动失能
	1：抖动使能
位 9:8	CKD[1:0] ：时钟分频
	这个位字段表示定时器时钟（tim_ker_ck）频率和用于死区生成器和数字滤波器（tim_etr_in、tim_tix）的死区和采样时钟（t_{DTS}）之间的分频比
	00：$t_{DTS}=t_{tim\_ker\_ck}$
	01：$t_{DTS}=2\times t_{tim\_ker\_ck}$
	10：$t_{DTS}=4\times t_{tim\_ker\_ck}$
	11：保留
位 7	ARPE：用于控制自动重载寄存器（ARR）的预装载功能。当ARPE位被使能时，ARR寄存器的新值在定时器不会立即生效，而是等到下一个定时器更新事件发生时才被加载，从而确保定时器的自动重载操作在一个完整的定时周期结束之后才生效
	0：TIMx_ARR寄存器没有被缓冲，即新的自动重载值可以立即生效，而不需要等待下一个定时器更新事件
	1：TIMx_ARR寄存器被缓冲，即新的自动重载值不会立即生效，而是在下一个定时器更新事件时才被加载
位 6:5	CMS[1:0]：中心对齐模式选择
	00：边沿对齐模式。计数器根据方向位（DIR）的设置而递增或递减
	01：中心对齐模式1。计数器交替地向上和向下计数。仅当计数器向下计数时，已配置为输出的通道（在TIMx_CCMRx寄存器中CCxS=00）的输出比较中断标志才会被设置
	10：中心对齐模式2。计数器交替地向上和向下计数。仅当计数器向上计数时，已配置为输出的通道（在TIMx_CCMRx寄存器中CCxS=00）的输出比较中断标志才会被设置
	11：中心对齐模式3。计数器交替地向上和向下计数。无论计数器是向上计数还是向下计数，已配置为输出的通道（在TIMx_CCMRx寄存器中CCxS=00）的输出比较中断标志都会被设置
位 4	DIR：方向
	0：计数器用作向上计数器
	1：计数器用作向下计数器
位 3	OPM：单脉冲模式(One-pulse mode)
	0：计数值不会在发生更新事件时停止
	1：计数器会在下一次更新事件时停止（清零CEN位）
位 2	URS：更新请求源
	这个位由软件设置和清除，用于选择UEV事件的来源
	0：以下任何事件如果发生，则会产生更新中断或DMA请求。这些事件可以是： • 计数器溢出/下溢 • 设置UG位 • 通过从模式控制器生成更新
	1：只有计数器溢出/下溢在启用时才会生成更新中断或DMA请求
位 1	UDIS：更新失能
	这个位由软件设置和清除，用于启用/禁用UEV事件的生成
	0：UEV启用。更新（UEV）事件由以下事件之一触发： • 计数器溢出/下溢 • 设置UG位 • 通过从模式控制器生成更新 然后，缓冲寄存器将使用它们的预装载值进行加载
	1：UEV禁用。不会生成更新事件，影子寄存器保持它们的值（ARR、PSC、CCRx）。但是，如果设置了UG位或从模式控制器收到硬件复位，则计数器和预分频器将被重新初始化
位 0	CEN：计数器使能
	0：计数器失能
	1：计数器使能

图 9.3　TIMx 控制寄存器 1(TIMx_CR1)

2. TIMx 捕获/比较使能寄存器(TIMx_CCER)(x＝2～5)

捕获/比较使能寄存器,用于配置定时器通道的使能状态和极性,如图 9.4 所示。每个定时器通道都有一个对应的比较/捕获使能位,可以通过设置 TIMx_CCER 寄存器来启用或禁用特定通道的比较/捕获功能。TIMx_CCER 寄存器还允许配置每个通道的输入或输出极性。

15	14	13	12	11	10	9	8	7	6	5	4	3	2	1	0
CC4NP	Res.	CC4P	CC4E	CC3NP	Res.	CC3P	CC3E	CC2NP	Res.	CC2P	CC2E	CC1NP	Res.	CC1P	CC1E
rw		rw	rw	rw		rw	rw	rw		rw	rw	rw		rw	rw

图 9.4　TIMx 捕获/比较使能寄存器(TIMx_CCER)

3. TIMx 捕获/比较寄存器 1 (TIMx_CCR1)(x＝2～5)(见图 9.5)

31	30	29	28	27	26	25	24	23	22	21	20	19	18	17	16
							CCR1[31:16]								
rw	rw	rw	rw	rw	rw	rw	rw	rw	rw	rw	rw	rw	rw	rw	rw
15	14	13	12	11	10	9	8	7	6	5	4	3	2	1	0
							CCR1[15:0]								
rw	rw	rw	rw	rw	rw	rw	rw	rw	rw	rw	rw	rw	rw	rw	rw

位 31:0	CCR1[31:0]：捕获/比较1的值
	如果通道CC1被配置为输出：CCR1是要加载到实际捕获/比较1寄存器(预加载值)中的值。如果在TIMx_CCMR1寄存器中未选择预加载功能(OC1PE位),则它会永久加载。否则,当发生更新事件时,预加载值将被复制到活动捕获/比较1寄存器中 活动捕获/比较寄存器包含要与计数器TIMx_CNT进行比较并在tim_oc1输出上进行信号传递的值 非抖动模式(DITHEN＝0)时,该寄存器保存比较值。 抖动模式(DITHEN＝1)时,该寄存器在CCR1[31:4]中保存整数部分。 CCR1[3:0]位字段包含抖动部分 如果通道CC1被配置为输入：CR1是由最后一个输入捕获1事件(tim_ic1)传输的计数器值。 TIMx_CCR1寄存器是只读的,不能被编程 非抖动模式(DITHEN＝0)时,该寄存器保存捕获值 抖动模式(DITHEN＝1)时,该寄存器在CCR1[31:0]中保存捕获值。CCR1[3:0]位被重置

图 9.5　TIMx 捕获/比较寄存器 1(TIMx_CCR1)

4. TIMx 计数器(TIMx_CNT)(x＝2～5)(见图 9.6)

31	30	29	28	27	26	25	24	23	22	21	20	19	18	17	16
UIF CPY_ CNT [31]							CNT[30:16]								
rw	rw	rw	rw	rw	rw	rw	rw	rw	rw	rw	rw	rw	rw	rw	rw
15	14	13	12	11	10	9	8	7	6	5	4	3	2	1	0
							CNT[15:0]								
rw	rw	rw	rw	rw	rw	rw	rw	rw	rw	rw	rw	rw	rw	rw	rw

位 31	UIFCPY_CNT：值取决于TIMx_CR1寄存器中的IUFREMAP
	如果IUFREMAP=0 CNT[31]：计数值的最高有效位
	如果IUFREMAP=1 UIFCPY：UIF备份 此位为TIMx_ISR寄存器中的UIF的只读备份
位 30:0	CNT[30:0]：计数值的低有效位
	非抖动模式(DITHEN＝0) 该寄存器保存计数器值 抖动模式(DITHEN＝1) 该寄存器仅保存在CNT[30:0]中的非抖动部分,分数部分不可用

图 9.6　TIMx 计数器(TIMx_CNT)

5. TIMx 预分频器（TIMx_PSC）（x＝2～5）（见图 9.7）

15	14	13	12	11	10	9	8	7	6	5	4	3	2	1	0
						PSC[15:0]									
rw	rw	rw	rw	rw	rw	rw	rw	rw	rw	rw	rw	rw	rw	rw	rw

位15:0	PSC[15:0]：预分频值
	计数器时钟频率（$f_{tim\_cnt\_ck}$）等于$f_{tim\_psc\_ck}$/（PSC [15:0] + 1）。
	PSC包含要在每次更新事件（包括当计数器通过TIMx_EGR寄存器的UG位更新或通过触发器
	控制器在"复位模式"下清零时）加载到活动分频器寄存器中的值

图 9.7　TIMx 预分频器（TIMx_PSC）

6. TIMx 自动重载寄存器（TIMx_ARR）（x＝2～5）（见图 9.8）

31	30	29	28	27	26	25	24	23	22	21	20	19	18	17	16
							ARR[31:16]								
rw	rw	rw	rw	rw	rw	rw	rw	rw	rw	rw	rw	rw	rw	rw	rw

15	14	13	12	11	10	9	8	7	6	5	4	3	2	1	0
							ARR[15:0]								
rw	rw	rw	rw	rw	rw	rw	rw	rw	rw	rw	rw	rw	rw	rw	rw

位19:0	ARR[31:0]：自动重载值
	ARR是要加载到实际自动重载寄存器中的值
	当自动重载值为零时，计数器被阻塞
	非抖动模式（DITHEN = 0）时，该寄存器保存自动重载值
	抖动模式（DITHEN = 1）时，该寄存器的ARR [31:4]位字段保存整数部分，ARR [3:0]位字段
	包含抖动部分

图 9.8　TIMx 自动重载寄存器（TIMx_ARR）

视频讲解

9.4　计数模式

由于定时是依靠计数实现的，因此计数模式是定时器最基本的模式。下面介绍基本定时器的计数模式。

9.4.1　计数原理

当向上计数时，计数器从 0 开始计数，一直计数到自动重装值（TIMx_ARR 寄存器的内容），然后从 0 重新开始，并生成计数器溢出事件。更新事件可以在每次计数器溢出时生成，或者通过设置 TIMx_EGR 寄存器中的 UG 位来生成。

更新事件（UEV 事件）可以通过在 TIMx_CR1 寄存器中设置 UDIS 位来由软件禁用，这样可以在将新值写入预装寄存器时避免更新影子寄存器。

当发生更新事件时，所有寄存器都会更新，并设置更新标志（TIMx_SR 寄存器中的 UIF 位）（取决于 URS 位）：

- 预分频器的缓冲区会重新加载预装值（TIMx_PSC 寄存器的内容）。
- 自动重装影子寄存器会使用预装值进行更新（TIMx_ARR）。

图 9.9 显示了在 TIMx_ARR＝0x36，分频系数为 2（PSC＝1）、向上计数时的时序：

从图 9.9 中可以看到，当 CEN 为 1 时，使能了计数器，tim_psc_ck 的时钟会经过分频器分频给 tim_cnt_ck，分频系数为 2。这样，tim_cnt_ck 上每产生一个时钟（tim_psc_ck 上为两个时钟），计数器（TIMx_CNT）会加 1。当 TIMx_CNT 中的值等于 TIMx_ARR 的值时，

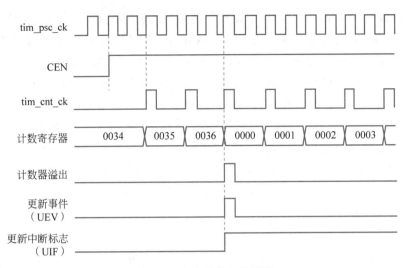

图 9.9　向上计数时的时序

会产生计数器溢出事件和更新事件,此时会更新 TIMx_CNT 中的值为 0,并可产生更新中断。

需要注意的是,TIMx_ARR 中的值为 0x36,由于计数器从 0 开始,因此实际计的个数为 $0 \times 36 + 1 = 0 \times 37$。

9.2.2 节在介绍基本定时器的内部架构时提到自动重载寄存器是一个影子寄存器,当为 TIMx_ARR 写入新的值时,其值是否会立即起作用取决于 ARPE 这个位。当 ARPE=0 时,向 TIMx_ARR 写入新值会立即将当前的溢出值改为新值;当 ARPE=1 时,向 TIMx_ARR 写入新值后,会在下一次更新事件发生后才将这个值写入影子寄存器中产生作用。

9.4.2　计数模式的 STM32CubeMX 配置

打开 STM32U575 的 TIM6 定时器配置界面,选择 Activated 后,可以在 Configuration 中出现配置选项,如图 9.10 所示。

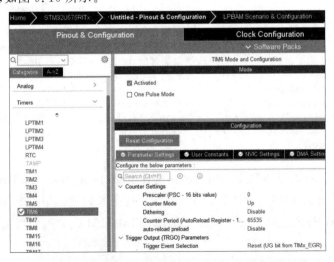

图 9.10　定时器计数模式的 STM32CubeMX 配置页面

Prescaler(PSC-16 bits value)用于设置分频系数,其值应为实际要分频的数减 1,即寄存器值 PSC[15:0]+1 才是实际的分频数。这在寄存器 TIMx_PSC 中进行了说明。

Counter Mode 用于设置向上计数或向下计数(这里只能选向上计数)。

Dithering(抖动)可用来增加时间基准的有效分辨率。其操作原理是在几个连续的计数周期内,根据预定义的模式,在有的周期内略微更改实际的 ARR 值(添加或不添加一个计时器时钟周期)。这样利用这几个计数周期平均下来的效果相当于增加了分辨率。这在定时器用作触发器(通常用于 DAC)时非常有用。

Counter Period(AutoReload Register…)为计数值,实际的计数次数为 ARR+1。

auto-reload preload 用于配置 ARPE 这个位,从而设置写入的预装载值立即生效或发生下一个更新事件时生效。

Trigger Event Selection 用于设置触发输出(tim_trgo)的来源。可以为 TIMx_EGR 中的 UG 位触发、CEN 控制位写入时触发、更新事件触发。可用于同步从定时器或其他外设。

在 NVIC Settings 中,可使能定时器中断。

9.4.3 计数模式的 HAL 库函数

1. TIM 初始化函数 HAL_TIM_Base_Init

函数原型:HAL_StatusTypeDef HAL_TIM_Base_Init(TIM_HandleTypeDef * htim)

函数作用:将 TIM 定时器的时基单元根据 TIM_HandleTypeDef 中指定的参数进行初始化,并初始化相关联的句柄。

函数形参:

htim 指向包含对应 TIM 定时器配置信息的 TIM_HandleTypeDef 结构体。

返回值:HAL 状态。

结构体 TIM_HandleTypeDef 的定义如下:

```
typedef struct
{
  TIM_TypeDef                         * Instance;        /*!< 寄存器基址 */
  TIM_Base_InitTypeDef                Init;              /*!< TIM 时基参数 */
  HAL_TIM_ActiveChannel               Channel;           /*!< 活动通道 */
  DMA_HandleTypeDef                   * hdma[7];          /*!< DMA 句柄数组
                                      该数组通过@ref DMA_Handle_index 访问 */
  HAL_LockTypeDef                     Lock;              /*!< 锁定对象 */
  __IO HAL_TIM_StateTypeDef           State;             /*!< TIM 运行状态 */
  __IO HAL_TIM_ChannelStateTypeDef    ChannelState[6];   /*!< TIM 通道状态 */
  __IO HAL_TIM_ChannelStateTypeDef    ChannelNState[4];  /*!< TIM 互补通道状态 */
  __IO HAL_TIM_DMABurstStateTypeDef   DMABurstState;     /*!< DMA 突发运行状态 */
} TIM_HandleTypeDef;
```

该结构体中,TIM 时基参数 Init 所属的结构体类型 TIM_Base_InitTypeDef 成员如下:

Prescaler 用于定义 TIM 时钟计数的分频系数。这个参数可以是介于 Min_Data=0x0000 和 Max_Data=0xFFFF 之间的数字。宏__HAL_TIM_CALC_PSC()可用于计算预分频器 (Prescaler)的值。

CounterMode 用于设置计数模式,向上计数或向下计数。

Period 用于设置在下一次更新事件中加载到活动的自动重装载寄存器中的值。这个参数可以是介于 Min_Data＝0x0000 和 Max_Data＝0xFFFF 之间的数字（若启用了抖动模式 Max_Data＝0xFFEF）。

ClockDivision 用于设置用于输入/输出信号的时钟与系统时钟之间的分频系数，它不用来分频计数器。

RepetitionCounter 用于指定重复计数器值。每当 RCR（重复计数器）倒计数归零时，都会生成一个更新事件，并从 RCR 值(N)重新开始计数。定时器按照其配置的时钟频率进行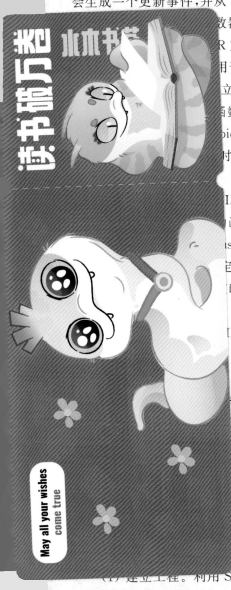数器完成一个完整的计数周期（从初始值计数到最大值或重载值），R 重复计数器就会递减一次。

用于控制定时器的自动重装载功能。其用于配置 ARPE 这个位，立即生效或下个更新事件时生效。

函数 **HAL_TIM_Base_MspInit**

oid HAL_TIM_Base_MspInit(TIM_HandleTypeDef ＊ htim)

时器时钟、配置中断。

IM 定时器配置信息的 TIM_HandleTypeDef 结构体。

函数 **HAL_TIM_Base_Start**

sTypeDef HAL_TIM_Base_Start(TIM_HandleTypeDef ＊ htim)

定时器的基本功能。这个函数通常用于初始化和启动一个定时时中断。

IM 定时器配置信息的 TIM_HandleTypeDef 结构体。

基本模式启动函数 **HAL_TIM_Base_Start_IT**

sTypeDef HAL_TIM_Base_Start_IT(TIM_HandleTypeDef ＊ htim)

次启动定时器。与 HAL_TIM_Base_Start 不同的是，HAL_TIM_器的基本功能的同时，还会使能定时器的中断功能，以便在定时

M 定时器配置信息的 TIM_HandleTypeDef 结构体。

Start_IT 来编写一个定时器中断程序的步骤如下：

(1) 建立工程。利用 STM32CubeMX 配置对应的定时器，并生成工程。生成的代码包括了初始化定时器参数、使能定时器时钟、使能中断等。

(2) 编写定时器中断回调函数。重新编写定时器中断的回调函数 HAL_TIM_PeriodElapsedCallback()。在这个回调函数中处理定时器中断触发时需要执行的任务。该回调函数是由中断处理函数 HAL_TIM_IRQHandler()调用的。

（3）启动定时器并使能中断。在主函数中调用 HAL_TIM_Base_Start_IT()函数启动定时器并使能中断功能。这样,定时器就会开始计数,并在定时器达到预设值时触发中断,执行定时器中断回调函数中的任务。

视频讲解

9.5 输入捕获模式

STM32 定时器的输入捕获功能允许在外部事件触发时捕获定时器的当前计数值,并将其存储在寄存器中,以便后续处理。输入捕获通常用于测量外部事件的时间间隔或脉冲的周期。本节介绍通用定时器的输入捕获模式。

9.5.1 输入捕获原理

假定定时器工作在向上计数模式,需要测量图 9.11 中 $t_1 \sim t_2$ 的低电平时间。

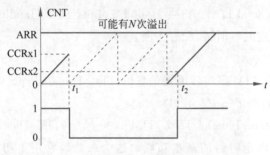

图 9.11　输入捕获时序

首先设置定时器通道 x 为下降沿捕获。捕获到下降沿后需要立即清零 CNT 并设置通道 x 为上升沿捕获,到 t_2 时刻又会产生捕获事件,得到此时的 CNT 值为 CCRx2。在 $t_1 \sim t_2$ 可能产生 N 次定时器溢出,因此需要对定时器溢出做处理,防止低电平太长导致数据不准确。$t_1 \sim t_2$ 计数的次数为:$N * \text{ARR} + \text{CCRx2}$。此数再依靠 CNT 计数频率即可计算低电平持续时间。

在输入捕获模式中,捕获/比较寄存器(TIMx_CCRx)用于在检测到相应 ICx 信号的转换后锁定计数器的值。ICx 信号是指与特定输入捕获通道相关联的输入信号,其中 x 是通道的数字标识符。当捕获事件发生时,相应的 CCxIF 标志(TIMx_SR 寄存器)被置位,并且如果中断或 DMA 请求被使能,它们可以被发送。如果在 CCxIF 标志已经置位的情况下再次发生捕获,那么该捕获标志 CCxOF(TIMx_SR 寄存器)被置位。CCxIF 标志可以通过软件写入 0 或通过读取存储在 TIMx_CCRx 寄存器中的捕获数据来清除。CCxOF 标志在写入 0 时被清除。

9.5.2 输入捕获模式的 STM32CubeMX 配置

下面以 TIM2 的通道 1 的输入捕获设置为例进行讲解,配置页面如图 9.12 所示。

Slave Mode 允许将一个定时器配置为另一个定时器的从设备。这在一些特定的定时器应用中非常有用,例如,可以将一个定时器配置为另一个定时器的触发源,以便在特定条

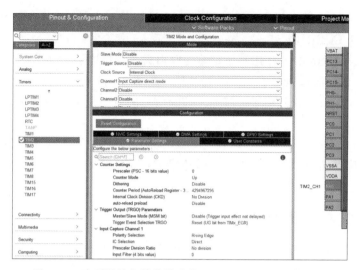

图 9.12 定时器输入捕获模式的 STM32CubeMX 配置页面

件下启动或停止定时器计数。

Trigger Source 用于指定何时启动或停止定时器的计数。这个设置通常与定时器的从模式(Slave mode)一起使用,用于确定触发从模式操作的条件。

Clock Source 用于指定定时器的时钟信号来源。其可来自内部时钟,也可来自外部引脚的时钟,如图 9.13 所示。

Channelx 用于配置不同通道的工作模式,如图 9.14 所示。

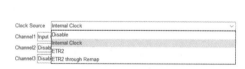

图 9.13 配置定时器的时钟信号来源

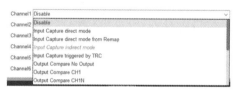

图 9.14 配置通道的工作模式

Prescaler(PSC-16 bits value)用于设置分频系数。时钟频率来自 Clock Source,分频的实际值为 PSC+1。

Counter Mode 为计数模式,可以设置为向上计数、向下计数或中心对齐模式。

Dithering 用于配置抖动模式。抖动模式可通过对连续几个周期的占空比进行微调来提高分辨率。

Counter Period(AutoReload Register...)用于设置重装载值,对应 TIMx_ARR 寄存器。

Internal Clock Division(CKD)用于设置定时器时钟(tim_ker_ck)频率和数字滤波器(tim_etr_in、tim_tix)使用的采样时钟之间的分频比,对应 TIMx_CR1 寄存器中的 CKD 位。

auto-reload preload 用于设置自动装载预装载是否使能。该选项对应 TIMx_CR1 寄存器中的 ARPE 位。当 ARPE 位被使能时,ARR 寄存器的新值在定时器不会立即生效,而是等到下一个定时器更新事件发生时才被加载,从而确保定时器的自动重载操作在一个完整的定时周期结束之后才生效。

Polarity Selection 用于设定捕获事件由上升沿还是下降沿触发,对应于 TIMx_CCER 寄存器中的 TIM_CCER_CCxP。

IC Selection 设置为 Direct 用于指定将定时器通道直接连接到某个特定的外部引脚,以进行输入捕获操作。该选项对应 TIMx_CCMR1 寄存器中的 CCxS 位。

Prescaler Division Ratio 用于设置输入捕获信号的分频系数。该选项对应 TIMx_CR1 寄存器中的 CKD 位。

Input Filter(4 bits value)用于配置定时器的输入捕获滤波器,从而消除输入信号中的噪声和抖动,以确保准确地捕获所需的信号边沿或电平。该选项对应 TIMx_CCMR1 寄存器中的 ICxF 位。

9.5.3 输入捕获模式的 HAL 库函数

在 HAL 库中,定时器的输入捕获涉及的函数提供了如下功能。
- 初始化并配置 TIM 输入捕获。
- 反初始化 TIM 输入捕获。
- 启动 TIM 输入捕获。
- 停止 TIM 输入捕获。
- 启动 TIM 输入捕获并使能中断。
- 停止 TIM 输入捕获并禁用中断。
- 启动 TIM 输入捕获并使能 DMA 传输。
- 停止 TIM 输入捕获并禁用 DMA 传输。

下面介绍几个常用的函数。

1. 输入捕获初始化函数 HAL_TIM_IC_Init

函数原型:HAL_StatusTypeDef HAL_TIM_IC_Init(TIM_HandleTypeDef * htim)

函数作用:根据 TIM_HandleTypeDef 中指定的参数初始化 TIM 输入捕获的时间基准,并初始化相关的句柄。

函数形参:

htim 指向包含对应 TIM 定时器配置信息的 TIM_HandleTypeDef 结构体。

返回值:HAL 状态。

2. 输入捕获开始函数 HAL_TIM_IC_Start

函数原型:HAL_StatusTypeDef HAL_TIM_IC_Start(TIM_HandleTypeDef * htim, uint32_t Channel)

函数作用:开始 TIM 输入捕获测量。

函数形参:

第一个参数指向包含对应 TIM 定时器配置信息的 TIM_HandleTypeDef 结构体。

第二个参数用于选择通道。

返回值:HAL 状态。

3. 输入捕获停止函数 HAL_TIM_IC_Stop

函数原型:HAL_StatusTypeDef HAL_TIM_IC_Stop(TIM_HandleTypeDef * htim, uint32_t Channel)

函数作用：停止 TIM 输入捕获测量。

函数形参：

第一个参数指向包含对应 TIM 定时器配置信息的 TIM_HandleTypeDef 结构体。

第二个参数用于选择通道。

返回值：HAL 状态。

4．中断模式下的输入捕获开始函数 HAL_TIM_IC_Start_IT

函数原型：HAL_StatusTypeDef HAL_TIM_IC_Start_IT(TIM_HandleTypeDef ∗ htim，uint32_t Channel)

函数作用：用中断模式开始 TIM 输入捕获测量。

函数形参：

第一个参数指向包含对应 TIM 定时器配置信息的 TIM_HandleTypeDef 结构体。

第二个参数用于选择通道。

返回值：HAL 状态。

5．中断模式下的输入捕获停止函数 HAL_TIM_IC_Stop_IT

函数原型：HAL_StatusTypeDef HAL_TIM_IC_Stop_IT(TIM_HandleTypeDef ∗ htim，uint32_t Channel)

函数作用：停止中断模式的 TIM 输入捕获测量。

函数形参：

第一个参数指向包含对应 TIM 定时器配置信息的 TIM_HandleTypeDef 结构体。

第二个参数用于选择通道。

返回值：HAL 状态。

6．DMA 模式下的输入捕获开始函数 HAL_TIM_IC_Start_DMA

函数原型：HAL_StatusTypeDef HAL_TIM_IC_Start_DMA(TIM_HandleTypeDef ∗ htim，uint32_t Channel，uint32_t ∗ pData，uint16_t Length)

函数作用：用 DMA 模式开始 TIM 输入捕获测量。

函数形参：

第一个参数指向包含对应 TIM 定时器配置信息的 TIM_HandleTypeDef 结构体。

第二个参数用于选择通道。

第三个参数为目标缓存地址。

第四个参数为从 TIM 外设到内存传输的数据长度。

返回值：HAL 状态。

7．DMA 模式下的输入捕获停止函数 HAL_TIM_IC_Stop_DMA

函数原型：HAL_StatusTypeDef HAL_TIM_IC_Stop_DMA(TIM_HandleTypeDef ∗ htim，uint32_t Channel)

函数作用：停止 DMA 模式的 TIM 输入捕获测量。

函数形参：

第一个参数指向包含对应 TIM 定时器配置信息的 TIM_HandleTypeDef 结构体。

第二个参数用于选择通道。

返回值：HAL 状态。

8. 捕获值读取函数 HAL_TIM_ReadCapturedValue

函数原型：uint32_t HAL_TIM_ReadCapturedValue(const TIM_HandleTypeDef * htim，uint32_t Channel)

函数作用：从捕获比较寄存器中读取捕获的值。

函数形参：

第一个参数指向包含对应 TIM 定时器配置信息的 TIM_HandleTypeDef 结构体。

第二个参数用于选择通道。

返回值：读取到的值。

视频讲解

9.6 输出比较模式

STM32 的输出比较模式是一种用于生成 PWM 信号或产生周期性脉冲的功能。通过输出比较模式，可以在定时器的输出引脚上产生具有可调节占空比的方波信号。

输出比较模式广泛应用于各种需要产生周期性脉冲或 PWM 信号的场合，如电动机控制、LED 亮度调节、数码管显示、无线通信等。在实时系统中，输出比较模式也常用于产生精确的时序信号，用于同步或触发其他设备或模块的操作。

9.6.1 输出比较原理

输出比较用于控制在一个引脚上输出的波形高低电平时间或指示经过了一个确定的时间而触发中断。

当输入/比较寄存器中的值和计数值匹配时，输出比较功能可实现如下功能：

- 将相应的输出引脚电平设置为由输出比较模式和输出极性（TIMx_CCER 寄存器中的 CCxP 位）共同决定的取值。
- 在中断状态寄存器中设置一个标志（TIMx_SR 寄存器中的 CCxIF 位）。
- 如果相应的中断屏蔽位被设置（TIMx_DIER 寄存器中的 CCxIE 位），则产生一个中断。
- 如果相应的使能位被设置（TIMx_DIER 寄存器中的 CCxDE 位，用于 DMA 请求选择的 TIMx_CR2 寄存器中的 CCDS 位），则发送一个 DMA 请求。

在输出比较模式下，更新事件 UEV 不会影响 tim_ocxref 和 tim_ocx 输出。

图 9.15 为输出比较模式下定时器控制输出电平的变化的示意图。

在图 9.15 中，自动重装载寄存器的值为 ARR，输入/捕获寄存器的值是 CCR，计数模式是向上计数。当 OCxM=011 时，每当计数值 CNT 等于比较值 CCR，输出的电平会发生翻转（OCxM=001 时只置为激活状态，OCxM=010 时只置为非激活状态，激活状态和非激活状态的电平由 CCxP 决定）。周期由 ARR 和计数频率设置。计数频率由输入的时钟频率和分频系数 PSC 设置。电平持续时间（占空比）由 CCR 设置。如果使能了相应的中断或 DMA 请求，则会在计数值等于 CCR 时产生中断或 DMA。

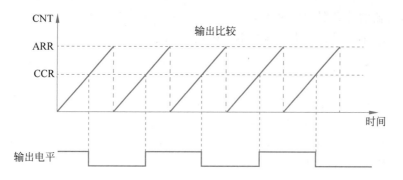

图 9.15　输出比较模式下定时器控制输出电平的变化

9.6.2　输出比较模式的 STM32CubeMX 配置

图 9.16 为输出比较模式的 STM32CubeMX 配置页面。在 STM32CubeMX 中,将通道设置为 Output Compare CH1 或 Out Compare No Output 即可设置为输出比较模式,区别为是否影响输出引脚的电平状态。在生成的代码中的区别为是否会调用 HAL_TIM_MspPostInit()函数初始化 GPIO 引脚为定时器功能复用模式。

图 9.16　输出比较模式的 STM32CubeMX 配置页面

Clear Input Source 用于指定清除定时器的输入源。在某些情况下,需要通过外部事件来清除定时器的计数器。

Mode 用于设置输出比较的工作模式,这对应 TIMx_CCMR1 寄存器的 OCxM 位。功能说明请见对应的寄存器。

Pulse(32 bits value)用于设置输出比较值 CCRx。

Output compare preload 用于设置自动重载寄存器的预装载功能。这对应 TIMx_CR1 寄存器中的 ARPE 位。当 ARPE 被使能时,更新定时器的重载值(自动重装载寄存器)将被推迟,直到定时器的计数器溢出时才会发生。

CH Polarity 用于设置输出引脚的电平极性。

9.6.3 输出比较模式的 HAL 库函数

HAL 库的定时器输出比较涉及的函数功能包括:
- 初始化并配置 TIM 输出比较功能。
- 反初始化 TIM 输出比较功能。
- 启动 TIM 输出比较功能。
- 停止 TIM 输出比较功能。
- 启动 TIM 输出比较功能并启用中断。
- 停止 TIM 输出比较功能并禁用中断。
- 启动 TIM 输出比较功能并启用 DMA 传输。
- 停止 TIM 输出比较功能并禁用 DMA 传输。

下面介绍几个常用的函数:

1. 输出比较初始化函数 HAL_TIM_OC_Init

函数原型:HAL_StatusTypeDef HAL_TIM_OC_Init(TIM_HandleTypeDef * htim)

函数作用:根据 TIM_HandleTypeDef 中指定的参数初始化 TIM 输出比较功能,并初始化相关的句柄。

函数形参:

htim 指向包含对应 TIM 定时器配置信息的 TIM_HandleTypeDef 结构体。

返回值:HAL 状态。

2. 输出比较开始函数 HAL_TIM_OC_Start

函数原型:HAL_StatusTypeDef HAL_TIM_OC_Start(TIM_HandleTypeDef * htim,uint32_t Channel)

函数作用:开始 TIM 输出比较信号生成。

函数形参:

第一个参数指向包含对应 TIM 定时器配置信息的 TIM_HandleTypeDef 结构体。

第二个参数用于选择通道。

返回值:HAL 状态。

3. 输出比较停止函数 HAL_TIM_OC_Stop

函数原型:HAL_StatusTypeDef HAL_TIM_OC_Stop(TIM_HandleTypeDef * htim,uint32_t Channel)

函数作用:停止 TIM 输出比较信号生成。

函数形参:

第一个参数指向包含对应 TIM 定时器配置信息的 TIM_HandleTypeDef 结构体。

第二个参数用于选择通道。

返回值:HAL 状态。

4. 中断模式下的输出比较开始函数 HAL_TIM_OC_Start_IT

函数原型：HAL_StatusTypeDef HAL_TIM_OC_Start_IT（TIM_HandleTypeDef ＊ htim，uint32_t Channel）

函数作用：开始带中断模式的 TIM 输出比较信号生成。

函数形参：

第一个参数指向包含对应 TIM 定时器配置信息的 TIM_HandleTypeDef 结构体。

第二个参数用于选择通道。

返回值：HAL 状态。

5. 中断模式下的输出比较停止函数 HAL_TIM_OC_Stop_IT

函数原型：HAL_StatusTypeDef HAL_TIM_OC_Stop_IT（TIM_HandleTypeDef ＊ htim，uint32_t Channel）

函数作用：停止带中断模式的 TIM 输出比较信号生成。

函数形参：

第一个参数指向包含对应 TIM 定时器配置信息的 TIM_HandleTypeDef 结构体。

第二个参数用于选择通道。

6. DMA 模式下的输出比较开始函数 HAL_TIM_OC_Start_DMA

函数原型：HAL_StatusTypeDef HAL_TIM_OC_Start_DMA（TIM_HandleTypeDef ＊ htim，uint32_t Channel，const uint32_t ＊ pData，uint16_t Length）

函数作用：用 DMA 模式开始 TIM 输出比较信号生成。

函数形参：

第一个参数指向包含对应 TIM 定时器配置信息的 TIM_HandleTypeDef 结构体。

第二个参数用于选择通道。

第三个参数为源缓存地址。

第四个参数为从内存传递给 TIM 外设的数据长度。

返回值：HAL 状态。

7. DMA 模式下的输出比较停止函数 HAL_TIM_OC_Stop_DMA

函数原型：HAL_StatusTypeDef HAL_TIM_OC_Stop_DMA（TIM_HandleTypeDef ＊ htim，uint32_t Channel）

函数作用：停止 DMA 模式的 TIM 输出比较信号生成。

函数形参：

第一个参数指向包含对应 TIM 定时器配置信息的 TIM_HandleTypeDef 结构体。

第二个参数用于选择通道。

9.7　PWM 模式

视频讲解

在 STM32 微控制器中，定时器 TIM 模块支持多种 PWM 模式，用于生成周期性的脉冲信号。

PWM(Pulse Width Modulation，脉冲宽度调制)是一种用数字信号来模拟模拟信号的技术。它通过调节脉冲信号的宽度来控制输出信号的平均功率，常用于控制电子设备中的电动机速度、LED亮度调节、音频信号发生器等应用。

PWM信号是由一系列周期性的脉冲组成的,每个脉冲的宽度可以根据需要调节。脉冲的宽度决定了信号的平均功率,因此通过改变脉冲宽度可以控制输出设备的响应效果。

PWM信号具有如下特点。

- 周期性:PWM信号是周期性的,即在固定的时间间隔内重复发生。
- 脉冲宽度可调:通过调节脉冲的宽度,可以改变输出信号的平均功率。

图 9.17 PWM 波形

PWM 波形如图 9.17 所示。

频率:1秒内产生的周期脉冲的数量。

占空比:PWM信号的占空比是指脉冲的宽度与周期的比值,用来描述信号的高电平占据周期的比例。占空比越大,平均功率就越大。

例如,一个PWM信号的周期是10ms,脉宽时间是8ms,占空比就是80%。

在基本PWM模式下,定时器的通道输出一个简单的PWM信号,通过设置比较寄存器TIMx_CCRx的值来控制脉冲的宽度。定时器的计数器从0开始计数,当计数器值小于比较寄存器的值时,输出为高电平;当计数器值大于或等于比较寄存器的值时,输出为低电平(也可设置为相反的极性)。

高级PWM模式提供了更多的灵活性和功能,如组合三相PWM模式(Combined 3-phase PWM Mode)、互补输出模式(Complementary Output Mode)等。这些模式允许生成更复杂的PWM波形。这些模式还可以在PWM周期的中间产生中断,以执行某些特定的任务。

下面介绍基本的PWM模式。

9.7.1 STM32 的 PWM 模式

脉冲宽度调制模式用于生成一个信号,其频率由 TIMx_ARR 寄存器的值确定,占空比由 TIMx_CCRx 寄存器的值确定。

1. PWM 边沿对齐模式

在边沿对齐模式中,分为向上计数和向下计数模式。

1) 向上计数模式

当 TIMx_CR1 寄存器中的 DIR 位为 0 时,使能递增计数。

考虑 PWM 模式 1。PWM 信号 tim_ocxref 在 TIMx_CNT<TIMx_CCRx 时为高电平,否则变为低电平。如果 TIMx_CCRx 中的比较值大于自动重载值 TIMx_ARR,则 tim_ocxref 保持为 1。如果比较值为 0,则 tim_ocxref 保持为 0。图 9.18 显示了一些边沿对齐的 PWM 波形,在该示例中 TIMx_ARR=8。

从图 9.18 中可以看到,当计数值小于 CCRx 时,PWM 输出信号 tim_ocxref 上的电平为高电平,大于或等于 CCRx 时,为低电平。发生更新事件后,PWM 输出信号 tim_ocxref 又会因为计数值小于 CCRx 而变为高电平。这样,该信号的周期是计数 ARR+1=9 个数的时间,占空比是 CCRx/(ARR+1)。CCxIF 为捕获/比较中断标志,当计数值和比较值一致时变为 1。

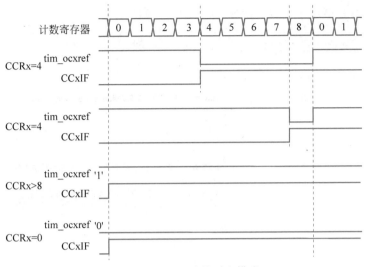

图 9.18　PWM 边沿对齐模式

2）向下计数模式

当 TIMx_CR1 寄存器中的 DIR 位为高时,使能向下计数模式。

在 PWM 模式 1 中,当 TIMx_CNT>TIMx_CCRx 时,参考信号 tim_ocxref 为低电平,否则为高电平。如果 TIMx_CCRx 中的比较值大于 TIMx_ARR 中的自动重载值,则 tim_ocxref 始终为高电平。

2. PWM 中心对齐模式

当 TIMx_CR1 寄存器中的 CMS 位不等于'00'时,中心对齐模式处于活动状态(所有其余配置对 tim_ocxref/tim_ocx 信号具有相同的影响)。比较标志在计数器向上计数、向下计数或根据 CMS 位配置向上计数和向下计数时设置。TIMx_CR1 寄存器中的方向位(DIR)由硬件更新,不得由软件更改。

图 9.19 显示了一个中心对齐的 PWM 波形示例。其中,TIMx_ARR=8,PWM 模式是 PWM 模式 1。

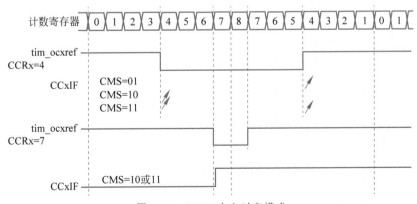

图 9.19　PWM 中心对齐模式

从图 9.19 中可以看出,在中心对齐模式下,计数寄存器中的数会从 0 加到 TIMx_ARR 的值,然后再从此值减小到 0。当比较值 CCRx=4 时,如果当前计数值大于或等于 4,则 PWM 输出信号 tim_ocxref 为低电平,否则为高电平。因此,TIMx_ARR 可用于设置一个周期的时长,CCRx可用于设置占空比。

9.7.2 PWM 的 STM32CubeMX 配置

PWM 的 STM32CubeMX 配置页面如图 9.20 所示。

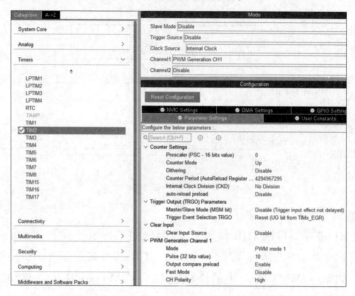

图 9.20 PWM 的 STM32CubeMX 的配置页面

Mode 用于配置 PWM 的模式,如 PWM 模式 1、PWM 模式 2、组合 PWM 模式、非对称 PWM 模式等。

Pulse(32 bits value)用于配置比较值,对应于 CCRx。

Output compare preload 用于设置自动重载寄存器的预装载功能。这对应 TIMx_CR1 寄存器中的 ARPE 位。当 ARPE 被使能时,更新定时器的重载值(自动重装载寄存器)将被推迟,直到定时器的计数器溢出时才会发生。

Fast Mode 减少了触发事件和定时器输出上的转换之间的延迟。它必须在单脉冲模式下使用(TIMx_CR1 寄存器中设置了 OPM 位),以便在启动触发后尽快开始输出脉冲。该选项对应 TIMx_CCMR 寄存器中的 OC1FE 位。

CH Polarity 用于设置输出的电平极性。

9.7.3 PWM 的 HAL 库函数

HAL 库的 PWM 相关函数可以实现的功能有:

- 初始化和配置 TIM PWM。
- 取消初始化 TIM PWM。
- 启动 TIM PWM。
- 停止 TIM PWM。
- 启动 TIM PWM 并启用中断。
- 停止 TIM PWM 并禁用中断。
- 启动 TIM PWM 并启用 DMA 传输。

- 停止 TIM PWM 并禁用 DMA 传输。

下面介绍几个常用的函数：

1. PWM 初始化函数 HAL_TIM_PWM_Init

函数原型：HAL_StatusTypeDef HAL_TIM_PWM_Init(TIM_HandleTypeDef * htim)

函数作用：根据 TIM_HandleTypeDef 中指定的参数初始化 TIM 的 PWM 功能，并初始化相关的句柄。

函数形参：

htim 指向包含对应 TIM 定时器配置信息的 TIM_HandleTypeDef 结构体。

返回值：HAL 状态。

2. PWM 开始函数 HAL_TIM_PWM_Start

函数原型：HAL_StatusTypeDef HAL_TIM_PWM_Start(TIM_HandleTypeDef * htim，uint32_t Channel)

函数作用：开始 PWM 信号生成。

函数形参：

第一个参数指向包含对应 TIM 定时器配置信息的 TIM_HandleTypeDef 结构体。

第二个参数用于选择通道。

返回值：HAL 状态。

3. PWM 停止函数 HAL_TIM_PWM_Stop

函数原型：HAL_StatusTypeDef HAL_TIM_PWM_Stop(TIM_HandleTypeDef * htim，uint32_t Channel)

函数作用：停止 PWM 信号生成。

函数形参：

第一个参数指向包含对应 TIM 定时器配置信息的 TIM_HandleTypeDef 结构体。

第二个参数用于选择通道。

返回值：HAL 状态。

4. 中断模式下的 PWM 开始函数 HAL_TIM_PWM_Start_IT

函数原型：HAL_StatusTypeDef HAL_TIM_PWM_Start_IT(TIM_HandleTypeDef * htim，uint32_t Channel)

函数作用：开始带中断模式的 PWM 信号生成。

函数形参：

第一个参数指向包含对应 TIM 定时器配置信息的 TIM_HandleTypeDef 结构体。

第二个参数用于选择通道。

返回值：HAL 状态。

5. 中断模式下的 PWM 停止函数 HAL_TIM_PWM_Stop_IT

函数原型：HAL_StatusTypeDef HAL_TIM_PWM_Stop_IT(TIM_HandleTypeDef * htim，uint32_t Channel)

函数作用：停止带中断模式的 PWM 信号生成。

函数形参：

第一个参数指向包含对应 TIM 定时器配置信息的 TIM_HandleTypeDef 结构体。

第二个参数用于选择通道。

返回值：HAL 状态。

6. DMA 模式下的 PWM 开始函数 HAL_TIM_PWM_Start_DMA

函数原型：HAL_StatusTypeDef HAL_TIM_PWM_Start_DMA(TIM_HandleTypeDef * htim，uint32_t Channel，const uint32_t * pData，uint16_t Length)

函数作用：用 DMA 模式开始 PWM 信号生成。

函数形参：

第一个参数指向包含对应 TIM 定时器配置信息的 TIM_HandleTypeDef 结构体。

第二个参数用于选择通道。

第三个参数为源缓存地址。

第四个参数为从内存传递给 TIM 外设的数据长度。

返回值：HAL 状态。

7. DMA 模式下的 PWM 停止函数 HAL_TIM_PWM_Stop_DMA

函数原型：HAL_StatusTypeDef HAL_TIM_PWM_Stop_DMA(TIM_HandleTypeDef * htim，uint32_t Channel)

函数作用：停止 DMA 模式的 PWM 信号生成。

函数形参：

第一个参数指向包含对应 TIM 定时器配置信息的 TIM_HandleTypeDef 结构体。

第二个参数用于选择通道。

返回值：HAL 状态。

视频讲解

9.8 实验：基于基本定时器的翻转 LED 指示灯

9.8.1 应用场景及目的

定时器的基本功能是定时，这是通过按照一定的频率进行计数实现的。本实验让基本定时器 1 秒钟产生一个中断，在中断服务程序中改变核心板上 D1 处的 LED 灯的亮灭状态。

本实验对应的例程为 17-1_STM32U575_TIMx_LED。

9.8.2 原理图

通过观察核心板原理图可知，D1 处的 LED 灯连接到了 PC13 引脚上，并且在 PC13 为高电平时导通，如图 9.21 所示。

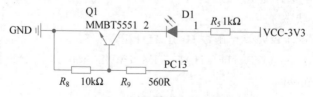

图 9.21　D1 处的 LED 原理图

因此 PC13 需要被配置为推挽输出模式，初始状态为低电平。

9.8.3 程序配置

打开 STM32CubeMX,选择对应的芯片型号,新建一个工程。

连接 D1 处 LED 灯的 PC13 需要被配置为推挽输出模式,初始状态为低电平。

然后需要配置基本定时器 TIM6。根据前文基本定时器 TIM6 的内部原理图可知其时钟来源于 tim_pck,即 APB 总线的时钟。而 STM32U575 有 3 个 APB 总线,TIM6 具体位于哪一个呢?这需要通过看外设的内存映射来了解,如图 9.22 所示。

通过观察内存映射可以知道 TIM6 位于 APB1 总线上,因此需要配置 APB1 总线的时钟,并依据该时钟频率配置 TIM6 的分频系数和重装载值。

首先配置时钟。在 Clock Configuration 页面,在 HCLK 处输入 160 后按回车键,即可让软件自动计算各时钟线的时钟来源和分频系数,如图 9.23 所示。

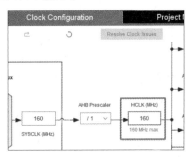

图 9.22 TIM6 外设的内存映射   图 9.23 配置 HCLK 频率

设置完成后可以看到 APB1 总线的时钟也为 160MHz。

然后使能 TIM6 定时器,并将 Prescaler 预分频值设置为 16000-1(因为实际的分频值为 PSC+1),将自动重装载值 ARR 设置为 10000-1(因为实际的计数为 ARR+1),如图 9.24 所示。

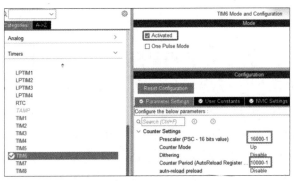

图 9.24 配置 TIM6 定时器

这样可以实现 1 秒钟产生一次更新事件。计算方式如下: 更新时间＝APB1 时钟频率/(PSC+1)/(ARR+1)。

因为要在更新中断中翻转 LED 引脚的电平,所以需要使能 TIM6 的中断,如图 9.25 所示。

在 NVIC 页面的 Code generation 标签页里,可以看到 TIM6 global interrupt 的使能和中断处理函数生成选项已被选中,如图 9.26 所示。

图 9.25 使能 TIM6 的中断

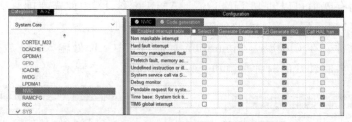

图 9.26 NVIC 页面的 Code generation 标签页

配置英文工程目录 Toolchain/MDK,设置为复制必要的文件,分别生成.c/.h 文件后,生成并打开工程。

在工程的 stm32u5xx_it.c 文件中,可以看到已经生成了 TIM6_IRQHandler()。这个函数用于处理 TIM6 的所有中断。该函数又调用了 HAL_TIM_IRQHandler(),通过引入 TIM6 的句柄来详细分析中断来源并调用对应的回调函数。在 HAL_TIM_IRQHandler() 函数中,可以看到当发生定时器更新事件时,会调用 HAL_TIM_PeriodElapsedCallback() 回调函数,如图 9.27 所示。

```
     main.c    stm32u5xx_it.c    stm32u5xx_hal_tim.c
3967        )
3968            htim->Channel = HAL_TIM_ACTIVE_CHANNEL_CLEARED;
3969        }
3970    }
3971    /* TIM Update event */
3972    if (__HAL_TIM_GET_FLAG(htim, TIM_FLAG_UPDATE) != RESET)
3973    {
3974        if (__HAL_TIM_GET_IT_SOURCE(htim, TIM_IT_UPDATE) != RESET)
3975        {
3976            __HAL_TIM_CLEAR_IT(htim, TIM_IT_UPDATE);
3977 #if (USE_HAL_TIM_REGISTER_CALLBACKS == 1)
3978            htim->PeriodElapsedCallback(htim);
3979 #else
3980            HAL_TIM_PeriodElapsedCallback(htim);
3981 #endif    /* USE_HAL_TIM_REGISTER_CALLBACKS */
3982        }
3983    }
3984    /* TIM Break input event */
3985    if (__HAL_TIM_GET_FLAG(htim, TIM_FLAG_BREAK) != RESET)
3986    {
```

图 9.27 HAL_TIM_PeriodElapsedCallback()回调函数调用位置

该回调函数为一个弱函数,需要重新定义一下,从而在里面编写想要实现的中断服务程序。因此在 main.c 文件的 USER CODE BEGIN 4 处重新编写这个函数,实现发生更新中断后翻转 PC13 的电平。

```
* USER CODE BEGIN 4 */
void HAL_TIM_PeriodElapsedCallback(TIM_HandleTypeDef * htim)
{
    if(htim -> Instance == TIM6)
    {
        HAL_GPIO_TogglePin(GPIOC,GPIO_PIN_13);              //翻转 LED 灯
    }
}
/* USER CODE END 4 */
```

然后在 main()函数的 USER CODE BEGIN 2 处使能定时器更新中断,并启动定时器。

```
/* USER CODE BEGIN 2 */
  HAL_TIM_Base_Start_IT(&htim6);        //使能定时器的更新中断,并启动定时器运行
/* USER CODE END 2 */
```

9.8.4　实验现象

单击 Rebuild 按钮编译工程,选择好调试下载器后,将程序下载到开发板上。按下开发板上的 RESET 按键后松开,即可看到 D1 处的 LED 灯每秒变化一次状态,如图 9.28 所示。

图 9.28　实验现象

9.9　实验:基于通用定时器的按键输入捕获实验

视频讲解

9.9.1　应用场景及目的

在一些场景中需要统计用户按键按下的时长,或者统计两个会导致引脚电平变化的事件的时间间隔,这个时候就需要用到定时器的输入捕获功能。

在输入捕获功能中,可以通过配置时钟源和分频系数来设置 CNT 中增加一个计数值的时间,在发生电平变化时(如检测到上升沿)开始计数。通过统计计数值,即可计算出电平持续的时间。

本实验使用定时器的输入捕获模式来计算按键按下的时长,并打印出来。本实验的例程为 17-5_STM32U575_TIMx_Key_Capture。

9.9.2　程序流程

本实验程序流程如图 9.29 所示。

灰色部分为 STM32CubeMX 生成的代码。

9.9.3　原理图

根据图 9.30 所示的底板原理图可知五向按键的按下状态指示引脚为 IO INT4,其连接到了 PA0 上。

当抬起五向按键时,U7A 处的运算放大器输出引脚 1 为高电平,Q3 处的场效应管导通,IO INT4 引脚为低电平。当按下五向按键时,IO INT4 引脚为高电平。因此需要在程

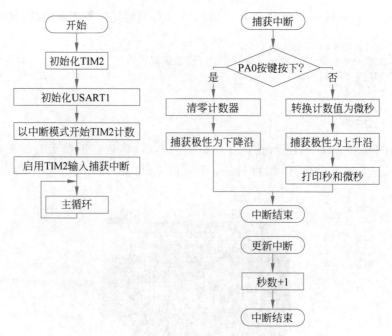

图 9.29 程序流程

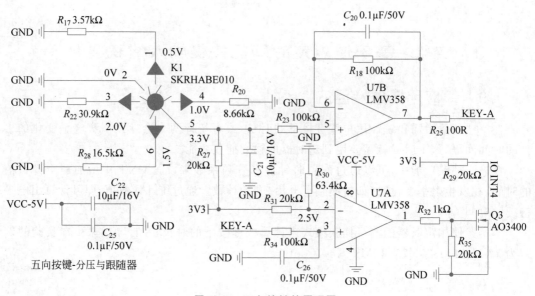

图 9.30 五向按键的原理图

序中,将 PA0 设置为定时器输入捕获模式的输入引脚,并设置首次触发输入捕获中断的极性为上升沿,然后在程序中判断按键按下后,切换为下降沿触发。

9.9.4 程序配置

打开 STM32CubeMX,选择对应的芯片型号,新建一个工程,配置 PA9、PA10 引脚为 USART 模式,使能 PA9、PA10 为 USART 引脚,并配置 USART1 为异步模式、115 200b/s 数据传输速率、8 位数据位、无奇偶校验、1 位停止位,如图 7.21 所示。

通过芯片手册可知,TIM2 到 TIM7 都连接到了 APB1 总线上,因此需要配置 APB1 总线的时钟频率。

配置 Clock Configuration 中的 AHB 总线频率为 160MHz,输入数字后按回车键让软件自动计算。计算完成后 APB1 到 APB3 总线频率都会自动变成 160MHz,如图 9.31 所示。

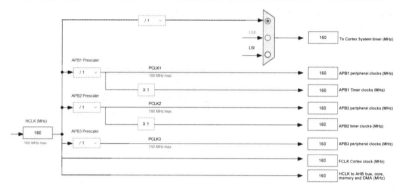

图 9.31　总线频率设置页面

配置 PA0 引脚为 TIM2_CH1 通道,如图 9.32 所示。

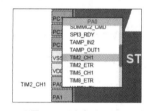

图 9.32　配置 PA0 引脚为 TIM2_CH1 通道

配置 TIM2 的 Clock Source 为内部时钟,即可让时钟源来自 APB 总线。因为 PA0 连接着 TIM2 的 CH1,所以设置通道 1 为输入捕获直接模式,如图 9.33 所示。

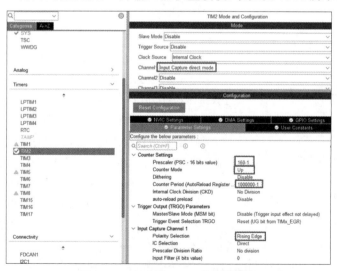

图 9.33　定时器 TIM2 的配置页面

在下方的参数中,配置 Prescaler(PSC-16 bits value)为 160-1,即可对 APB 时钟分频 160 倍,这样计一个数只需要 1μs。Counter Mode 需要为向上计数模式,才能从 0 开始计数到最大值后产生更新事件。Counter Period 设置为 1000000-1 即可让计数器计 1 000 000 个数（0～999 999）后产生更新事件。这样更新周期为 1 秒。由于五向按键抬起时 PA0 为低电平，按下后为高电平，所以 Polarity Selection 处选择初始极性为上升沿有效，这样就可以在按下后开始计数。

因为要利用 TIM2 的捕获中断和更新中断，所以需要使能 TIM2 的全局中断，如图 9.34 所示。

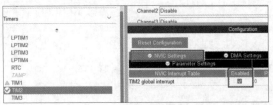

图 9.34　使能 TIM2 的全局中断

使能中断后即可在 NVIC 页面的 Code generation 标签页看到自动选中了生成中断处理函数代码。

配置英文工程目录 Toolchain/MDK，设置为复制必要的文件，分别生成.c/.h 文件后，生成并打开工程。

打开工程选项，选中 Use MicroLIB 复选框，如图 7.30 所示。

为了通过 printf() 函数输出串口数据，需要在 main.c 文件中引入 stdio.h 头文件，并重定向 fputc() 函数。

```
/* USER CODE BEGIN 0 */
    //printf()实现重定向
    int fputc(int ch, FILE * f)
    {
        uint8_t temp[1] = {ch};
        HAL_UART_Transmit(&huart1, temp, 1, 2);
        return ch;
    }
/* USER CODE END 0 */
```

```
       main.c      stm32u5xx_it.c
198   /* please refer to the startup file
199   ***********************************
200
201 ⊟/**
202     * @brief This function handles TIM
203     */
204   void TIM2_IRQHandler(void)
205 ⊟{
206     /* USER CODE BEGIN TIM2_IRQn 0 */
207
208     /* USER CODE END TIM2_IRQn 0 */
209     HAL_TIM_IRQHandler(&htim2);
210     /* USER CODE BEGIN TIM2_IRQn 1 */
211
212     /* USER CODE END TIM2_IRQn 1 */
213   }
```

图 9.35　TIM2 的中断处理函数

在 stm32u5xx_it.c 文件中，TIM2 的中断处理函数 TIM2_IRQHandler() 会调用 HAL_TIM_IRQHandler() 进行更详细的中断执行流程，如图 9.35 所示。

在 HAL_TIM_IRQHandler() 中，会通过判断相应的标志位来判断输入捕获事件是否发生。如果发生，则调用 HAL_TIM_IC_CaptureCallback() 回调函数，图 9.36 所示。

在 HAL_TIM_IRQHandler() 中也会判断是否发生了更新事件，是的话会调用 HAL_TIM_PeriodElapsedCallback() 函数，如图 9.37 所示。

这两个回调函数都是弱函数，所以需要用户在 main.c 中重新编写一下，从而实现用户想要实现的功能。在 USER CODE BEGIN 4 中编写如下程序：

```
/* USER CODE BEGIN 4 */
void HAL_TIM_PeriodElapsedCallback(TIM_HandleTypeDef * htim)
{
```

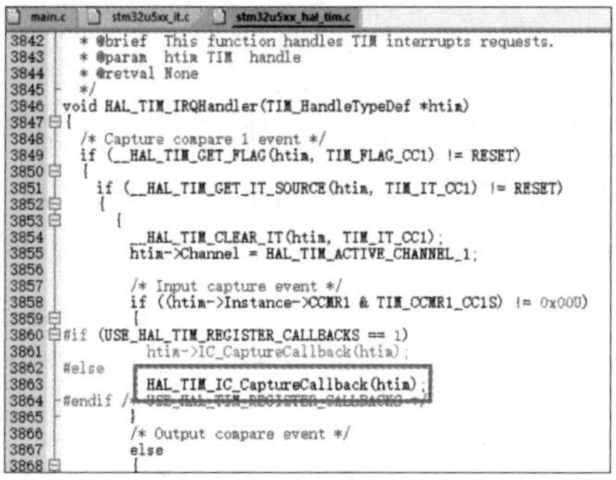

图 9.36　定时器中断处理函数中的输入捕获事件判断

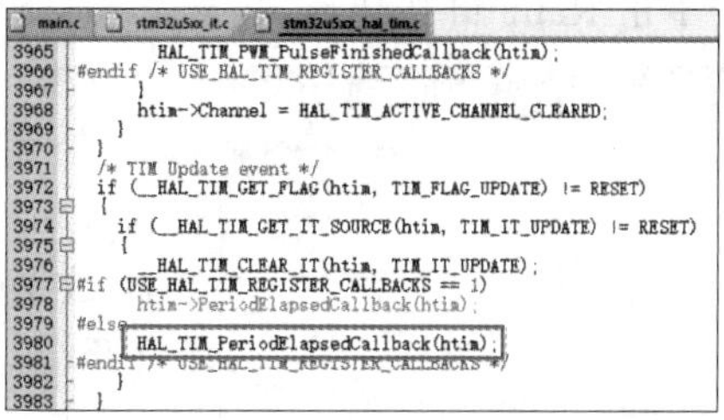

图 9.37　定时器中断处理函数中的更新事件判断

```
        timeover ++;                                    /* 定时器溢出次数 */
}

void HAL_TIM_IC_CaptureCallback(TIM_HandleTypeDef * htim)
{
    if(htim == &htim2)                                 /* 判断是否为定时器 TIM2 */
    {
        if (HAL_GPIO_ReadPin(GPIOA,GPIO_PIN_0))
        {
            timeover = 0;                              /* 溢出次数清零 */
            __HAL_TIM_SET_CAPTUREPOLARITY(&htim2, TIM_CHANNEL_1,TIM_INPUTCHANNELPOLARITY_
FALLING);                                   /* 将 TIM2 的通道 1 捕获极性设置为下降沿捕获 */
            __HAL_TIM_SET_COUNTER(&htim2,0);           /* 将 TIM2 的计数值设置为 0 */
        }else{
            Count = HAL_TIM_ReadCapturedValue(&htim2,TIM_CHANNEL_1);
                                                        /* 获取此时计数值 */
            __HAL_TIM_SET_CAPTUREPOLARITY(&htim2, TIM_CHANNEL_1,TIM_INPUTCHANNELPOLARITY_
RISING);                                    /* 将 TIM2 的通道 1 捕获极性设置为上升沿捕获 */
            printf("Key down % d seconds % d us\n",timeover,Count);
        }
    }
}
/* USER CODE END 4 */
```

在 HAL_TIM_IC_CaptureCallback()中,通过当前 PA0 引脚的电平来判断按键的状态。如果 PA0 为高电平,则清零溢出次数,更改捕获极性为下降沿,将 TIM2 的计数器清零。如果不抬起按键,将会一直计数,并且每产生一次溢出事件会调用 HAL_TIM_PeriodElapsedCallback()函数让 timeover 加 1,代表过了 1 秒。如果抬起了按键,则会产生下降沿,并且 PA0 变为低电平,进入 else 后的程序中,统计当前计数器的值 Count,并切换触发极性,然后打印 timeover 代表的秒数和 Count 代表的微秒数。

最后在 USER CODE BEGIN PV 处定义用到的变量。

```
/* USER CODE BEGIN PV */
uint8_t timeover = 0;
uint32_t Count = 0;
/* USER CODE END PV */
```

在/ * USER CODE BEGIN 2 * /处开启定时器的计时中断和输入捕获中断。

```
/* USER CODE BEGIN PV */
HAL_TIM_Base_Start_IT(&htim2);
HAL_TIM_IC_Start_IT(&htim2,TIM_CHANNEL_1);
/* USER CODE END PV */
```

9.9.5 实验现象

单击 Rebuild 按钮编译工程,选择好调试下载器后,将程序下载到开发板上后复位开发板。然后打开串口调试助手,在里面找到 USB 串行设备(使用 DAPLink)或 ST-Link Virtual COM Port(使用 ST-Link),选择其作为串口端口使用。设置波特率、校验位、数据位、停止位与程序配置保持一致后,单击"打开"按钮打开端口。

图 9.38 实验现象

按下五向按键后再松开,串口调试助手中会显示按下的时长,如图 9.38 所示。

视频讲解

9.10 实验:基于通用定时器的 PWM 驱动风扇和电动机

9.10.1 应用场景和目的

由于高频率的 PWM 信号可以通过调节占空比的方式控制平均输出功率,因此常用于控制电动机的转速。

本实验通过按键来调节 TIM3 定时器上的 PWM 比较值(占空比),用于控制风扇和电动机(振动马达)的转速。

本实验对应的例程为 17-3_STM32U575_TIMx_Fan_Motor。

9.10.2 程序流程

本实验的程序流程如图 9.39 所示。

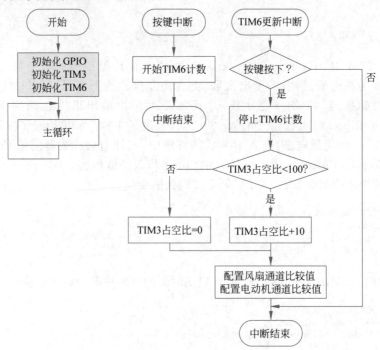

图 9.39 程序流程

TIM6需提前设置一个较小的重装载值。按下按键会触发TIM6定时器中断使能并开始计数,当发生TIM6的更新中断时再次判断按键是否按下,如果是按下状态,则增加TIM3的PWM比较值,从而增加占空比,让风扇和电动机转速更快。TIM6更新中断的作用是按键消抖。

9.10.3　原理图

根据原理图可知,按键抬起时,KEY1为高电平,按下时为低电平,如图9.40所示。

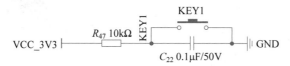

图9.40　KEY1按键原理图

扩展板上的风扇和电动机的原理图如图9.41所示。

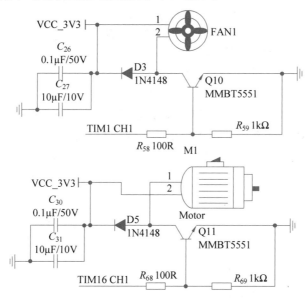

图9.41　扩展板上的风扇和电动机的原理图

从图9.41中可以看到,风扇的引脚标号为TIM1 CH1,电动机的引脚标号为TIM16 CH1。注意,这里只是引脚标号,并不代表实际连接的引脚。因此还需要依据引脚位置寻找其连接到了哪个引脚。其对应核心板的PC6、PC7。

用相同的方法可以找到扩展板上的KEY1按键连接着PC9。因此需要在STM32CubeMX中配置这几个相关的引脚。

9.10.4　程序配置

打开STM32CubeMX,新建一个工程。首先需要配置KEY1连接的PC9按键为外部中断模式。

需要配置PC9为下降沿触发,如图9.42所示。

并在NVIC中使能中断,如图9.43所示。

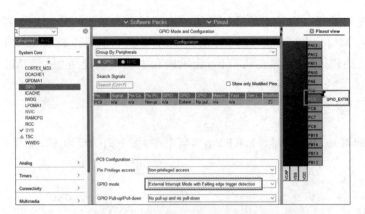

图 9.42　配置 PC9 为下降沿触发

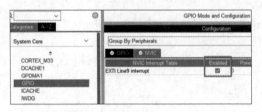

图 9.43　在 NVIC 中使能中断

因为在触发按键中断后,要启动 TIM6,通过 TIM6 的更新中断来进行按键消抖,所以还需要配置一下 TIM6。首先需要配置一下时钟源。在 Clock Configuration 中将 AHB 总线设置为 160 后按回车键,即可让软件自动配置。配置好后,APB 时钟线的频率自动变为了 160MHz,如图 9.44 所示。

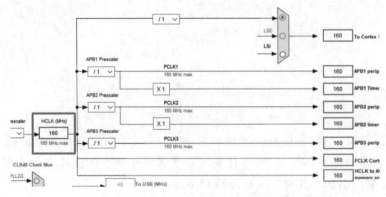

图 9.44　总线时钟频率配置页面

在 TIM6 的配置界面中,使能 TIM6,然后设置预分频值 Prescaler 为 16000-1,重装载值为 100-1,如图 9.45 所示。这样,产生更新事件的周期为 $1/(160\mathrm{MHz}/16000/100)=0.01\mathrm{s}$,即消抖时间为 10ms。

由于需要使用更新中断,所以还需要在 NVIC Settings 中勾选 TIM6 的全局中断,如图 9.46 所示。

风扇和电动机(振动马达)分别连接到了 PC6、PC7,所以设置这两个引脚为对应的 TIM3 的通道,如图 9.47 所示。

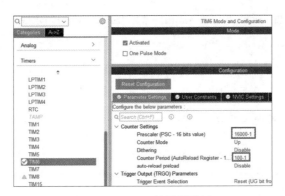

图 9.45　TIM6 的配置界面

图 9.46　使能 TIM6 的全局中断

图 9.47　设置 PC6、PC7 为 TIM3 的通道

如图 9.48 所示，在 TIM3 的配置页面，设置 Channel1 和 Channel2 分别为 PWM Generation CH1 和 PWM Generation CH2。将分频系数 Prescaler(PSC-16 bits value)设置为 160-1，重装载值 Counter Period(AutoReload Register-16 bits value)设置为 500-1 后，一个 PWM 周期变为 $1/(160\text{MHz}/160/500)=0.0005\text{s}=0.5\text{ms}$。PWM mode 1 是指当计数值 TIMx_CNT 小于比较值 Pulse(TIMx_CRRx)时，tim_ocxref 输出高电平；大于或等于 Pulse 时，输出低电平。此处可随意设置 Pulse 的初始值，因为是在中断服务程序中重新配置并开启 PWM 通道的。

图 9.48　TIM3 配置页面

配置英文工程目录 Toolchain/MDK，设置为复制必要的文件，分别生成.c/.h 文件后，生成并打开工程。

由于使用按键中断来启动 TIM6，并在 TIM6 的更新中断中进行占空比的设置和风扇

与电动机的通道的配置,所以需要在 main.c 的 USER CODE BEGIN 4 位置写入下列程序:

```
/* USER CODE BEGIN 4 */
void HAL_GPIO_EXTI_Falling_Callback(uint16_t GPIO_Pin)        //按键触发回调函数
{
    if(GPIO_Pin == GPIO_PIN_9)
    {
            HAL_TIM_Base_Start_IT(&htim6);                    //启动定时器 TIM6
    }
}

void HAL_TIM_PeriodElapsedCallback(TIM_HandleTypeDef * htim)  //定时结束后调用回调函数
{
    if(htim -> Instance == TIM6)
    {
        HAL_TIM_Base_Stop_IT(&htim6);                        //停止定时器 TIM6
        if(HAL_GPIO_ReadPin(GPIOC,GPIO_PIN_9) == RESET)
        {
            if(pDutyRatio < 100)
            {
                pDutyRatio = pDutyRatio + 10;                //占空比 + 10
            }
            else
            {
                pDutyRatio = 10;
            }
            Update_Fan(pDutyRatio);                          //设置风扇的占空比
            Update_Motor(pDutyRatio);                        //设置电动机的占空比
        }
    }
}
/* USER CODE END 4 */
```

在文件开头定义 pDutyRatio 变量:

```
/* USER CODE BEGIN PV */
uint32_t pDutyRatio = 10;
/* USER CODE END PV */
```

在 tim.c 中编写更新风扇和电动机的比较值的函数 Update_Fan() 和 Update_Motor(),如下所示:

```
/* USER CODE BEGIN 1 */
void Update_Fan(uint8_t pDutyRatio)
{
    //参数检测
    if((pDutyRatio < 5)||(pDutyRatio > 100)) return;
    //停止 pwm 信号
    HAL_TIM_PWM_Stop(&htim3,TIM_CHANNEL_1);
    //设置占空比
    __HAL_TIM_SET_COMPARE(&htim3,TIM_CHANNEL_1,pDutyRatio * 5);
    //设置当前计数值
    __HAL_TIM_SET_COUNTER(&htim3,0);
    //启动 PWM 信号
    HAL_TIM_PWM_Start(&htim3,TIM_CHANNEL_1);
}
```

```
void Update_Motor(uint8_t pDutyRatio)
{
    //参数检测
    if((pDutyRatio<5)||(pDutyRatio>100)) return;
    //停止 pwm 信号
    HAL_TIM_PWM_Stop(&htim3,TIM_CHANNEL_2);
    //设置占空比
    __HAL_TIM_SET_COMPARE(&htim3,TIM_CHANNEL_2,pDutyRatio*5);
    //设置当前计数值
    __HAL_TIM_SET_COUNTER(&htim3,0);
    //启动 PWM 信号
    HAL_TIM_PWM_Start(&htim3,TIM_CHANNEL_2);
}
/* USER CODE END 1 */
```

这两个函数都是通过输入的占空比来计算要设置的比较值的。

最后在 tim.h 文件中声明这两个函数:

```
/* USER CODE BEGIN Includes */
void Update_Motor(uint8_t pDutyRatio);
void Update_Fan(uint8_t pDutyRatio);
/* USER CODE END Includes */
```

9.10.5 实验现象

单击 Rebuild 按钮编译工程,选择好调试下载器后,将程序下载到开发板上后复位开发板。注意要连接好扩展板和开发板底板。

刚开始由于没有启动 PWM,所以扩展板上没有现象。按下 KEY1 按键后,振动电动机会有反应,按 KEY1 的次数越多,电动机的振动越剧烈。由于驱动风扇需要更高的平均功率,所以风扇会在按下 KEY1 几次后旋转。当 KEY1 设置的占空比超过 100%后,占空比重新设置为 10%,电动机和风扇会停止作用。

9.11 习题

简答题

1. 简述定时器的作用,包括计数模式、输入捕获、输出比较、PWM 模式。
2. 在芯片手册中找到基本定时器的内部架构图,并简述内部架构原理。

思考题

1. 如何利用定时器实现按键消抖功能?
2. 如何用定时器中断的方式设计一个时钟?

第 10 章

CHAPTER 10

模数转换器

视频讲解

10.1 模数转换简介

模数转换是将时间和幅值连续的模拟信号转换为时间和幅值离散的数字信号的过程,如图 10.1 所示。转换后的数字信号便于单片机进行存储和计算。

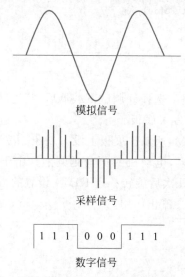

模拟信号

采样信号

$$1\ 1\ 1\quad 0\ 0\ 0\quad 1\ 1\ 1$$

数字信号

图 10.1 模拟信号、采样信号和数字信号

一般来说,模数转换分为以下几个步骤。

采样(Sampling):在特定时间点上测量模拟信号的值,以获取信号的离散时间样本。

保持(Holding):在采样后,保持采样点的值,直到下一个采样周期,以确保信号在转换过程中保持稳定。

量化(Quantization):将采样保持的连续幅度值映射到有限的离散值集合中,即确定每个采样值的数字表示。

编码(Encoding):将量化后的值转换为二进制代码,以便在数字系统中进行处理和传输。

模数转换的性能涉及以下几个指标。

分辨率(Resolution):表示 ADC 能够将模拟输入信号细分成多少个离散的数字量化级

别。通常以比特(bit)表示,例如,3 位 ADC 可以将输入信号分成 8(2^3)个级别,如图 10.2 所示;12 位 ADC 可以将输入信号分成 4096(2^{12})个级别。

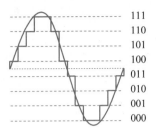

图 10.2　分辨率为 3 位的 ADC 取值

精度(Accuracy):指 ADC 输出的数字值与输入模拟信号的实际值之间的接近程度。精度高意味着 ADC 能够准确地将输入模拟信号转换为数字形式,反映了 ADC 测量的准确性。通常以百分比来表示。

量化误差(Quantizing Error):量化误差是由于 ADC 的离散化过程而引入的误差。ADC 将连续的模拟信号离散化为有限数量的数字级别(量化级别),这会导致输出的数字值与实际模拟信号值之间存在误差。量化误差通常在理想的模拟-数字转换中是随机分布的,并且其大小取决于 ADC 的分辨率。

偏移误差(Offset Error):当输入信号为零时输出信号不为零的误差。偏移误差可以由多种因素引起,如电源偏移、模拟前端电路的非理想行为或者 ADC 本身的内部偏移。这种误差通常在 ADC 的输入范围内是固定的,可以通过校准或者数字处理技术进行补偿。

采样速率(Sampling Rate):表示 ADC 在单位时间内对模拟信号进行采样的频率,通常以每秒样本数(Samples Per Second,SPS)表示。

信噪比(Signal-to-Noise Ratio,SNR):表示 ADC 输出信号的强度与噪声水平之间的比率,以分贝(dB)为单位。

通过模数转换对模拟信号进行近似真实的反映需要遵循奈奎斯特定理。奈奎斯特定理(Nyquist Theorem)也称为采样定理,它指出要恢复模拟信号,采样频率必须至少是信号带宽的两倍。如果采样频率低于此阈值,可能会产生混叠(Aliasing)效应,导致信号失真。混叠效应是指当采样频率低于奈奎斯特频率(信号最高频率的两倍)时,原本不同频率的信号在采样后可能会产生相同采样值,导致这些信号在采样后的数据中无法区分,从而产生频率上的错误解读。这种现象就像是在不同的频率之间"混叠"或"折叠",使得高频信号看起来像是低频信号,如图 10.3 所示。

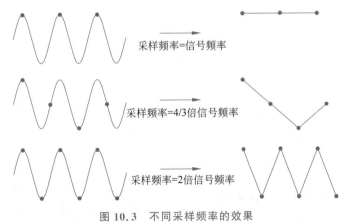

图 10.3　不同采样频率的效果

视频讲解

10.2　STM32 的 ADC 简介

10.2.1　概述

不同型号的 STM32 有不同数量的模数转换器（Analog-to-Digital Converter，ADC）。STM32F405 有两个 12 位的 ADC。STM32U575 有 ADC1 和 ADC4 两个独立的模数转换器，其中一个是 14 位的，另一个是 12 位的。每个转换器包含十几个外部通道和几个内部通道。这两个模数转换器的功能对比如表 10.1 所示。

表 10.1　ADC1 与 ADC4 的功能比较

ADC 模式/特点	ADC1	ADC4
分辨率	14 位	12 位
最大采样速率（最高分辨率）	2.5MSPS	2.5MSPS
硬件偏移校准	支持	支持
硬件线性度校准	支持	不支持
单端输入	支持	支持
差分输入	支持	不支持
注入通道转换	支持	不支持
过采样	1024 倍	256 倍
数据寄存器	32 位	16 位
DMA	支持	支持
并行数据输出到 MDF	支持	不支持
自主模式	不支持	支持
偏移补偿	支持	不支持
增益补偿	支持	不支持
模拟看门狗数量	3	3
从停止模式中唤醒	不支持	支持

下面主要介绍一下 ADC1。

10.2.2　ADC 的内部架构

ADC1 的内部架构如图 10.4 所示。

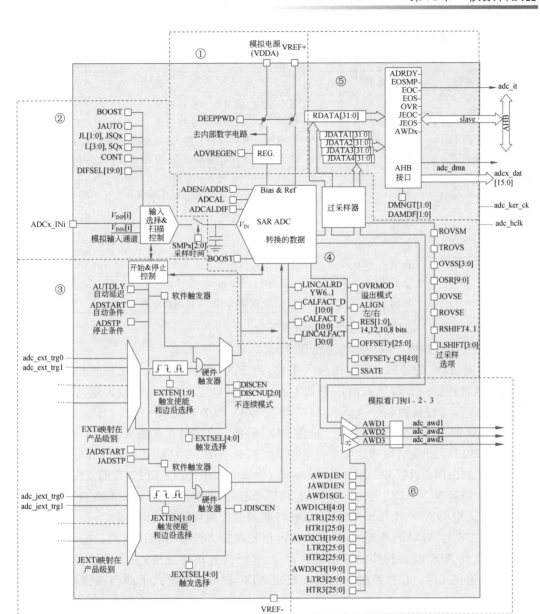

图 10.4 ADC1 的内部架构

ADC 输入/输出引脚说明如表 10.2 所示。

表 10.2 ADC 输入/输出引脚说明

名 称	信 号 类 型	描 述
VREF+	输入,模拟参考正极	ADC 的高/正参考电压
VDDA	输入,模拟电源	模拟电源等于 V_{DDA}
VREF−	输入,模拟参考负极	ADC 的低/负参考电压,$V_{REF-}=V_{SSA}$
VSSA	输入,模拟电源地线	模拟电源供应的地线,等于 V_{SS}
ADCx_INy	外部模拟输入信号	高达 17 个外部模拟输入的信道

ADC 内部输入/输出信号说明如表 10.3 所示。

表 10.3　ADC 内部输入/输出信号说明

内部信号名称	信号类型	描　　述
$V_{INP}[i]$	模拟输入	每个 ADC 的正输入模拟通道
$V_{INN}[i]$	模拟输入	每个 ADC 的负输入模拟通道
adc_ext_trgy	输入	规则转换的外部触发输入(可连接到片上定时器)
adc_jext_trgy	输入	注入转换的外部触发输入(可连接到片上定时器)
adc_awd1 adc_awd2 adc_awd3	输出	内部模拟看门狗输出信号连接到片上定时器
adc_it	输出	ADC 中断
adc_hclk	输入	AHB 时钟
adc_ker_ck	输入	ADC 内核时钟
adc_dma	输出	ADC 的 DMA 请求
adcx_dat[15:0]	输出	ADC 数据输出(规则数据寄存器)

下面介绍 ADC1 的原理框图的主要组成部分。

① 处为 ADC 的电源供应和参考电压部分。

V_{REF+} 是 ADC 的外部参考电压输入引脚,用于为 ADC 提供一个正极性的参考电压。用户可以外部连接一个精确的电压源到 V_{REF+} 引脚,以定义 ADC 的最大输入电压范围。例如,如果 V_{REF+} 连接到 3.3V,那么 ADC 将把 3.3V 视为最大输入电压。V_{REF+} 的电压值决定了 ADC 的满量程值,因此它对于确保 ADC 转换的准确性至关重要。

DEEPPWD 用于配置是否为深度掉电模式。默认情况下,ADC 处于深度掉电模式,此时其供电电压被内部切断以减少漏电流(在 ADC_CR 寄存器中,位 DEEPPWD 的复位状态为 1)。

ADVREGEN 为 ADC 电压调节使能,在进行任何操作(例如启动校准或启用 ADC)之前,必须首先启用 ADC 电压调节器,并且软件必须等待调节器的启动时间。

② 处主要为 ADC 的外部/内部模拟输入信号和输入选择与扫描控制。输入选择功能允许用户选择 ADC 将要转换的模拟输入通道,包括设置单通道模式、多通道模式、差分模式、注入通道模式等。扫描控制功能用于控制 ADC 在多通道模式下如何扫描和转换所选的通道。

③ 处为触发通道设置,包括规则通道的触发源和注入通道的触发源。主要为定时器触发和 EXTI 触发。

adc_ext_trgi 为规则通道的触发源,adc_jext_trgi 为注入通道的触发源,分别可通过 EXTEN[1:0] 和 JEXTEN[1:0] 配置触发使能和触发极性。

EXTSEL[4:0] 和 JEXTSEL[4:0] 分别用于选择规则通道和注入通道的触发源。

AUTDLY 允许在转换前有一定的延迟条件。ADSTART 和 ADSTP 分别用于开始和停止转换。

④ 处为 ADC 的转换器和过采样器。STM32 的 ADC 是一个逐次逼近型 ADC,即 SAR ADC。该转换器将数据按照在寄存器设置的校准值和数据对齐方式,将转换后的数据输出给过采样器和内部模拟看门狗。过采样器会计算多个结果的平均值,将结果发送给⑤处的规则通道数据寄存器 RDATA 和注入通道数据寄存器 JDATA。

⑤处为转换后的数据寄存器、标志位和输出部分。规则通道数据寄存器 RDATA 和注入通道数据寄存器 JDATA 的值,连同多个标志位,可通过 AHB 接口进行传输。此处的接口也可使能 DMA 传输,或触发中断。

⑥处的模拟看门狗功能使应用程序能够检测输入电压是否超出用户定义的高阈值或低阈值,超出时会触发事件。其可通过多个寄存器进行配置。

10.3　ADC 时钟与采样时间

10.3.1　ADC 时钟

双时钟域架构意味着 ADC 内核时钟独立于用于访问 ADC 寄存器的 AHB 总线时钟,如图 10.5 所示。

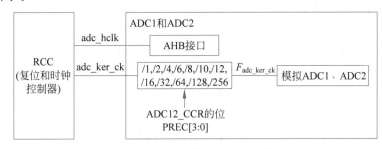

图 10.5　ADC 的双时钟域架构

adc_ker_ck 时钟可以从不同的时钟源中选择,这种选择在 RCC 中完成。

(1) ADC 时钟可以由内部或外部时钟源提供,该时钟源独立且与 AHB 时钟异步。

(2) ADC 时钟可以从 AHB 时钟派生。

选项(1)的优势在于,无论所选的 AHB 时钟方案如何,都能实现最大 ADC 时钟频率。ADC 时钟最终可以通过 ADC12_CCR 寄存器中的预分频器配置位 PRESC[3：0]中设置的分频比 1、2、4、6、8、10、12、16、32、64、128 或 256 进行分频。

选项(2)使得能够绕过时钟域的重新同步。当 ADC 由定时器触发,且应用程序要求 ADC 能够准确无误地触发,没有任何不确定性时,这一点非常有用(否则,由于两个时钟域之间的重新同步,触发时刻的不确定性会增加)。

时钟通过 RCC 进行配置。它必须符合设备数据手册中指定的操作频率。

10.3.2　ADC 采样时间

在开始转换之前,ADC 必须将待测量的电压源与 ADC 内置的采样电容器相连(见逐次逼近型 ADC 介绍)。这个采样时间必须足够长,以便输入电压源能够将内置电容器充电至输入电压水平。

每个通道都可以使用不同的采样时间进行采样,这些采样时间可以通过 ADC_SMPR1 和 ADC_SMPR2 寄存器中的 SMP[2：0]位进行编程。因此,可以选择以下采样时间值。

- SMP=000：5 个 ADC 时钟周期
- SMP=001：6 个 ADC 时钟周期

- SMP=010：12 个 ADC 时钟周期
- SMP=011：20 个 ADC 时钟周期
- SMP=100：36 个 ADC 时钟周期

...

总的转换时间为

$$T_{\text{CONV}} = 采样时间 + 转换时间$$

例如，当转换一个数据时，采样时间是 5 个时钟周期，转换时间对于 14 位模式来说是 17 个时钟周期，如果 ADC 的时钟频率为 55MHz，那么

$$T_{\text{CONV}} = (5 + 17) 个 ADC 时钟周期 = 0.40\mu s$$

ADC 通过设置状态位 EOSMP(仅用于规则转换)来通知采样阶段的结束。

10.4　规则通道与注入通道

在 ADC 中，规则通道(Regular Channel)和注入通道(Injected Channel)是两种不同的转换序列，它们用于处理不同类型的模拟信号转换任务。

规则通道是 ADC 转换的主要序列，通常用于连续的、周期性的转换任务，其执行方式如图 10.6 所示。这些通道的转换顺序和数量可以在 ADC 的控制寄存器中预先配置。规则通道的转换是自动进行的，一旦启动，ADC 将按照预设的顺序和频率对这些通道进行转换，直到所有的规则通道都被转换完毕。规则通道的转换结果通常存储在一个专用的数据寄存器中，以便于后续的处理和读取。

注入通道用于处理那些需要优先处理或者在特定条件下触发的转换任务，其执行方式如图 10.7 所示。与规则通道不同，注入通道的转换可以打断规则通道的转换序列，因此它们适用于需要快速响应的模拟信号。例如，当系统检测到一个关键的模拟信号变化时，可以立即触发注入通道的转换，而不必等待当前的规则通道转换序列完成。注入通道的转换结果存储在不同的数据寄存器中，以便区分。

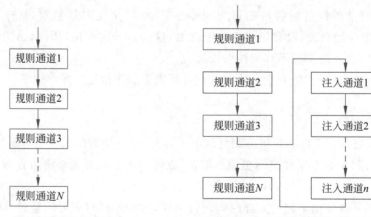

图 10.6　规则通道的执行方式　　　　图 10.7　注入通道的执行方式

总的来说，规则通道适用于常规的、周期性的转换任务，而注入通道则适用于需要快速响应或优先处理的转换任务。两者在 ADC 的操作中扮演着不同的角色，通过合理的配置

和使用,可以提高系统的灵活性和响应性。

一个规则序列指明了规则通道的顺序,其可由多达 16 次的转换组成。规则通道以及它们在转换序列中的顺序必须在 ADC_SQRy 寄存器中进行选择。规则组中转换的总数必须写入 ADC_SQR1 寄存器的 L[3∶0]位。

一个注入序列由多达 4 次的转换组成。注入通道以及它们在转换序列中的顺序必须在 ADC_JSQR 寄存器中进行选择。注入组中转换的总数必须写入 ADC_JSQR 寄存器的 L[1∶0]位。

在规则转换正在进行时,不得修改 ADC_SQRy 寄存器。要修改 ADC_SQRy 寄存器,必须首先通过设置 ADSTP 位来停止 ADC 的规则转换。

10.4.1　STM32CubeMX 配置

STM32CubeMX 中 ADC 的配置页面如图 10.8 所示。

图 10.8　STM32CubeMX 中 ADC 的配置页面

在 ADC1 的配置界面中,在 Mode 中选择了需要使能的通道后,即可在下方的 Configuration 中配置每个通道位于规则序列或注入序列中的顺序。

ADC_Regular_ConversionMode 为规则通道的配置集合。

- Enable Regular Conversions 用于选择是否使能规则通道。
- Enable Regular Oversampling 用于选择是否使能过采样。其对应 ADC_CFGR2 寄存器中的 ROVSE 位。
- Number Of Conversion 用于配置转换序列的个数。其对应 ADC_SQR1 寄存器中的 L[3∶0]位。
- External Trigger Conversion Source 用于设置转换的触发源,如图 10.9 所示。

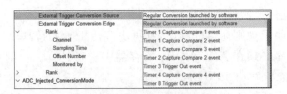

图 10.9　ADC 的触发源选择

- External Trigger Conversion Edge 用于设置触发源的触发边沿极性。
- Rank 的数量对应在 Number of Conversion 中设置的转换通道的数量。
- Channel 用于配置当前序列为哪个通道的转换结果。
- Sampling Time 为采样时间。其对应 ADC_SMPR1 和 ADC_SMPR2 寄存器的 SMP[2：0]位。
- Offset Number 用于配置校正时用哪个偏移量。其对应 ADC_OFRy 寄存器。
- Monitored by 用于配置被哪个模拟看门狗监控。

ADC_Injected_Conversion Mode 为注入通道的配置集合。

- Left Bit Shift 用于配置转换后的数据是否要在寄存器中左移特定的位数。其对应 ADC_CFGR2 寄存器的 LSHIFT[3：0]位。
- Injected Conversion Mode 用于设置在规则序列转换完成后是否继续转换注入序列。

10.4.2　寄存器

ADC 规则序列寄存器 1(ADC_SQR1)如图 10.10 所示。

31	30	29	28	27	26	25	24	23	22	21	20	19	18	17	16
Res.	Res.	Res.			SQ4[4:0]			Res.			SQ3[4:0]			Res.	SQ2[4]
			rw	rw	rw	rw	rw		rw	rw	rw	rw	rw		rw

15	14	13	12	11	10	9	8	7	6	5	4	3	2	1	0
	SQ2[3:0]			Res.		SQ1[4:0]					Res.	Res.		L[3:0]	
rw	rw	rw	rw		rw	rw	rw	rw	rw			rw	rw	rw	rw

位28:6	SQy[4:0]：规则序列中第y个转换
	这些位由软件写入，其中通道号(0~19)被指定为规则转换序列中的第y个通道
位3:0	L[3:0]：规则通道序列长度
	这些位由软件写入，以定义规则通道转换序列中的转换总数
	0000：1个转换
	0001：2个转换
	…
	1111：16个转换

图 10.10　ADC 规则序列寄存器 1(ADC_SQR1)

ADC_SQR2、ADC_SQR3、ADC_SQR4 寄存器定义规则序列的其他通道转换。

ADC 注入序列寄存器(ADC_JSQR)如图 10.11 所示。

10.4.3　HAL 库函数

1. ADC 初始化函数 HAL_ADC_Init

函数原型：HAL_StatusTypeDef HAL_ADC_Init(ADC_HandleTypeDef * hadc)

函数作用：根据 ADC_InitTypeDef 结构体中指定的参数初始化 ADC 外设和规则组。

函数形参：

hadc 指向包含对应 ADC 配置信息的 ADC_InitTypeDef 结构体。

31	30	29	28	27	26	25	24	23	22	21	20	19	18	17	16
JSQ4[4:0]					Res.	JSQ3[4:0]					Res.	JSQ2[4:1]			
rw	rw	rw	rw	rw		rw	rw	rw	rw	rw		rw	rw	rw	rw

15	14	13	12	11	10	9	8	7	6	5	4	3	2	1	0
JSQ2[0]	Res.	JSQ1[4:0]					JEXTEN[1:0]		JEXTSEL[4:0]					JL[1:0]	
rw		rw	rw	rw	rw	rw	rw	rw	rw	rw	rw	rw	rw	rw	rw

位31:9	JSQy[4:0]：注入序列中第y个转换
	这些位由软件写入，其中通道号(0~19)被指定为注入转换序列中的第y个通道
位8:7	JEXTEN[1:0]：注入通道的外部触发使能和极性选择
	00：禁用硬件触发检测（转换可以通过软件启动）
	01：在上升沿检测硬件触发
	10：在下降沿检测硬件触发
	11：在上升沿和下降沿都检测硬件触发
位6:2	JEXTSEL[4:0]：注入组的外部触发选择
	这些位选择用于触发注入转换开始的外部事件
	0000：adc_jext_trg0
	0001：adc_jext_trg1
	…
	参考ADC1注入通道的外部触发源
位1:0	JL[1:0]：注入通道序列长度
	这些位由软件写入，以定义注入通道转换序列中的转换总数
	00：1个转换
	01：2个转换
	10：3个转换
	11：4个转换

图 10.11 ADC 注入序列寄存器

返回值：HAL 状态。

初始化 ADC 所用的参数实际上是通过 ADC_InitTypeDef 结构体中的 Init 结构体的成员进行配置的，如图 10.12 所示。

```
main.c    adc.c*
/** Common config
*/
hadc1.Instance = ADC1;                                //指定外设
hadc1.Init.ClockPrescaler = ADC_CLOCK_ASYNC_DIV2;     //ADC时钟分频
hadc1.Init.Resolution = ADC_RESOLUTION_14B;           //ADC分辨率
hadc1.Init.GainCompensation = 0;                      //增益补偿系数
hadc1.Init.ScanConvMode = ADC_SCAN_ENABLE;            //扫描使能
hadc1.Init.EOCSelection = ADC_EOC_SINGLE_CONV;        //转换结束标志位
hadc1.Init.LowPowerAutoWait = DISABLE;                //动态低功耗自动延迟
hadc1.Init.ContinuousConvMode = DISABLE;              //设置转换是单次模式（一次转换）还是连续模式
hadc1.Init.NbrOfConversion = 3;                       //转换的数量
hadc1.Init.DiscontinuousConvMode = DISABLE;           //指定规则组的转换序列是在完整序列/不连续序列中执行的
hadc1.Init.ExternalTrigConv = ADC_EXTERNALTRIG_T1_TRGO2;
hadc1.Init.ExternalTrigConvEdge = ADC_EXTERNALTRIGCONVEDGE_RISING;
hadc1.Init.DMAContinuousRequests = DISABLE;
hadc1.Init.TriggerFrequencyMode = ADC_TRIGGER_FREQ_HIGH;
hadc1.Init.Overrun = ADC_OVR_DATA_PRESERVED;
hadc1.Init.LeftBitShift = ADC_LEFTBITSHIFT_NONE;
hadc1.Init.ConversionDataManagement = ADC_CONVERSIONDATA_DR;
hadc1.Init.OversamplingMode = DISABLE;
if (HAL_ADC_Init(&hadc1) != HAL_OK)
{
  Error_Handler();
}
```

图 10.12 初始化 ADC 时的配置方式

Init 是 ADC_InitTypeDef 类型的，在 stm32u5xx_hal_adc.h 中进行定义和说明。

2. ADC 规则组通道配置函数 HAL_ADC_ConfigChannel

函数原型：HAL_StatusTypeDef HAL_ADC_ConfigChannel(ADC_HandleTypeDef *hadc, ADC_ChannelConfTypeDef *pConfig)

函数作用：配置一个规则组的通道。

函数形参：

第一个参数指向包含对应 ADC 配置信息的 ADC_InitTypeDef 结构体。

第二个参数用于配置 ADC 规则组的通道信息。

返回值：HAL 状态。

10.5 单次转换与连续转换模式

10.5.1 单次转换

单次转换模式意味着 ADC 只会执行一次完整的转换序列。这通过将 CONT 位设置为 0 来使能。用户可以通过软件触发(设置 ADSTART 位或 JADSTART 位)或外部硬件触发来启动转换。在外部硬件触发的情况下,用户需要提前配置相应的触发方式,以便 ADC 能够响应并开始转换。这种模式适用于需要一次性获取所有通道数据的场景。

在规则序列中,每次转换完成后:
- 转换后的数据被存储到 32 位的 ADC_DR 寄存器中。
- 设置 EOC(规则转换结束)标志。
- 如果设置了 EOCIE 位,则会产生一个中断。

在注入序列中,每次转换完成后:
- 转换后的数据被存储到 4 个 32 位的 ADC_JDRy 寄存器之一中。
- 设置 JEOC(注入转换结束)标志。
- 如果设置了 JEOCIE 位,则会产生一个中断。

在规则序列完成后:
- 设置 EOS(规则序列结束)标志。
- 如果设置了 EOSIE 位,则会产生一个中断。

在注入序列完成后:
- 设置 JEOS(注入序列结束)标志。
- 如果设置了 JEOSIE 位,则会产生一个中断。

然后 ADC 停止工作,直到发生一个新的外部常规触发或注入触发,或者直到 ADSTART 位或 JADSTART 位再次被设置。

10.5.2 连续转换

这种模式仅适用于规则通道。

在连续转换模式下,当发生软件或硬件常规触发事件时,ADC 会执行一次所有常规通道的转换,然后自动重新开始,并连续转换序列中的每个转换。这种模式可以通过将 CONT 位置 1 来使能,可通过外部触发或在 ADC_CR 寄存器中设置 ADSTART 位来启动转换。

在规则序列内部,每次转换完成后:
- 转换后的数据被存储到 32 位的 ADC_DR 寄存器中。
- 设置 EOC(转换结束)标志。
- 如果 EOCIE 位被设置,则会产生一个中断。

在转换序列完成后:
- 设置 EOS(序列结束)标志。
- 如果 EOSIE 位被设置,则会产生一个中断。

然后,立即重新开始转换序列,ADC 连续不断地重复转换序列。

10.5.3 不连续转换

1. 规则组模式

这种模式通过在 ADC_CFGR1 寄存器中设置 DISCEN 位来启用。它用于转换一个短序列(子组)的 n 次转换($n \leq 8$),这个短序列是 ADC_SQRy 寄存器中选定的转换序列的一部分。n 的值通过写入 ADC_CFGR1 寄存器的 DISCNUM[2:0] 位来指定。

当外部触发事件发生时,它会启动 ADC_SQRx 寄存器中选定的下 n 次转换,直到序列中的所有转换完成。整个序列的长度由 ADC_SQR1 寄存器的 L[3:0] 位定义。

示例:

DISCEN=1,n=3,需要转换的通道为 1、2、3、6、7、8、9、10、11。

第 1 次触发:转换的通道是 1、2、3(每次转换都会产生一个 EOC 事件)。

第 2 次触发:转换的通道是 6、7、8(每次转换都会产生一个 EOC 事件)。

第 3 次触发:转换的通道是 9、10、11(每次转换都会产生一个 EOC 事件),并且在通道 11 转换完成后产生一个 EOS 事件。

第 4 次触发:转换的通道是 1、2、3(每次转换都会产生一个 EOC 事件)。

……

DISCEN=0,需要转换的通道为 1、2、3、6、7、8、9、10、11。

第一次触发:完整的序列被转换,先是通道 1,然后是通道 2、3、6、7、8、9、10 和 11。每次转换都会产生一个 EOC 事件,最后一个转换还会产生一个 EOS 事件。

所有后续的触发事件都会重新启动完整的序列。

2. 注入组模式

这种模式通过在 ADC_CFGR1 寄存器中设置 JDISCEN 位来启用。它在接收到外部注入触发事件后,逐个通道转换 ADC_JSQR 寄存器中选定的序列。这相当于常规通道的不连续模式,其中 n 固定为 1。

当外部触发事件发生时,它会启动 ADC_JSQR 寄存器中选定的下一个通道的转换,直到序列中的所有转换完成。整个序列的长度由 ADC_JSQR 寄存器的 JL[1:0] 位定义。

示例:

JDISCEN=1,需要转换的通道为 1、2、3。

第 1 次触发:通道 1 被转换(产生一个 JEOC 事件)。

第 2 次触发:通道 2 被转换(产生一个 JEOC 事件)。

第 3 次触发:通道 3 被转换,同时产生一个 JEOC 事件和一个 JEOS 事件。

……

10.5.4 STM32CubeMX 配置

ADC 的不同转换模式配置页面如图 10.13 所示。

Continuous Conversion Mode 用来设置是否使能规则序列的连续转换模式。

Discontinuous Conversion Mode 用来设置是否使能规则序列的不连续转换模式。

Number Of Discontinuous Conversions 用于配置不连续转换模式中,一次触发需要转换的通道数量。

Injected Conversion Mode 用于配置注入组的不连续模式或自动注入模式,如图 10.14 所示。

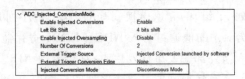

图 10.13　ADC 的连续转换模式和不连续
转换模式配置页面

图 10.14　ADC 的注入组配置

10.5.5　寄存器

1. ADC 配置寄存器(ADC_CFGR1)(见图 10.15)

31	30	29	28	27	26	25	24	23	22	21	20	19	18	17	16
Res.	AWD1CH[4:0]					JAUTO	JAWD1 EN	AWD1E N	AWD1S GL	Res.	JDISCE N	DISCNUM[2:0]			DISCE N
	rw	rw	rw	rw	rw	rw	rw	rw	rw		rw	rw	rw	rw	rw

15	14	13	12	11	10	9	8	7	6	5	4	3	2	1	0
Res.	AUT DLY	CONT	OVR MOD	EXTEN[1:0]		EXTSEL[4:0]					Res.	RES[1:0]		DMNGT[1:0]	
	rw	rw	rw	rw	rw	rw	rw	rw	rw	rw		rw	rw	rw	rw

位25	JAUTO:注入组自动转换
	这个位由软件设置或清除,以启用/禁用在规则组转换后自动进行注入组转换的功能
	0:不使能自动注入组转换
	1:使能自动注入组转换
位20	JDISCEN:注入通道的不连续模式
	当接收到外部注入触发事件后,单个通道转换ADC_JSQR寄存器中选定的序列
	0:不使能注入通道的不连续模式
	1:使能注入通道的不连续模式
位19:17	DISCNUM[2:0]:不连续模式通道数量
	这些位由软件写入,用于定义在接收到外部触发后,在非连续模式下需要转换的规则通道的数量
	000:1个通道
	001:2个通道
	…
	111:8个通道
位16	DISCEN:使能规则通道的不连续模式
	0:不使能规则通道的不连续模式
	1:使能规则通道的不连续模式
位14	AUTDLY:延迟转换模式
	0:关闭自动延迟转换
	1:打开自动延迟转换
位13	CONT:规则通道的单次/连续转换模式
	0:单次转换模式
	1:连续转换模式
位9:5	EXTSEL[4:0]:规则组的外部触发选择
	00000:adc_ext_trg0
	00001:adc_ext_trg1
	…
位3:2	RES[1:0]:数据分辨率
	00:14位
	01:12位
	10:10位
	11:8位
位1:0	DMNGT[1:0]:数据管理配置
	00:规则转换存在DR
	01:DMA单次模式
	10:MDF模式
	11:DMA循环模式

图 10.15　ADC 配置寄存器(ADC_CFGR1)

2. ADC 控制寄存器（ADC_CR）（见图 10.16）

31	30	29	28	27	26	25	24	23	22	21	20	19	18	17	16
ADCAL	Res.	DEEP PWD	ADVREG EN	CALINDEX[3:0]				Res.	Res.	Res.	Res.	Res.	Res.	Res.	ADCA LLIN
rs		rw	rw	rw	rw	rw	rw								rw
15	14	13	12	11	10	9	8	7	6	5	4	3	2	1	0
Res.	Res.	Res.	Res.	Res.	Res.	Res.	Res.	Res.	Res.	JADSTP	ADSTP	JADST ART	ADSTA RT	ADDIS	ADEN
										rs	rs	rs	rs	rs	rs

位5	JADSTP：注入转换停止
	软件通过设置此位来停止并丢弃正在进行的注入转换（JADSTP命令）。当转换被有效丢弃后，硬件会清除该位，此时ADC的注入序列和触发器可以重新配置。ADC随后准备好开始新的注入转换（JADSTART命令）
	0：没有正在进行的ADC停止注入转换命令
	1：写入1以停止正在进行的注入转换。读取1意味着一个JADSTP命令正在执行中
位4	ADSTP：规则转换停止
	软件通过设置这个位来停止并丢弃正在进行的常规转换（ADSTP命令）。当转换被有效丢弃，并且ADC常规序列和触发器可以重新配置时，硬件会清除这个位。此时，ADC准备好开始新的常规转换（ADSTART命令）
	0：没有正在进行的ADC停止规则转换命令
	1：写入1以停止正在进行的规则转换。读取1意味着一个ADSTP命令正在执行中
位3	JADSTART：注入转换开始
	软件通过设置这个位来启动ADC对注入通道的转换。根据JEXTEN[1:0]的设置，转换可以立即开始（软件触发配置），或者在发生注入硬件触发事件时开始（硬件触发配置） 硬件会在下列条件下清除这个位： 在单次转换模式下，当选择软件触发时（JEXTSEL = 0x0）：在注入转换序列结束（JEOS）标志被置位时 在所有其他情况下，在执行JADSTP命令后，与硬件清除JADSTP位同时进行
	0：ADC 没有正在进行的注入转换
	1：写入 1 以启动注入转换。读到 1 意味着 ADC 正在工作，并且可能正在转换一个注入通道
位2	ADSTART：规则转换开始
	软件通过设置这个位来启动ADC对常规通道的转换。根据EXTEN[1:0]的设置，转换可以立即开始（软件触发配置），或者在发生常规硬件触发事件时开始（硬件触发配置） 硬件会在下列条件下清除这个位： 在单次转换模式下（CONT = 0，DISCEN = 0），当选择软件触发时（EXTEN[1:0] = 0x0）：在常规转换序列结束（EOS）标志被置位时 在不连续转换模式下（CONT = 0，DISCEN = 1），当选择软件触发时（EXTEN[1:0] = 0x0）：在转换结束（EOC）标志被置位时 在所有其他情况下，在执行ADSTP命令（停止常规转换的命令）后，与硬件清除ADSTP位同时进行
	0：ADC 没有正在进行的规则转换
	1：写入 1 以启动注入转换。读到 1 意味着 ADC 正在工作，并且可能正在转换一个规则通道
位1	ADDIS：禁用 ADC 命令
	软件通过设置这个位来禁用ADC（ADDIS命令），并将其置于断电状态（关闭状态） 硬件会在ADC被有效禁用时清除这个位（同时硬件也会清除ADEN位）
	0：没有正在进行的 ADDIS 命令
	1：写入 1 以禁用 ADC。读取 1 意味着一个 ADDIS 命令正在进行中
位0	ADEN：ADC 使能控制
	软件通过设置这个位来使能ADC。一旦标志位ADRDY被设置，ADC就准备开始操作。硬件会在执行ADDIS命令且ADC被禁用后，清除这个位
	0：ADC禁用（OFF状态）
	1：写1以使能 ADC

图 10.16 ADC 控制寄存器（ADC_CR）

10.5.6　HAL 库函数

1. HAL_ADC_Start

函数原型：HAL_StatusTypeDef HAL_ADC_Start(ADC_HandleTypeDef * hadc)

函数作用：使能 ADC，开始规则组的转换。

函数形参：

hadc 指向包含对应 ADC 配置信息的 ADC_InitTypeDef 结构体。

返回值：HAL 状态。

2. HAL_ADC_PollForConversion

函数原型：HAL_StatusTypeDef HAL_ADC_PollForConversion(ADC_HandleTypeDef * hadc, uint32_t Timeout)

函数作用：等待规则组转换完成。ADC 转换标志 EOS(序列结束)和 EOC(转换结束)由本函数清除。

函数形参：

第一个参数指向包含对应 ADC 配置信息的 ADC_InitTypeDef 结构体。

第二个参数为超时时间(毫秒)。

返回值：HAL 状态。

3. HAL_ADC_GetValue

函数原型：uint32_t HAL_ADC_GetValue(const ADC_HandleTypeDef * hadc)

函数作用：获取 ADC 规则组转换结果。读取寄存器 DR 会自动清除 ADC 标志 EOC(ADC 规则组单次转换结束标志)。

函数形参：

hadc 指向包含对应 ADC 配置信息的 ADC_InitTypeDef 结构体。

返回值：转换结果。

10.6　ADC 的 DMA 传输方式

由于规则序列转换后的值存储在唯一的数据寄存器 ADC_DR 中，因此使用 DMA 来转换多个通道是非常有用的。这可以避免已经存储在 ADC_DR 寄存器中的数据丢失。

当 DMA 模式被启用时，每个通道转换完成后都会产生一个 DMA 请求。这允许将转换后的数据从 ADC_DR 寄存器传输到由软件选择的最终目的地。

尽管如此，如果发生了过载(OVR=1)，因为 DMA 无法及时响应 DMA 传输请求，所以 ADC 将停止生成 DMA 请求，并且与新转换对应的数据不会被 DMA 传输。这意味着所有传输到 RAM 的数据都可以被认为是有效的。

根据 OVRMOD 位的配置，数据要么被保留，要么被覆盖。

根据应用程序的不同，提出了两种不同的 DMA 模式：

1. DMA 单次模式(DMNGT[1:0]=01)

这种模式适合当 DMA 被编程为传输固定数量的数据时。

在单次模式下，每当 ADC 产生新的转换数据时，就会生成一个 DMA 传输请求，并且一且到达最后一个 DMA 传输,即使再次开始转换,ADC 也会停止生成 DMA 请求。

2. DMA 循环模式(DMNGT[1∶0]=11)

这种模式适合当编程 DMA 在循环模式时。

在循环模式下,每当 ADC 数据寄存器中出现新的转换数据时,ADC 就会生成一个 DMA 传输请求,即使已经到达了最后一个 DMA 传输。这允许将 DMA 配置为循环模式,以处理连续的模拟输入数据流。

HAL 库函数

1. HAL_ADC_Start_DMA

函数原型:HAL_StatusTypeDef HAL_ADC_Start_DMA(ADC_HandleTypeDef * hadc, const uint32_t * pData,uint32_t Length)

函数作用:使能 ADC,开始规则组的转换并将结果通过 DMA 传输。

函数形参:

第一个参数指向包含对应 ADC 配置信息的 ADC_InitTypeDef 结构体。

第二个参数为目的缓存地址。

第三个参数为从 ADC 外设传输到存储器的数据长度。

返回值:HAL 状态。

2. HAL_ADC_Stop_DMA

函数原型:HAL_StatusTypeDef HAL_ADC_Stop_DMA(ADC_HandleTypeDef * hadc)

函数作用:停止规则组的转换(包括自动注入模式下的注入组),停止 DMA 传输,失能 ADC 外设。

函数形参:

hadc 指向包含对应 ADC 配置信息的 ADC_InitTypeDef 结构体。

返回值:HAL 状态。

3. ADC_DMAConvCplt

函数原型:void ADC_DMAConvCplt(DMA_HandleTypeDef * hdma)

函数作用:DMA 传输完成回调函数。在该函数中会调用非阻塞模式下的转换完成回调函数 HAL_ADC_ConvCpltCallback()进行中断处理。

函数形参:

hdma 指向包含对应 DMA 配置信息的 DMA_HandleTypeDef 结构体。

返回值:HAL 状态。

4. ADC_DMAHalfConvCplt

函数原型:void ADC_DMAHalfConvCplt(DMA_HandleTypeDef * hdma)

函数作用:DMA 半传输完成回调函数。在该函数中会调用非阻塞模式下的半转换完成回调函数 HAL_ADC_ConvHalfCpltCallback ()进行中断处理。

函数形参:

hdma 指向包含对应 DMA 配置信息的 DMA_HandleTypeDef 结构体。

返回值:HAL 状态。

视频讲解

10.7 实验：ADC 单通道轮询方式读取

10.7.1 应用场景及目的

为了在主电源掉电的情况下让 RTC、防篡改单元、备份 SRAM 等功能继续运行，STM32 有一个 VBAT 引脚用于连接电池进行供电。VBAT 引脚的电压可以为 1.65~3.6V。为了持续监测电池的电量，STM32 的 ADC 有专门检测 VBAT 引脚电压的通道。同时，在开发板的底板上有一个纽扣电池座。该电池座连接的就是 VBAT 引脚（中间有个转换开关，需要让开关连接到电池上面），如图 10.17 所示。

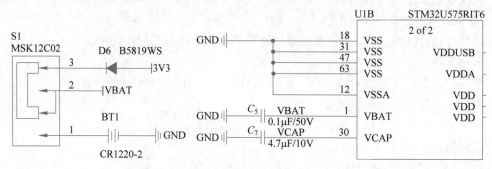

图 10.17 电池引脚原理图

本实验将使能 ADC4 的 Vbat/4 通道，利用单通道轮询的方式来测量底板上安装的电池的电压。

本实验的例程为 09-1_STM32U575_SingleADC_Vbat。

10.7.2 程序配置

打开 STM32CubeMX，新建一个工程。使能 PA9、PA10 为 USART 引脚，并配置 USART1 为异步模式、115 200b/s 数据传输速率、8 位数据位、无奇偶校验、1 位停止位，如图 7.21 所示。

然后使能 ADC4 的 Vbat/4 通道，并设置一个合适的采样时间，如图 10.18 所示。本次实验不使用 Continuous Conversion Mode，每次转换完成后需要手动重新开始转换。

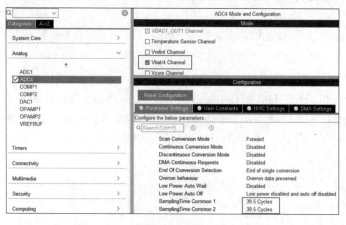

图 10.18 配置 ADC4 的 Vbat/4 通道

配置英文工程目录 Toolchain/MDK，设置为复制必要的文件，分别生成.c/.h 文件后，生成并打开工程。

在工程选项中选择不使用 MicroLIB。

首先重定向 printf() 的功能。在 main.c 的头文件中加入 ♯ include "stdio.h"后，在 USER CODE BEGIN 0 处添加以下代码：

```
__ASM (".global __use_no_semihosting");        //AC6 编译器
//标准库需要的支持函数
struct FILE
 {
    int handle;
 };
FILE __stdout;
 //定义_sys_exit()以避免使用半主机模式
void _sys_exit(int x)
{
    x = x;
}
void _ttywrch(int ch)
{
    ch = ch;
}
//printf()实现重定向
int fputc(int ch, FILE * f)
{
    uint8_t temp[1] = {ch};
    HAL_UART_Transmit(&huart1, temp, 1, 2);
    return ch;
}
```

由 ADC 的硬件原理图可知，其由 VDDA 供电，所以需要打开 VDDA，然后对 ADC 进行校正操作。在 USER CODE BEGIN 2 处添加下列代码：

```
/* USER CODE BEGIN 2 */
    HAL_PWREx_EnableVddA();                     //打开 ADC 模拟电源
    if(HAL_ADCEx_Calibration_Start(&hadc4,ADC_CALIB_OFFSET,ADC_SINGLE_ENDED)!= HAL_OK)
    {
        Error_Handler();
    }
/* USER CODE END 2 */
```

在主循环中，由于没有使用连续转换模式，所以每次转换后需要重新调用 HAL_ADC_Start() 函数启动转换。

```
/* USER CODE BEGIN WHILE */
  while (1)
  {
    HAL_ADC_Start(&hadc4);                        //启动 ADC 转换
    HAL_ADC_PollForConversion(&hadc4,100);         //等待转换完成
    buf = HAL_ADC_GetValue(&hadc4);                //获取 ADC 转换结果
    printf("Vbat = %.4f V\n\r",(buf * 3.3 * 4)/4096);
    HAL_Delay(1000);
    /* USER CODE END WHILE */
```

```
    /* USER CODE BEGIN 3 */
  }
  /* USER CODE END 3 */
```

HAL_ADC_PollForConversion()函数会将 EOS 和 EOC 标志位清零,进行转换。转换的结果可用 HAL_ADC_GetValue()函数进行读取,该函数会在读取 DR 寄存器后自动将 EOC 标志位清零,但不会将 EOS 标志位清零。由于使用的是 Vbat/4 这个通道,所以获得的值需要再乘以 4。因为本实验使用的是 12 位精度,所以获得的数值要除以 $2^{12} = 4096$(也可除以 4095 以达到计算结果的满量程,误差可忽略不计)。

最后在程序开头定义所使用的变量。

```
/* USER CODE BEGIN PV */
uint32_t buf;
/* USER CODE END PV */
```

10.7.3 实验现象

单击 Rebuild 按钮编译工程,选择好调试下载器后,将程序下载到开发板上。然后打开串口调试助手,在里面找到 USB 串行设备(使用 DAPLink)或 ST-Link Virtual COM Port(使用 ST-Link),选择其作为串口端口使用。然后设置波特率、校验位、数据位、停止位与程序配置保持一致后,单击"打开"按钮打开端口。

将 S1 处的 VBAT 引脚拨到电池侧,如图 10.19 所示。

复位开发板后,即可在串口调试助手中看到测得的电池电压值,如图 10.20 所示。

图 10.19 将 S1 处的 VBAT 引脚拨到电池侧

图 10.20 实验现象

视频讲解

10.8 实验:ADC 多通道轮询方式读取

10.8.1 应用场景及目的

ADC 多通道轮询方式读取是指打开两个或两个以上的 ADC 通道来进行 ADC 轮询读取。本实验开启 ADC 通道 Vbat/4 和通道 Temperature,使用轮询循环的方式分别读取电池电压值和温度值。

本实验的例程为 09-2_STM32U575_Multi ADC_ChipInfo。

10.8.2 程序配置

打开 STM32CubeMX,新建一个工程。使能 PA9、PA10 为 USART 引脚,并配置 USART1 为异步模式、115 200b/s 数据传输速率、8 位数据位、无奇偶校验、1 位停止位,如图 7.21 所示。

然后使能 ADC4 的 Temperature Sensor Channel 和 Vbat/4 Channel,并设置一个合适的采样时间。采样时间设置不好会导致结果不正确。因为在程序里先采集 Vbat/4,所以在 Scan Conversion Mode 中选择反向,如图 10.21 所示。本次实验不使用 Continuous Conversion Mode,每次转换完成后都需要手动重新开始转换。

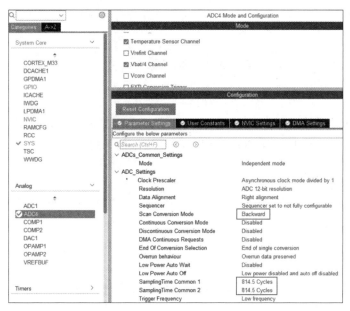

图 10.21 ADC4 的配置页面

配置英文工程目录 Toolchain/MDK,设置为复制必要的文件,分别生成.c/.h 文件后,生成并打开工程。

在工程选项中选择不使用 MicroLIB,如图 10.22 所示。

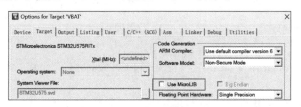

图 10.22 选择不使用 MicroLIB

首先重定向 printf() 的功能。在 main.c 的头文件中加入 ♯include "stdio.h"后,在 USER CODE BEGIN 0 处添加以下代码:

```
__ASM (".global __use_no_semihosting");        //AC6 编译器
//标准库需要的支持函数
struct FILE
{
```

```
    int handle;
 };
FILE __stdout;
 //定义_sys_exit()以避免使用半主机模式
void _sys_exit(int x)
{
    x = x;
}
void _ttywrch(int ch)
{
    ch = ch;
}
//printf()实现重定向
int fputc(int ch, FILE * f)
{
    uint8_t temp[1] = {ch};
    HAL_UART_Transmit(&huart1, temp, 1, 2);
    return ch;
}
```

由 ADC 的硬件原理图可知,其由 VDDA 供电,所以需要打开 VDDA。然后需要对 ADC 进行校正操作。在 USER CODE BEGIN 2 处添加下列代码:

```
/ * USER CODE BEGIN 2 * /
    HAL_PWREx_EnableVddA(); //打开 ADC 模拟电源
    if(HAL_ADCEx_Calibration_Start(&hadc4,ADC_CALIB_OFFSET,ADC_SINGLE_ENDED)!= HAL_OK)
    {
        Error_Handler();
    }
/ * USER CODE END 2 * /
```

在主循环中,由于没有使用连续转换模式,所以每次进行完转换后需要重新调用 HAL_ADC_Start()函数启动转换。

```
HAL_ADC_Start(&hadc4);                    //启动 adc 转换
for(i = 0;i < 2;i++)
{
    HAL_ADC_PollForConversion(&hadc4, 100);//等待转换完成,第二个参数表示超时时间,单位 ms
    buf[i] = HAL_ADC_GetValue(&hadc4);    //获取 ADC 转换结果
}
HAL_ADC_Stop(&hadc4);                     //关闭 adc4
HAL_Delay(1000);
printf("VBAT(V): % .4f\n\r",buf[0] * 4 * 3.3/4095);
printf("Chip Temperature: % .4f\n\r",(((buf[1] * 3.3/4095) * 1000) - 685)/2.5);
```

最后在文件开头定义用到的全局变量。

```
/ * USER CODE BEGIN PV * /
uint32_t buf[2];
uint8_t  i;
/ * USER CODE END PV * /
```

10.8.3 实验现象

单击 Rebuild 按钮编译工程,选择好调试下载器后,将程序下载到开发板上。然后打开串口调试助手,在里面找到 USB 串行设备(使用 DAPLink)或 ST-Link Virtual COM Port(使用 ST-Link),选择其作为串口端口使用。然后设置波特率、校验位、数据位、停止位与程序配置保持一致后,单击"打开"按钮打开端口。

将 S1 处的 VBAT 引脚拨到电池侧,如图 10.19 所示。

复位开发板后,即可在串口调试助手中看到测得的电池电压值和温度值,如图 10.23 所示。

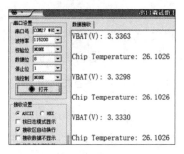

图 10.23 实验现象

10.9 实验:ADC 的 DMA 读取(五向按键)

视频讲解

10.9.1 应用场景及目的

ADC 所需要搬运的数据有时候有很多,此时需要采用 DMA 的方式将数据转移到特定的存储位置,从而避免占用 CPU。本实验将采用 DMA 的方式搬运 ADC 采集到的数据。

本实验的例程为 09-3_STM32U575_Multi ADC_FiveKey。

10.9.2 程序流程

本实验的程序流程如图 10.24 所示。

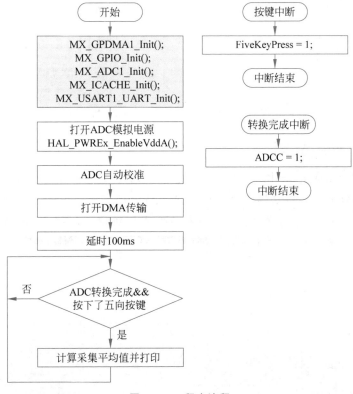

图 10.24 程序流程

本实验使用 DMA 将 ADC 测量的五向按键的值送入一个数组,然后使用按键的中断置位相关标志位,在主循环中依靠按键中断标志位和 ADC 转换完成标志位判断,确定是否需要计算 ADC 读取到的数值的平均值,并打印出来,从而观察五向按键的取值。

10.9.3　原理图

U7B 处的 LMV358 为电压跟随器,主要功能是实现前后级的阻抗隔离和电压跟随。当五向按键被按下时,五向按键的引脚电压发生改变,此时,KEY-A 处的电压值与五向按键被按下后五向按键的引脚的电压值相同。KEY-A 连接 STM32U575 的 ADC,STM32U575将对应的电压值转换为数字信号,代表不同的按键方向。U7A 处为电压比较器,当 3 号引脚的电压低于 2 号的电压时,输出低电平,Q3 处的场效应管不导通,IO INT4 变为高电平,从而产生上升沿。

通过 9.9.3 节的原理图可知,KEY-A 对应的单片机引脚为 PA1,IO INT4 对应的单片机引脚为 PA0,如图 10.25 所示。

通过查找 STM32U575 的芯片手册可知,PA1 连接到了 ADC1_IN6 上,如图 10.26 所示。在后面的配置中需要使能 ADC1_IN6,并将 PA0 设置为外部中断引脚、上升沿触发。

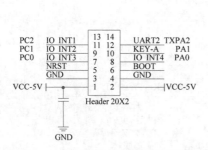

图 10.25　底板上的核心板插座原理图

Pin name (function after reset)	Pin type	I/O structure	Notes	Alternate functions	Additional functions
PA0	I/O	FT_hat	-	TIM2_CH1, TIM5_CH1, TIM8_ETR, SPI3_RDY, USART2_CTS, UART4_TX, OCTOSPIM_P2_NCS, SDMMC2_CMD, AUDIOCLK, TIM2_ETR, EVENTOUT	OPAMP1_VINP, ADC1_IN5, WKUP1, TAMP_IN2/ TAMP_OUT1
OPAMP1_VINM	I	TT	-	-	-
PA1	I/O	FT_hat	-	LPTIM1_CH2, TIM2_CH2, TIM5_CH2, I2C1_SMBA, SPI1_SCK, USART2_RTS_DE, UART4_RX, OCTOSPIM_P1_DQS, LPGPIO1_P0, TIM15_CH1N, EVENTOUT	OPAMP1_VINM, ADC1_IN6, WKUP3, TAMP_IN5/ TAMP_OUT4

图 10.26　芯片手册中的引脚功能说明

10.9.4　程序配置

打开 STM32CubeMX,新建一个工程。使能 PA9、PA10 为 USART 引脚,并配置 USART1为异步模式、115 200b/s 数据传输速率、8 位数据位、无奇偶校验、1 位停止位,如图 7.21 所示。

在 Clock Configuration 页面,设置 AHB 和 APB 的时钟频率为 160MHz,如图 10.27 所示。

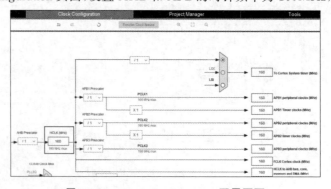

图 10.27　Clock Configuration 配置页面

将 PA0 设置为 EXTI 模式，并设置为上升沿触发，如图 10.28 所示。

图 10.28　配置 PA0 的工作模式

在 NVIC 标签页中使能 EXTI Line0 的中断，如图 10.29 所示。

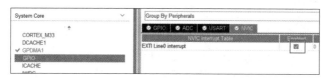

图 10.29　使能 EXTI Line0 的中断

使能 ADC1 的 IN6 为 Single-ended 模式，并配置 Clock Prescaler 分频系数。由于要连续转换 ADC 的值，所以需要使能 Continuous Conversion Mode。由于要使用 DMA，所以需要在 Conversion Data Management Mode 中使能 DMA Circular Mode。使能规则通道转换，设置合适的采样时间，如图 10.30 所示。

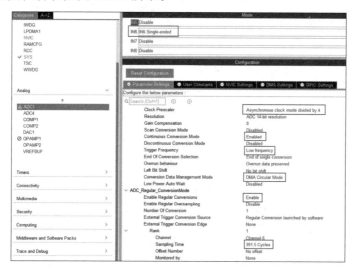

图 10.30　ADC1 的配置页面

在 GPDMA1 配置界面，设置 Channel 0 为 Standard Request Mode，如图 10.31 所示。使能 Circular Mode，配置 Request 为 ADC1。由于 ADC 的位数为 14 位，所以设置源数据和目的数据都为半个字的长度（16 位）。因为要将数据存放进一个数组，所以使能目的地址传输后自动增加。

配置英文工程目录 Toolchain/MDK，设置为复制必要的文件，分别生成 .c/.h 文件后，生成并打开工程。

在工程选项中选择不使用 MicroLIB，如图 10.22 所示。

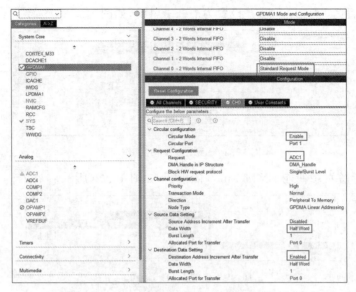

图 10.31 GPDMA1 的配置界面

首先重定向 printf()的功能。在 main. c 的头文件中加入 ♯ include "stdio. h"后,在 USER CODE BEGIN 0 处添加以下代码:

```
__ASM (".global __use_no_semihosting");        //AC6 编译器
//标准库需要的支持函数
struct FILE
 {
    int handle;
 };
FILE __stdout;
 //定义_sys_exit()以避免使用半主机模式
void _sys_exit(int x)
{
    x = x;
}
void _ttywrch(int ch)
{
    ch = ch;
}
//printf()实现重定向
int fputc(int ch, FILE * f)
{
    uint8_t temp[1] = {ch};
    HAL_UART_Transmit(&huart1, temp, 1, 2);
    return ch;
}
```

由 ADC 的硬件原理图可知,其由 VDDA 供电,所以需要打开 VDDA。然后需要对 ADC 进行校正操作。在 USER CODE BEGIN 2 处添加下列代码:

```
/ * USER CODE BEGIN 2 * /
    HAL_PWREx_EnableVddA();        //打开 ADC 模拟电源
    if(HAL_ADCEx_Calibration_Start(&hadc1,ADC_CALIB_OFFSET,ADC_SINGLE_ENDED)!= HAL_OK)
```

```
        {
            Error_Handler();
        }
        HAL_ADC_Start_DMA(&hadc1,(uin + 32_t * )buf,4)
/* USER CODE END 2 */
```

在 USER CODE BEGIN 4 处添加 ADC 转换完成中断回调函数和外部中断回调函数。当 DMA 传输完成 ADC 的数值后,会调用 ConvCpltCallback()从而令标志位 ADCC=1。当五向按键按下时,会产生外部中断,从而令按键按下标志位 FiveKeyPress=1。

```
/* USER CODE BEGIN 4 */
void HAL_GPIO_EXTI_Rising_Callback(uint16_t GPIO_Pin)         //上升沿触发的回调函数
{
    //五向按键按下
    if(HAL_GPIO_ReadPin(GPIOA,GPIO_PIN_0) && (GPIO_Pin == GPIO_PIN_0))
    {
        FiveKeyPress = 1;
    }
}
void HAL_ADC_ConvCpltCallback(ADC_HandleTypeDef * hadc)
{
  ADCC = 1;
}
/* USER CODE END 4 */
```

在主循环中添加平均值计算和打印函数。

```
/* USER CODE BEGIN WHILE */
  while (1)
  {
    HAL_Delay(100);
    if((ADCC) && (FiveKeyPress))          //DMA 采集完成与五向键按下
    {
        HAL_Delay(20);
        printf("ADC_KEY = % .4f\n\r",(buf[1] + buf[0] + buf[2] + buf[3])/4 * 3.3/ 16384);
        ADCC = 0;
        FiveKeyPress = 0;
    }
    /* USER CODE END WHILE */
```

最后在文件前部定义用到的全局变量。

```
/* USER CODE BEGIN PV */
uint16_t buf[4] = {0};
uint32_t ADCC = 0;
uint32_t FiveKeyPress = 0;
/* USER CODE END PV */
```

10.9.5 实验现象

单击 Rebuild 按钮编译工程,选择好调试下载器后,将程序下载到开发板上。然后打开串口调试助手,在里面找到 USB 串行设备(使用 DAPLink)或 ST-Link Virtual COM Port(使用 ST-Link),选择其作为串口端口使用。然后设置波特率、校验位、数据位、停止位与程序配置保持一致后,单击"打开"按钮打开端口。

复位开发板。当向不同的方向拨动五向按键时,可以在串口调试助手中看到 ADC 测量得到的不同的数值,如图 10.32 所示。

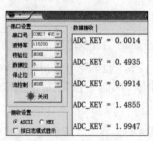

图 10.32　实验现象

10.10　习题

简答题

简述 ADC 的作用,以及 STM32 中规则通道和注入通道的区别。

思考题

思考如何通过 DMA 的方式连续测量一个 0～3.3V 的电源(可调电压或干电池)的电压值。

第 11 章

CHAPTER 11

串行外设接口

11.1 SPI 总线简介

视频讲解

串行外设接口(Serial Peripheral Interface,SPI)总线是一种高速的、全双工/半双工/单工、同步的串行通信总线,由摩托罗拉公司(Motorola)开发,用于短距离通信,特别是微控制器和外围设备(如传感器、存储器、LCD 显示器等)之间的通信。SPI 总线通常用于嵌入式系统中,因为它提供了简单而高效的通信方式。

SPI 总线通常需要 4 根线进行通信,如图 11.1 所示。

SCK(Serial Clock):时钟信号,由主设备产生,用于同步数据传输。

MOSI(Master Out Slave In):主设备输出,从设备输入的数据线。

MISO(Master In Slave Out):主设备输入,从设备输出的数据线。

SS(Slave Select)或 CS(Chip Select):从设备选择线,用于激活特定的从设备。

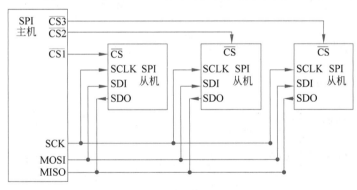

图 11.1 SPI 总线原理图

在 SPI 通信中,主设备通过 SS/CS 线选择一个从设备,然后通过 SCK 线提供时钟信号。在每个时钟周期,MOSI 和 MISO 线上都会传输一位数据。主设备和从设备必须事先约定好数据的传输格式,包括数据位数、时钟极性和时钟相位。

时钟极性(CPOL):定义了空闲时钟的状态(高或低),控制着没有数据传输时时钟的空闲状态值。如果 CPOL 被清 0,SCK 引脚在空闲状态时为低电平。如果 CPOL 被置 1,SCK 引脚在空闲状态时为高电平。

时钟相位(CPHA):定义了数据是在时钟的上升沿还是下降沿被采样。如果 CPHA 位被置 1,那么在 SCK 引脚上的第二个边沿会捕获第一个数据位(如果 CPOL 位被清 0,则为下降沿;如果 CPOL 位被置 1,则为上升沿)。数据在每次这种类型的时钟转换发生时被锁存。如果 CPHA 位被清 0,那么在 SCK 引脚上的第一个边沿会捕获第一个数据位(如果 CPOL 位被置 1,则为下降沿;如果 CPOL 位被清 0,则为上升沿)。数据在每次这种类型的时钟转换发生时被锁存。

结合 CPOL 位的状态,可以确定 SPI 通信的确切时序模式。以下是 CPHA 位设置和复位时的不同情况。

CPHA=1:数据在 SCK 引脚上的第二个边沿被捕获。如果 CPOL=0,则第二个边沿是下降沿;如果 CPOL=1,则第二个边沿是上升沿,如图 11.2 所示。

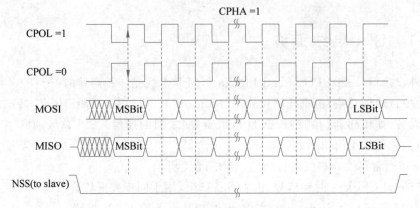

图 11.2 CPHA=1 时的 SPI 时序

CPHA=0:数据在 SCK 引脚上的第一个边沿被捕获。如果 CPOL=1,则第一个边沿是下降沿;如果 CPOL=0,则第一个边沿是上升沿,如图 11.3 所示。

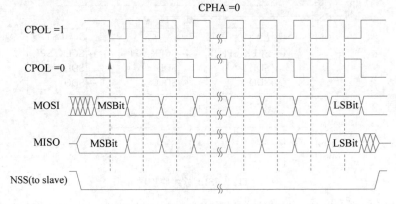

图 11.3 CPHA=0 时的 SPI 时序

视频讲解

11.2 STM32 的 SPI 接口

11.2.1 特性

STM32U575 具备 3 个 SPI 控制器,其具有的特性如表 11.1 所示。

表 11.1　STM32U575 的 SPI 控制器特性对比

SPI 特性	SPI1、SPI2(全功能)	SPI3(部分功能)
数据大小	4~32 位可配置	8 位或 16 位
CRC 计算	CRC 多项式长度可配置,5~33 位	CRC 多项式长度为 9 位或 17 位
FIFO 大小	16×8 位	8×8 位
数据长度控制	高达 65 536	高达 1024,无剩余数据计数器(CTSIZE)
具有唤醒能力的停止模式下自主运行	支持	支持
具有唤醒能力的待机模式下自主运行	不支持	不支持

数据大小:支持灵活的数据长度设置,可以为 4~32 位。这种灵活性是为了适应不同类型的外设和应用需求。在某些应用中,可能只需要传输少量的数据,例如,4 位或 8 位。在这种情况下,设置较短的数据长度可以减少不必要的传输时间,提高通信效率。对于需要高速数据传输的应用,可能需要使用较长的数据帧来减少每个数据帧之间的间隔时间,从而提高整体的数据传输速率。

CRC 计算:SPI 接口支持不同长度的 CRC 多项式,以适应不同大小的数据帧。在全功能模式下,CRC 多项式的长度可以为 5~33 位,这取决于数据帧的大小。对于功能受限的实例,CRC 多项式的长度选择较少,但仍然提供了足够的灵活性来满足不同的数据传输需求。通过正确设置 CRCPOLY 寄存器,可以确保 CRC 校验的有效性,从而提高数据传输的可靠性。

FIFO 大小:SPI 接口使用嵌入式 FIFO 来管理数据的传输,这些 FIFO 按字节组织,大小取决于具体的微控制器型号和 SPI 外设实例。FIFO 的存在允许数据以连续的方式传输,即使在数据帧较短或中断/DMA 处理延迟较长的情况下,也能防止数据丢失或溢出。发送和接收方向各自有独立的 FIFO,这样可以同时处理发送和接收的数据,从而提高 SPI 接口的数据吞吐量和效率。

数据长度控制:是指在一次 SPI 事务中传输的数据字节数。

具有唤醒能力的停止/待机模式下自主运行:SPI 接口能够自主处理和初始化事务,无须特定的系统执行交互,直到当前事务结束。这种自主处理的事务不仅可以在运行或睡眠模式下处理,甚至在停止模式下也能处理,此时 SPI 逻辑能够提供临时的时钟请求,这些请求被发送到复位和时钟控制器(RCC),以确保在 SPI 模式依赖性下,仅对 SPI 域进行必要的时钟控制,从而处理内存和外设接口之间的数据流。

11.2.2　SPI 的内部架构

STM32U575 的 SPI 内部架构如图 11.4 所示。

1. 时钟源

spi_pclk 用于外设总线接口,当访问 SPI 寄存器时必须使能该时钟。

spi_ker_ck 为 SPI 内核时钟。当 SPI 作为主机工作时,它需要来自 RCC 的 spi_ker_ck 内核时钟在通信期间保持活跃,以便通过时钟发生器为串行接口时钟提供时钟,该时钟可以通过预分频器分频或选择性地被旁路。然后,该信号通过 SCK 引脚提供给从机,并在主机

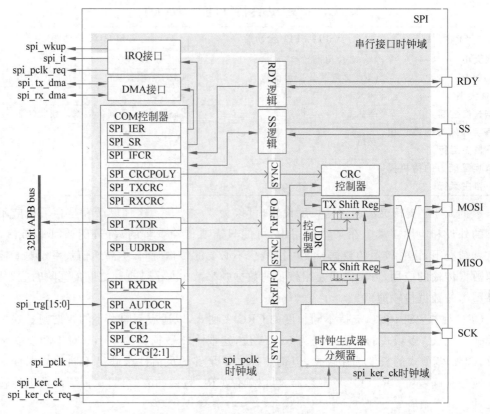

图 11.4　STM32U575 的 SPI 内部架构

内部提供给串行接口域。

当 SPI 工作在从机模式时,它使用由外部主 SPI 设备提供的外部 SCK 信号派生出的串行接口时钟来处理数据流。这就是为什么即使在 spi_pclk 和 spi_ker_ck 时钟信号不活跃的情况下,SPI 从机也能够接收和发送数据。

2. SPI 引脚和内部信号

有多达 5 个 I/O 引脚专用于与外部设备进行 SPI 通信。

MISO:主设备输入/从设备输出数据。在一般情况下,这个引脚用于在从机模式下发送数据,在主机模式下接收数据。

MOSI:主设备输出/从设备输入数据。在一般情况下,这个引脚用于在主机模式下发送数据,在从机模式下接收数据。

SCK:串行时钟,对于 SPI 主机是输出引脚,对于 SPI 从机是输入引脚。

SS:从设备选择引脚。根据 SPI 和 SS 的设置,这个引脚可以用于以下任一目的:选择单个从设备进行通信、同步数据帧,或者检测多个主机之间的冲突。

RDY:可选的状态引脚,用于指示从机 FIFO 的占用情况,从而表明从机是否准备好继续通信而不会导致数据流损坏。主机可以通过检查这个引脚来控制正在进行的通信的临时暂停。

SPI 输入/输出信号的描述如表 11.2 所示。

表 11.2　SPI 输入/输出信号的描述

信 号 名 称	信 号 类 型	描　述
spi_pclk	输入	SPI 时钟信号来自外设总线接口
spi_ker_ck	输入	SPI 内核时钟
spi_ker_ck_req	输出	SPI 内核时钟请求
spi_pclk_req	输出	SPI 时钟请求
spi_wkup	输出	SPI 唤醒中断
spi_it	输出	SPI 全局中断
spi_tx_dma	输入/输出	SPI 发送 DMA 请求
spi_rx_dma	输入/输出	SPI 接收 DMA 请求
spi_trg[15:0]	输入	SPI 触发源

SPI1 和 SPI2 的触发源如表 11.3 所示。

表 11.3　SPI1 和 SPI2 的触发源

信 号 名 称	触 发 源
spi_trg0	gpdma1_ch0_tc
spi_trg1	gpdma1_ch1_tc
spi_trg2	gpdma1_ch2_tc
spi_trg3	gpdma1_ch3_tc
spi_trg4	exti4
spi_trg5	exti9
spi_trg6	lptim1_ch1
…	…

3. 信息传输流程

当 SPI 作为主机时,MOSI 用于输出信息,其信息来自发送移位寄存器 Tx Shift Reg。该寄存器负责把二进制位一位一位地发送出去。发送移位寄存器左边连接的 UDR 控制器是欠载运行控制器,负责识别发送 FIFO 中还有没有数据,从而控制发送。发送移位寄存器上侧连接的是 CRC 控制器,负责进行 CRC 校验。要发送的数据通过 SPI_TXDR 进行写入。

当 SPI 作为主机时,MISO 用于接收消息,其信息会一位一位地传递给接收移位寄存器 Rx Shift Reg。该寄存器会把接收到的数据发送给接收 FIFO,然后传递给 SPI_RXDR。

COM 控制器为通信控制器,负责通过寄存器配置 SPI 外设并配置 DMA 传输或中断,其通过 APB 总线传递数据。

11.3　SPI 的 STM32CubeMX 配置

在 SPI1 的 Mode 中,可以选择 SPI 的传输模式,如图 11.5 所示。Full-Duplex 代表全双工,Half-Duplex 代表半双工,Receive Only 代表只接收,Transmit Only 代表只发送。Master 代表主机模式,Slave 代表从机模式。

在图 11.6 中,Hardware NSS Signal 用于设置是否启用硬件片选信号 SS。在硬件管理模式下,SS 信号的控制由硬件自动处理,而不是通过软件。这包括 SS 信号的激活和去激活时机,以及在不同配置下的具体行为。例如,当主设备开始传输数据时,SS 信号可以被自动激活,并在传输结束或暂停时去激活。此外,还可以配置 SS 信号在数据帧之间脉冲为非激活状态,以适应特定的通信需求。这些配置确保了在多主设备环境中,主设备能够正确地管理 SS 信号,避免模式故障和通信错误。

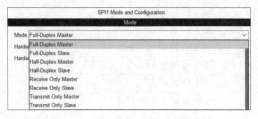

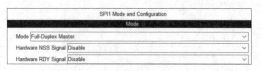

图 11.5　SPI 的模式设置　　　　　　　图 11.6　SPI 的硬件信号设置

Hardware RDY Signal 用于配置是否启用硬件 RDY 信号管理来判断从机是否准备好继续通信。

下面介绍 SPI1 的 Configuration 中的配置选项,如图 11.7 所示。

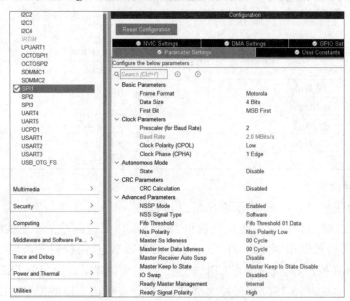

图 11.7　SPI1 的配置页面

Frame Format 用于选择数据格式为 Motorola 还是 TI。Motorola 格式的 SPI 和 TI 格式的 SPI 在基本通信原理上是相同的,但在具体的实现细节和附加功能上可能会有所不同。在使用特定制造商的 SPI 模块时,应参考其官方文档以了解具体的配置和使用方法。

Data Size 用于指示一个 SPI 数据帧中的数据位数。

First Bit 用于设置传输的数据是高位优先还是低位优先。

Prescaler(for Baud Rate)用于设置来自 APB 时钟的分频系数,分频后的频率为 SPI 的数据传输速率。

Clock Polarity(CPOL)和 Clock Phase(CPHA)用于配置时钟的相位(空闲状态为低电平还是高电平)和在第几个时钟沿上进行采样(第一个或第二个)。

Autonomous Mode 的 State 选项用于配置是否启用自主模式。自主模式允许 SPI 模块在没有 CPU 干预的情况下自动进行数据传输。在这种模式下,SPI 模块可以独立于 CPU

执行发送和接收操作,从而释放 CPU 资源,使其可以执行其他任务。

CRC Calculation 用于设置是否启用 CRC 校验。

NSSP Mode 用于配置 NSSP 模式(NSS Pulse mode)。在 NSSP 模式下,SPI 模块会在每次数据传输完成后自动将 NSS 信号置为无效状态(通常是高电平),然后在下一次传输开始前将其置为有效状态(通常是低电平)。

NSS Signal Type 用于配置 NSS 信号是否来自硬件引脚。

Fifo Threshold 用于定义单个数据包中的数据帧数量。数据包的大小不应超过 FIFO 空间的 1/2。

Nss Polarity 用于配置 NSS 信号的极性。

Master Ss Idleness 用于指定一个额外的延迟,以 SPI 时钟周期数表示,该延迟在主模式下,在 SS(从设备选择)信号的活动边缘和第一个数据事务开始之间额外插入。

Master Inter Data Idleness 指定在主模式下,两个连续数据帧之间插入的最小时间延迟,以 SPI 时钟周期数表示。

Master Receiver Auto Susp 控制主接收器模式下的连续 SPI 传输,并进行自动管理,以避免溢出条件。

Master Keep Io State 用于设置外设是否始终控制所有关联的 GPIO 引脚。当 SPI 必须因特定配置原因(例如 CRC 重置、CPHA 或 HDDIR 更改)暂时禁用时,设置此位可以防止在配置为备用功能模式的关联输出上出现任何毛刺,方法是使它们保持在对应于当前 SPI 配置的状态。

IO Swap 用于翻转 MOSI 和 MISO 的功能。

Ready Master Management 用于配置 RDY 信号是否由内部进行管理。

Ready Signal Polarity 用于设置 RDY 信号的极性。

11.4　SPI 的寄存器

下面介绍几个常用的 SPI 寄存器,如图 11.8～图 11.12 所示。

1. SPI 控制寄存器 1(SPI_CR1)

图 11.8　SPI 控制寄存器 1(SPI_CR1)

位14	RCRCINI：用于接收器的CRC计算初始化模式控制
	0：应用全0模式
	1：应用全1模式
位13	CRC33_17：32位CRC多项式配置
	0：未使用全尺寸(33位或17位)CRC多项式
	1：使用全尺寸(33位或17位)CRC多项式
	"全尺寸"指的是多项式的完整位数，可能是33或17位。如果控制位设置为0，则表示在CRC计算中不使用这个完整位数的多项式，可能使用的是一个简化版本或者不同大小的多项式。如果控制位设置为1，则表示在CRC计算中使用完整位数的多项式，这样可以提供更强的错误检测能力。选择使用哪种大小的多项式取决于通信协议的要求和设计
位11	HDDIR：半双工模式下的Rx/Tx方向
	在半双工配置中，HDDIR位确定数据传输的接收/发送方向。在全双工或任何单工配置中，此位被忽略
	0：SPI作为接收器
	1：SPI作为发送器
位8	MASRX：接收模式下的主设备自动暂停
	此位由软件设置和清除，以控制主接收器模式下的连续SPI传输，并进行自动管理以避免溢出条件
	0：SPI数据流/时钟生成是连续的，无论是否存在溢出条件(数据会丢失)
	1：在RxFIFO满的情况下，SPI数据流会暂停，以避免达到溢出条件。当SPI通信暂停时，SUSP标志被设置
位0	SPE：串行外设使能
	此位由软件设置和清除
	0：串行外设被禁用
	1：串行外设被启用
	当SPE = 1时，SPI数据传输被启用，aSPI_CFG1和SPI_CFG2配置寄存器、CRCPOLY、UDRDR、SPI_AUTOCR寄存器的一部分以及SPI_CR1寄存器中的IOLOCK位被写保护。只有在SPE = 0时才能更改这些设置
	当SPE = 0时，任何SPI操作都被停止并禁用，所有启用了中断的事件的挂起请求都被阻塞，除了MODF中断请求(但它们的挂起仍然会传播spi_plck时钟的请求)，主设备的SS输出被停用，从设备的RDY信号保持未就绪状态，内部状态机被重置，所有FIFO的内容被清空，CRC计算被初始化，接收数据寄存器被读为零当MODF错误标志激活时，SPE被清除且不能被设置

图 11.8 （续）

2. SPI 控制寄存器 2（SPI_CR2）

31	30	29	28	27	26	25	24	23	22	21	20	19	18	17	16
Res.	Res.	Res.	Res.	Res.	Res.	Res.	Res.	Res.	Res.	Res.	Res.	Res.	Res.	Res.	Res.

15	14	13	12	11	10	9	8	7	6	5	4	3	2	1	0
							TSIZE[15:0]								
rw	rw	rw	rw	rw	rw	rw	rw	rw	rw	rw	rw	rw	rw	rw	rw

位15:0	TSIZE[15:0]：当前传输的数据数量
	当软件更改这些位时，SPI必须被禁用
	当CSTART被设置且TSIZE存储的值为零时，会初始化一个无限循环的传输
	当CRC被启用时，TSIZE不能被设置为0xFFFF或0x3FFF的值
	注意：在有限功能集的实例中，TSIZE[15:10]位是保留的，并且必须保持复位值

图 11.9 SPI 控制寄存器 2（SPI_CR2）

3. SPI 配置寄存器 1（SPI_CFG1）

31	30	29	28	27	26	25	24	23	22	21	20	19	18	17	16
BPASS	MBR[2:0]			Res.	Res.	Res.	Res.	Res.	CRCEN	Res.	CRCSIZE[4:0]				
rw	rw	rw	rw						rw		rw	rw	rw	rw	rw

15	14	13	12	11	10	9	8	7	6	5	4	3	2	1	0
TXDMA EN	RXDMA EN					UDRCF G	FTHLV[3:0]				DSIZE[4:0]				
rw	rw					rw	rw	rw	rw	rw	rw	rw	rw	rw	rw

位31	BPASS：主波特率时钟发生器预分频器的旁路
	0：旁路被禁用
	1：旁路被启用
	当BPASS位设置为0时，预分频器被启用，这意味着SPI通信的时钟信号将通过预分频器进行分频，从而降低时钟频率。这允许SPI通信在较低的时钟频率下进行，可能适用于需要较低数据传输速率的应用 当BPASS设置为1时，预分频器被旁路，这意味着SPI通信的时钟信号将直接通过，不经过预分频器。这允许SPI通信在较高的时钟频率下进行，适用于需要较高数据传输速率的应用
位30:28	MBR[2:0]：主波特率预分频器设置
	000：SPI主时钟/2
	001：SPI主时钟/4
	010：SPI主时钟/8
	…
位22	CRCEN：硬件CRC计算使能
	0：禁用 CRC 计算
	1：使能 CRC 计算
位20:16	CRCSIZE[4:0]：要传输和比较的CRC帧长度
	当传输或比较CRC结果时，从多项式计算中考虑最高有效位。多项式的长度不受此设置的影响
	00011：4位
	00100：5位
	00101：6位
	…
	CRCSIZE的设置不会影响用于计算CRC的多项式的长度。多项式是CRC算法的基础，它定义了如何生成和验证CRC校验码。CRCSIZE的设置只是决定了最终生成的CRC校验码的长度，而不是多项式本身的长度
位15	TXDMAEN：Tx DMA流使能
	0：禁用Tx DMA流
	1：使能Tx DMA流
位14	RXDMAEN：Rx DMA流使能
	0：禁用Rx DMA流
	1：使能Rx DMA流
位4:0	DSIZE[4:0]：单个SPI数据帧中的位数
	00011：4位
	00100：5位
	00101：6位
	…

图 11.10　SPI 配置寄存器 1（SPI_CFG1）

4. SPI 发送数据寄存器（SPI_TXDR）

31	30	29	28	27	26	25	24	23	22	21	20	19	18	17	16
TXDR[31:16]															
w	w	w	w	w	w	w	w	w	w	w	w	w	w	w	w

15	14	13	12	11	10	9	8	7	6	5	4	3	2	1	0
TXDR[15:0]															
w	w	w	w	w	w	w	w	w	w	w	w	w	w	w	w

位31:0	TXDR[31:0]：发送数据寄存器
	该寄存器作为与TxFIFO（发送先进先出队列）的接口。对其进行写操作可以访问TxFIFO
	注意：数据总是右对齐的。在写入寄存器时，未使用的位会被忽略，而在读取寄存器时，这些位会读作零
	注意：DR（数据寄存器）可以按字节（8位访问）进行访问。在这种情况下，单次访问只写入1个数据字节 按半字（16位访问）进行访问时，单次访问可以写入2个数据字节 按字（32位访问）进行访问时，单次访问可以写入4个数据字节 不允许对该寄存器的写入访问小于配置的数据大小

图 11.11　SPI 发送数据寄存器（SPI_TXDR）

5. SPI 接收数据寄存器(SPI_RXDR)

31	30	29	28	27	26	25	24	23	22	21	20	19	18	17	16
							RXDR[31:16]								
r	r	r	r	r	r	r	r	r	r	r	r	r	r	r	r

15	14	13	12	11	10	9	8	7	6	5	4	3	2	1	0
							RXDR[15:0]								
r	r	r	r	r	r	r	r	r	r	r	r	r	r	r	r

位31:0	RXDR[31:0]: 接收数据寄存器
	该寄存器作为与RxFIFO(发送先进先出队列)的接口。对其进行读操作可以访问RxFIFO
	注意: 数据总是右对齐的。当读取寄存器时,未使用的位会被读作零写入寄存器的操作会被忽略
	注意: DR(数据寄存器)可以按字节(8位访问)进行访问。在这种情况下,单次访问只读取1个数据字节 按半字(16位访问)进行访问时,单次访问可以读取2个数据字节 按字(32位访问)进行访问时,单次访问可以读取4个数据字节 不允许对该寄存器的读取访问小于配置的数据大小

图 11.12　SPI 接收数据寄存器(SPI_RXDR)

11.5　SPI 的 HAL 库函数

下列提供了一组函数,用于管理 SPI 数据传输。传输模式有如下两种。

- 阻塞模式: 通信在轮询模式下进行。所有数据处理的 HAL 状态在完成传输后由同一函数返回。
- 非阻塞模式: 通信使用中断或 DMA 进行。中断发生时将会调用相关的回调函数。

阻塞模式的 SPI 功能函数说明见表 11.4。

表 11.4　阻塞模式的 SPI 功能函数说明

函 数 名 称	函 数 功 能
HAL_SPI_Transmit	阻塞模式发送数据
HAL_SPI_Receive	阻塞模式接收数据
HAL_SPI_TransmitReceive	阻塞模式发送并接收数据

中断模式的 SPI 功能函数说明见表 11.5。

表 11.5　中断模式的 SPI 功能函数说明

函 数 名 称	函 数 功 能
HAL_SPI_Transmit_IT	中断模式发送数据
HAL_SPI_Receive_IT	中断模式接收数据
HAL_SPI_TransmitReceive_IT	中断模式发送并接收数据

DMA 模式的 SPI 功能函数说明见表 11.6。

表 11.6　DMA 模式的 SPI 功能函数说明

函 数 名 称	函 数 功 能
HAL_SPI_Transmit_DMA	DMA 模式发送数据
HAL_SPI_Receive_DMA	DMA 模式接收数据
HAL_SPI_TransmitReceive_DMA	DMA 模式发送并接收数据
HAL_SPI_DMAPause	DMA 暂停
HAL_SPI_DMAResume	DMA 继续
HAL_SPI_DMAStop	DMA 停止

11.6　实验：用 SPI 总线驱动显示屏

11.6.1　应用场景及目的

SPI 被广泛应用于液晶屏的驱动中。本实验采用的开发板上可以连接一个 FS-2.8-SPI-LCD 组件，如图 3.33 所示。FS-2.8-SPI-LCD 组件由 2.8inch TFT-LCD 显示屏、电容触摸屏、背光板构成。TFT-LCD 显示屏分辨率为 240×320px，接口类型为 4 线 SPI；电容触摸屏采用 G+F 结构。该显示屏的驱动芯片为 ILI9341。

本次实验将介绍使用 SPI 驱动显示屏的方法，并且让显示屏按照一定的频率刷新显示颜色。本实验对应的例程为 10-2_STM32U575_SPI_LCD-Display。

11.6.2　LCD 基础知识

TFT LCD(Thin-Film Transistor Liquid Crystal Display)是一种液晶显示屏，它使用薄膜晶体管(TFT)来控制每个像素的亮度和色彩，具有高分辨率、良好的色彩表现和快速的刷新速率等特点。

源极(Source)和栅极(Gate)是 TFT 液晶显示器中的两个关键元件，如图 11.13 所示。它们是薄膜晶体管的重要部分，用于控制液晶像素的开关。

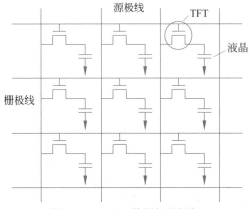

图 11.13　LCD 的源极和栅极

源极是 TFT 中的一部分，它是液晶晶体管中的输出端。在 TFT LCD 中，源极负责提供电流，控制液晶的通断状态。当源极接通时，电流流经 TFT，液晶处于亮态；当源极断开时，液晶处于暗态。每个像素点都有一个对应的源极，通过控制源极的开关状态，可以实现对液晶像素的精确控制。

栅极是 TFT 中的另一部分，它是控制 TFT 导通状态的输入端。在 TFT LCD 中，栅极负责控制 TFT 的导通和截止。当在栅极施加一个信号时，TFT 导通，源极和漏极之间建立通路，使得液晶像素点处于亮态；当在栅极停止施加信号时，TFT 截止，液晶像素点处于暗态。栅极的信号由显示控制器发出，根据显示数据和扫描行数进行时序控制。

源极和栅极共同作用于每个像素，通过精确的时序控制和电流供应，实现了液晶显示器的像素级别控制，从而呈现出清晰、生动的图像。这种像素级别的控制是 TFT 液晶显示器高画质和快速响应的关键之一。

11.6.3　ILI9341 驱动芯片

ILI9341 用于驱动 a-TFT 液晶显示器,分辨率为 RGB240×320px,支持 262 144 种色彩。它包括一个 720 通道的源驱动器、一个 320 通道的栅驱动器、用于 RGB240×320px 图形显示数据的 172 800 字节 GRAM 以及电源供应电路。

ILI9341 支持并行 8 位/9 位/16 位/18 位数据总线 MCU 接口、6 位/16 位/18 位数据总线 RGB 接口以及 3/4 线串行外围接口(SPI)。通过窗口地址功能,可以在内部 GRAM 中指定移动图像区域。指定的窗口区域可以进行选择性更新,因此移动图像可以独立于静止图像区域同时显示。

ILI9341 可以在 1.65~3.3V 的 I/O 接口电压下运行,并具有内置的电压跟随器电路,用于生成驱动 LCD 所需的电压电平。ILI9341 支持全彩色、8 色显示模式和睡眠模式,通过软件实现精确的功耗控制。

ILI9341 的内部架构如图 11.14 所示。

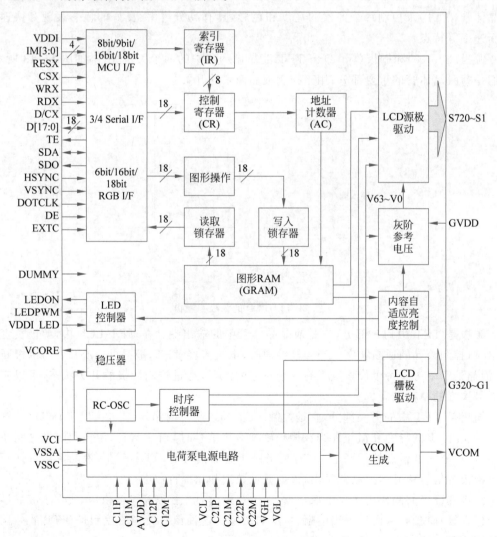

图 11.14　ILI9341 的内部架构

ILI9341 的引脚说明如表 11.7 所示。

表 11.7 ILI9341 的引脚说明

引脚名称	I/O	类型	描　　述
IM[3：0]	I	(VDDI/VSS)	设定 MCU 接口模式
RESX	I	MCU (VDDI/VSS)	低电平有效,复位设备
EXTC	I	MCU (VDDI/VSS)	扩展命令集启用,高电平有效。将 EXTC 连接到 VDDI 以读写扩展寄存器
CSX	I	MCU (VDDI/VSS)	芯片选择输入引脚,低电平使能 在 MPU 接口模式下,此引脚只能永久固定为低电平
D/CX (SCL)	I	MCU (VDDI/VSS)	此引脚用于在并行接口中选择"数据"或"命令" 当 DCX='1'时,选择数据 当 DCX='0'时,选择命令 在 3 线 9 位/4 线 8 位串行数据接口中,此引脚用作串行接口时钟 如果未使用,应将此引脚连接到 VDDI 或 VSS
RDX	I	MCU (VDDI/VSS)	8080-Ⅰ/8080-Ⅱ系统(RDX):用作读取信号,并且在上升沿时读取数据 不使用时固定为 VDDI 电平
WRX (D/CX)	I	MCU (VDDI/VSS)	8080-Ⅰ/8080-Ⅱ系统(WRX):用作写入信号,并在上升沿时写入数据 4 线系统(D/CX):用作命令或参数选择 不使用时固定为 VDDI 电平
D[17：0]	I/O	MCU (VDDI/VSS)	用于 MCU 系统和 RGB 接口模式的 18 位并行双向数据总线 不使用时固定为 VSS 电平
SDI/SDA	I/O	MCU (VDDI/VSS)	当 IM[3]为低时,为串行输入/输出信号 当 IM[3]为高时,为串行输入信号 数据在 SCL 信号的上升沿应用 如果未使用,请将此引脚固定在 VDDI 或 VSS 上
SDO	O	MCU (VDDI/VSS)	串行输出信号 数据在 SCL 信号的下降沿输出 如果未使用,请将此引脚悬空

IM[3：0]可用于设置该芯片采用什么样的接口和协议来和单片机进行通信。官方手册中给出了其设置方式,如表 11.8 所示。

表 11.8 MCU 接口模式配置表

IM3	IM2	IM1	IM0	MCU 接口模式	使用的数据引脚	
					寄存器/内容	GRAM
0	0	0	0	80 MCU 8bit bus interface Ⅰ	D[7：0]	D[7：0]
0	0	0	1	80 MCU 16bit bus interface Ⅰ	D[7：0]	D[15：0]
0	0	1	0	80 MCU 9bit bus interface Ⅰ	D[7：0]	D[8：0]
0	0	1	1	80 MCU 18bit bus interface Ⅰ	D[7：0]	D[17：0]
0	1	0	1	3-wire 9bit data serial interface Ⅰ	SDA：In/Out	
0	1	1	0	4-wire 8bit data serial interface Ⅰ	SDA：In/Out	

续表

IM3	IM2	IM1	IM0	MCU 接口模式	使用的数据引脚	
					寄存器/内容	GRAM
1	0	0	0	80 MCU 16bit bus interface Ⅱ	D[8：1]	D[17：10] D[8：1]
1	0	0	1	80 MCU 8bit bus interface Ⅱ	D[17：10]	D[17：10]
1	0	1	0	80 MCU 18bit bus interface Ⅱ	D[8：1]	D[17：0]
1	0	1	1	80 MCU 9bit bus interface Ⅱ	D[17：10]	D[17：9]
1	1	0	1	3-wire 9bit data serial interface Ⅱ	SDI：In	
1	1	1	0	4-wire 8bit data serial interface Ⅱ	SDO：Out	

通过显示屏原理图可知,这4个引脚连接的是1110,即采用4线8位数据串行接口Ⅱ,如图11.15所示。

此时单片机与该芯片的连接方式如图11.16所示。

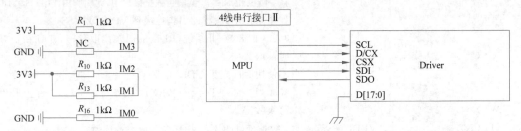

图 11.15 IM0～IM3 引脚连接原理图　　　图 11.16 单片机与该芯片的连接方式

SCL 连接单片机的 SPI 时钟线,SDI 连接 SPI 的 MOSI 线,SDO 连接 MISO 线。CSX 用于片选信号,D/CX 用于指示传输内容是数据还是命令。

官方手册中给出了这个接口的时序,如图11.17所示。在读8位数据时,利用SDI接收一个字节的命令后,会立即发送出一个字节的数据。

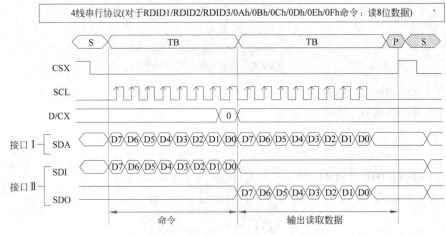

图 11.17 读 8 位数据时的时序

在读 24 位或 32 位数据时,命令字节和数据字节中间会有一个空时钟周期,如图 11.18 所示。

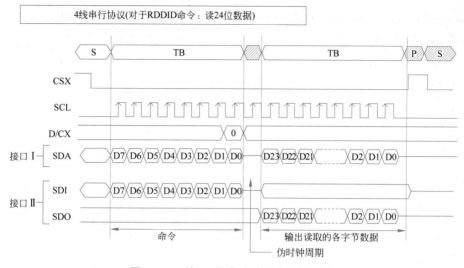

图 11.18 读 24 位或 32 位数据时的时序

在写数据时,命令和数据/命令/参数之间可用 CSX 信号隔开(可不用),如图 11.19 所示。

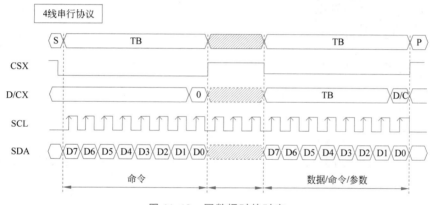

图 11.19 写数据时的时序

下面对照驱动程序,来看看如何利用 SPI 进行配置,并了解初始化时进行了哪些配置。
初始化程序位于 bsp_ili9341_4line.c 文件中,如图 11.20 所示,这里只截取部分。

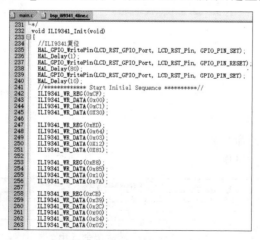

图 11.20 ILI9341 初始化程序

程序中通过先写入命令(ILI9341_WR_REG()),再写入参数(ILI9341_WR_DATA ()),来配置该命令。具体代码如下:

```
/*
*****************************************************************************
* @fun     :ILI9341_WR_REG
* @brief   :写寄存器函数
* @param   :REG:寄存器值
* @return  :None
*****************************************************************************
*/
inline void ILI9341_WR_REG(uint8_t REG)
{
    HAL_GPIO_WritePin(LCD_DCX_GPIO_Port, LCD_DCX_Pin, GPIO_PIN_RESET);
    HAL_SPI_Transmit(&hspi1,&REG,1, 1);          //不读取从机返回的数据
    HAL_GPIO_WritePin(LCD_DCX_GPIO_Port, LCD_DCX_Pin, GPIO_PIN_SET);
}
/*
*****************************************************************************
* @fun     :ILI9341_WR_DATA
* @brief   :写 ILI9341 数据
* @param   :DATA:要写入的值
* @return  :None
*****************************************************************************
*/
inline void ILI9341_WR_DATA(uint8_t DATA)
{
    HAL_SPI_Transmit(&hspi1,&DATA,1, 1);            //不读取从机返回数据
}
```

写入命令时,先将 DCX 引脚置低,来表明当前写入的是命令,然后通过 SPI 向其发送一个字节。发送完成后,将 DCX 引脚置为高电平,来表明后面要发送的是数据。写入参数时利用 SPI 向其发送特定的字节即可。所有的命令可通过官方芯片手册查阅,如图 11.21 所示。

图 11.21　芯片手册中的命令目录

下面介绍几个重要的命令。

打开显示命令(29h)(见图 11.22):

29h	DISPON (Display ON)											
	D/CX	RDX	WRX	D17-8	D7	D6	D5	D4	D3	D2	D1	D0	HEX
Command	0	1	↑	XX	0	0	1	0	1	0	0	1	29h
Parameter	No Parameter											

图 11.22　打开显示命令(29h)

该命令用于从 DISPLAYOFF 模式中恢复,输出帧内存中的数据而不改变内容和其他状态。

列地址设置命令(2Ah)(见图 11.23):

2Ah					CASET (Column Address Set)								
	D/CX	RDX	WRX	D17-8	D7	D6	D5	D4	D3	D2	D1	D0	HEX
Command	0	1	↑	XX	0	0	1	0	1	0	1	0	2Ah
1st Parameter	1	1	↑	XX	SC15	SC14	SC13	SC12	SC11	SC10	SC9	SC8	Note1
2nd Parameter	1	1	↑	XX	SC7	SC6	SC5	SC4	SC3	SC2	SC1	SC0	
3rd Parameter	1	1	↑	XX	EC15	EC14	EC13	EC12	EC11	EC10	EC9	EC8	Note1
4th Parameter	1	1	↑	XX	EC7	EC6	EC5	EC4	EC3	EC2	EC1	EC0	

图 11.23 列地址设置命令(2Ah)

该命令用于定义 MCU 可以访问的帧内存区域。该命令不会对其他驱动程序状态造成影响。当 RAMWR 命令到来时,将参考 SC[15:0] 和 EC[15:0] 的值进行写入,每个值代表帧内存中的一列线,如图 11.24 所示。

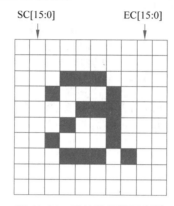

图 11.24 列地址设置示意图

页地址设置命令(2Bh)(见图 11.25):

2Bh					PASET (Page Address Set)								
	D/CX	RDX	WRX	D17-8	D7	D6	D5	D4	D3	D2	D1	D0	HEX
Command	0	1	↑	XX	0	0	1	0	1	0	1	1	2Bh
1st Parameter	1	1	↑	XX	SP15	SP14	SP13	SP12	SP11	SP10	SP9	SP8	Note1
2nd Parameter	1	1	↑	XX	SP7	SP6	SP5	SP4	SP3	SP2	SP1	SP0	
3rd Parameter	1	1	↑	XX	EP15	EP14	EP13	EP12	EP11	EP10	EP9	EP8	Note1
4th Parameter	1	1	↑	XX	EP7	EP6	EP5	EP4	EP3	EP2	EP1	EP0	

图 11.25 页地址设置命令(2Bh)

该命令用于定义 MCU 可以访问的帧内存区域。该命令不会对其他驱动程序状态造成影响。当 RAMWR 命令到来时,将参考 SP[15:0] 和 EP[15:0] 的值,每个值代表帧内存中的一页线,如图 11.26 所示。

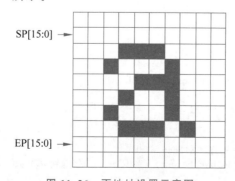

图 11.26 页地址设置示意图

内存写入命令(2Ch)(见图 11.27):

2Ch					RAMWR (Memory Write)								
	D/CX	RDX	WRX	D17-8	D7	D6	D5	D4	D3	D2	D1	D0	HEX
Command	0	1	↑	XX	0	0	1	0	1	1	0	0	2Ch
1ˢᵗ Parameter	1	1	↑					D1 [17:0]					XX
" Parameter	1	1	↑					Dx [17:0]					XX
Nᵗʰ Parameter	1	1	↑					Dn [17:0]					XX

图 11.27　内存写入命令(2Ch)

该命令用于将数据从 MCU 传输到帧内存。该命令不会改变其他驱动器的状态。当接收到此命令时,列寄存器和页寄存器将被重置为起始列/起始页位置。起始列/起始页位置根据 MADCTL 设置不同而不同。然后,D[17:0]被存储在帧内存中,并且列寄存器和页寄存器被递增。发送任何其他命令都可以停止帧写入。X 表示无关紧要。

内存访问控制命令(36h)(见图 11.28):

36h					MADCTL (Memory Access Control)								
	D/CX	RDX	WRX	D17-8	D7	D6	D5	D4	D3	D2	D1	D0	HEX
Command	0	1	↑	XX	0	0	1	1	0	1	1	0	36h
Parameter	1	1	↑	XX	MY	MX	MV	ML	BGR	MH	0	0	00

图 11.28　内存访问控制命令(36h)

该命令定义了帧内存的读/写扫描方向。该命令不会对其他驱动器的状态造成影响。该命令各控制位的名称与功能如表 11.9 所示。

表 11.9　内存访问控制命令各控制位的名称与功能

位	名　　称	描　　述
MY	行地址顺序	这 3 位用于控制 MCU 到内存的写/读方向
MX	列地址顺序	
MV	行/列互换	
ML	垂直刷新顺序	LCD 垂直刷新方向控制
BGR	RGB-BGR 顺序	颜色选择器开关控制 (0＝RGB 色彩,1＝BGR 色彩)
MH	水平刷新顺序	LCD 水平刷新方向控制

向屏幕填充颜色时,需要先通过 2Ah 和 2Bh 指令设置光标起始位置,然后发送内存写入指令 2Ch,最后发送对应像素数量的颜色即可,如下所示:

```
/*
*************************************************************
* @fun      :ILI9341_Clear
* @brief    :清屏函数,color:要清屏的填充色
* @param    :
* @return   :None
*************************************************************
*/
void ILI9341_Clear(uint16_t color)
{
    uint8_t TempBufferD[2] = {color >> 8, color};
    //
    uint32_t index = 0;
    uint32_t totalpoint = ILI9341dev.width;
    totalpoint *= ILI9341dev.height;           //得到总点数
    //
```

```
    ILI9341_SetCursor(0x00,0x00);        //设置光标位置
    ILI9341_WriteRAM_Prepare();          //准备写入 GRAM
    //
    for(index = 0;index < totalpoint;index++)
    {
        HAL_SPI_Transmit(&hspi1, TempBufferD, 2, 1);
    }
}
```

11.6.4 程序流程

程序流程如图 11.29 所示。

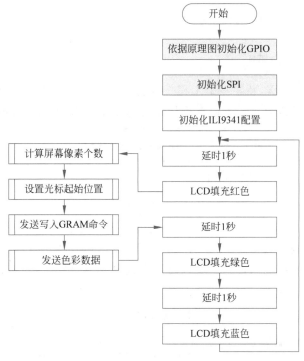

图 11.29 程序流程

引脚配置完成后,利用已经写好的驱动程序接口进行 ILI9341 芯片的初始化和后续的颜色填充。

11.6.5 原理图

由图 11.30 可知,需要利用 WRX 引脚实现 D/CX 功能。

RDX	I	(VDDI/VSS)	read data at the rising edge. *Fix to VDDI level when not in use.*
WRX (D/CX)	I	MCU (VDDI/VSS)	- 8080- I /8080- II system (WRX): Serves as a write signal and writes data at the rising edge. - 4-line system (D/CX): Serves as command or parameter select. *Fix to VDDI level when not in use.*
		MCU	18-bit parallel bi-directional data bus for MCU system and RGB

图 11.30 WRX(D/CX)引脚说明

由显示屏原理图(见图 11.31)和核心板原理图(见图 11.32)可知,该引脚连接到了 PA4。同理,LCD 的复位引脚 RESET 连接到了 PA8。

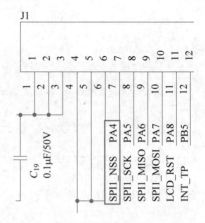

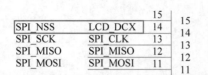

图 11.31　显示屏原理图接口部分　　　　　图 11.32　核心板原理图显示屏接口部分

11.6.6　程序配置

打开 STM32CubeMX,新建一个工程。设置 HCLK 和 APB 时钟频率为 160MHz。使能 ICACHE 功能的模式为 1-way 以支持指令高速缓存,如图 11.33 所示。

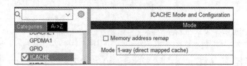

图 11.33　配置 ICACHE 功能

需要将连接 D/CX 功能引脚的 STM32 引脚配置为推挽输出模式。当输出指令时,令该引脚为低电平,当输出数据时,令该引脚为高电平。同时也需要将连接 LCD 复位引脚的 STM32 引脚配置为推挽输出模式。所以需要配置 PA4 和 PA8 为推挽输出模式,并分别将其用户标签设置为 LCD_DCX 和 LCD_RST,如图 11.34 所示。

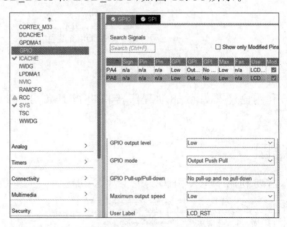

图 11.34　配置 PA4 和 PA8 为推挽输出模式

由于连接液晶屏的 SPI 时钟线、MISO、MOSI 分别连接到了 PA5、PA6、PA7,所以需要配置这 3 个引脚为对应的功能,并使能 SPI1 为全双工主机模式。由于命令和数据为 8 位传输方式,所以配置 Data Size 为 8 位,并通过分频系数配置合适的时钟速率,如图 11.35 所示。

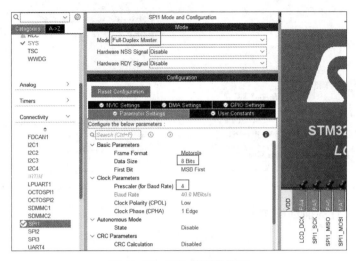

图 11.35　SPI1 的配置页面

在 GPIO Settings 标签页中将这 3 个引脚的输出速度调为高速,否则不支持 40MHz 的速度,如图 11.36 所示。

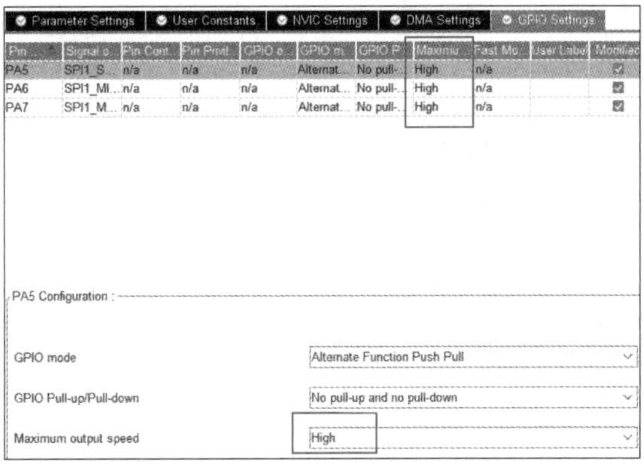

图 11.36　配置 GPIO 引脚输出速度为高速

配置英文工程目录 Toolchain/MDK,设置为复制必要的文件,分别生成.c/.h 文件后,生成并打开工程。

将例程中的 bsp_ili9341_4line.c 和 bsp_ili9341_4line.h 驱动文件复制到新建的工程目录的对应位置,如图 11.37 和图 11.38 所示。

图 11.37　复制.c 文件到 Src 文件夹

图 11.38　复制.h 文件到 Inc 文件夹

右击工程中对应的文件夹分组,选择添加现有文件到该组,如图 11.39 所示。

选择刚复制的.c 文件后单击 Add 按钮,如图 11.40 所示。

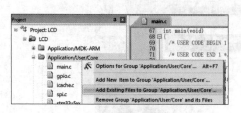

图 11.39　添加现有文件到组 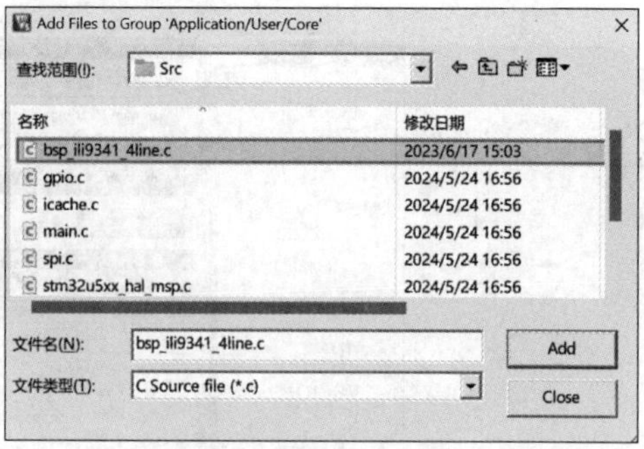　　　　图 11.40　添加刚复制的.c 文件

在 main.c 文件的前部添加头文件。

```
/* USER CODE BEGIN Includes */
# include "bsp_ili9341_4line.h"
/* USER CODE END Includes */
```

在主函数中添加初始化 ILI9341 的函数。

```
/* USER CODE BEGIN 2 */
  ILI9341_Init();                    //ILI9341 芯片初始化
 /* USER CODE END 2 */
```

在主循环中添加屏幕填充的函数。

```
/* USER CODE BEGIN WHILE */
  while (1)
  {
      HAL_Delay(1000);
      ILI9341_Clear(RED);
      HAL_Delay(1000);
      ILI9341_Clear(GREEN);
      HAL_Delay(1000);
      ILI9341_Clear(BLUE);
   /* USER CODE END WHILE */

   /* USER CODE BEGIN 3 */
  }
 /* USER CODE END 3 */
}
```

11.6.7　实验现象

单击 Rebuild 按钮编译工程,选择好调试下载器后,将程序下载到开发板上。注意连接好显示屏和核心板。

按下开发板复位按键后松开,即可看到显示屏在刷新填充颜色,如图 11.41 所示。

图 11.41　实验现象

11.7 实验：用 SPI 总线显示图片

11.7.1 应用场景及目的

本实验将学习如何查看显示屏驱动所支持的分辨率和颜色格式，然后通过软件将图片转换成对应分辨率和颜色格式的数组并导入程序中，并利用 SPI 总线将该数组发送给驱动芯片，以便在液晶屏上显示出来。

该实验对应的例程为 10-5_STM32U575_SPI_LCD-Picture。

11.7.2 图片转换原理

由 ILI9341 的官方手册可知，在 4 线串行接口下有两种颜色深度：一种是 65K 颜色，RGB 为 5-6-5 位输入；另一种是 262K 颜色，RGB 为 6-6-6 位输入，如图 11.42 所示。

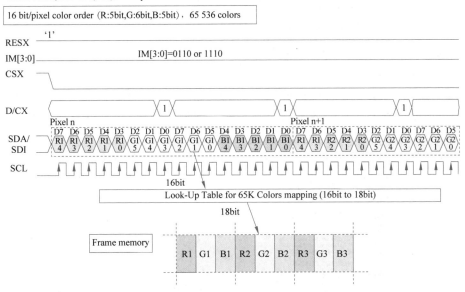

图 11.42 ILI9341 官方手册中的颜色格式说明

该颜色格式可通过 COLMOD：Pixel Format Set(3Ah)命令进行配置，如图 11.43 所示。

3Ah				PIXSET (Pixel Format Set)								
	D/CX	RDX	WRX	D17-8	D7	D6	D5	D4	D3	D2	D1	D0	HEX
Command	0	1	↑	XX	0	0	1	1	1	0	1	0	3Ah
Parameter	1	1	↑	XX	0	DPI [2:0]		0	DBI [2:0]				66

图 11.43 颜色格式设置命令(3Ah)

该命令设置接口使用的是 RGB 图像数据的颜色格式。DPI［2：0］是 RGB 接口的颜色格式选择，DBI［2：0］是 MCU 接口的颜色格式。RGB 接口是指与显示屏连接的接口，MCU 接口是指与单片机连接的接口。如果无论是 RGB 接口还是 MCU 接口都没有被使用，则参数中对应的位将被忽略。颜色格式设置方式如表 11.10 所示。

表 11.10 颜色格式配置表

DPI[2：0]			DBI[2：0]			接口格式
0	0	0	0	0	0	保留
0	0	1	0	0	1	保留
0	1	0	0	1	0	保留
0	1	1	0	1	1	保留
1	0	0	1	0	0	保留
1	0	1	1	0	1	16 位/像素
1	1	0	1	1	0	18 位/像素
1	1	1	1	1	1	保留

复位后 DPI 和 DBI 默认被配置为 110，因此在初始化程序中需要重新配置该命令，如图 11.44 所示。

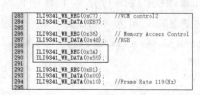

图 11.44 通过 0x3A 命令设置 DPI 和 DBI 的代码

当参数为 0x55 时，对应的 DPI 和 DBI 为 101，即用 16 位表示每个像素。此时用 5 位表示 R，用 6 位表示 G，用 5 位表示 B。

还需要注意驱动芯片的像素扫描方向和分辨率。11.6 节的实验介绍了内存访问控制(36h)命令能够设置要显示的像素的行地址和列地址的顺序，同时也介绍了列地址设置(2Ah)命令和行地址设置(2Bh)命令能够设置要显示的分辨率。应注意程序中的这部分配置，并使其与图片转换数组的配置相匹配。这部分的配置代码如图 11.45 所示。

```
main.c   bsp_ili9341_4line.c
192           break;
193       }
194   }else //横屏
195   {
196       ILI9341dev.width=320;
197       ILI9341dev.height=240;
198
199       ILI9341dev.wramcmd=0X2C;
200       ILI9341dev.setxcmd=0X2A;
201       ILI9341dev.setycmd=0X2B;
202       DFT_SCAN_DIR=D2U_L2R;
203
204       switch(DFT_SCAN_DIR)
205       {
206           case U2D_R2L://从上到下,从右到左   //横屏
207               regval|=(0<<7)|(1<<6)|(1<<5);
208               break;
209           case D2U_L2R://从下到上,从左到右   //横屏
210               regval|=(1<<7)|(0<<6)|(1<<5);
211               break;
212       }
213   }
214   dirreg=0X36;
215   regval|=0X00;
216   ILI9341_WriteReg(dirreg,regval);
217   //设置光标在原点位置
218   ILI9341_WR_REG(ILI9341dev.setxcmd);
219   ILI9341_WR_DATA(0)|ILI9341_WR_DATA(0);
220   ILI9341_WR_DATA((ILI9341dev.width-1)>>8)|ILI9341_WR_DATA((ILI9341dev.width-1)&0XFF);
221   ILI9341_WR_REG(ILI9341dev.setycmd);
222   ILI9341_WR_DATA(0)|ILI9341_WR_DATA(0);
223   ILI9341_WR_DATA((ILI9341dev.height-1)>>8)|ILI9341_WR_DATA((ILI9341dev.height-1)&0XFF);
224
```

图 11.45 像素扫描方向和分辨率配置代码

下面打开图片转换数组软件，导入一个 320×240px 分辨率的图片进行转换。本实验使用 Image2Lcd 软件来把图片转换成对应色彩格式的数组以供程序调用。需要注意扫描模式、输出灰度、分辨率、高位在前、RGB 位数要与程序中的 LCD 配置相匹配，如图 11.46 所示。

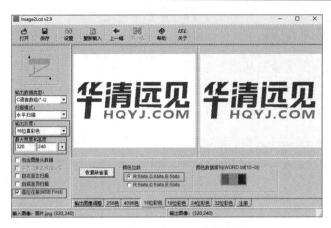

图 11.46　Image2Lcd 软件设置

前面介绍了初始化过程配置了采用的色彩深度是 16 位,RGB 为 5-6-5 位的格式。根据芯片时序图可知,数据传输为高位在前,如图 11.47 所示。所以也需要在软件中选中"高位在前(MSB First)"复选框。

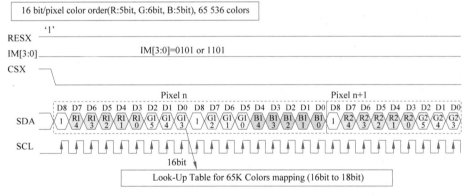

图 11.47　16 位像素颜色深度时序

注意不要选择包含图像头数据,因为在程序中不处理相关数据。扫描方向可依据程序配置选择。如果程序配置已固定,那么需要在软件中配置扫描方向以保证图像显示方向正确。如果程序未固定,那么可通过修改程序配置调整。

设置完成后,单击"保存"按钮,即可保存成对应的.c 文件,以便后续引入程序中。此处文件名为 Picture.c,文件内的数组名为 gImage_Picture。生成的文件中,每两字节代表一个像素的 16 位色彩数据。这样,如果分辨率为 320×240px,那么对应的数组大小应为 320×240×2=153 600 字节,如图 11.48 所示。

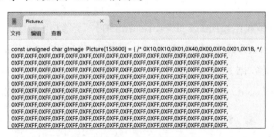

图 11.48　生成的图像像素数组

11.7.3 程序配置

本次实验在上一个实验的基础上完成。

将 Picture.c 文件复制到工程目录/Core/Src 下,如图 11.49 所示。

在工程中的对应分组下引入该文件,如图 11.50 所示。

图 11.49 复制 Picture.c 文件

图 11.50 在工程中引入 Picture.c

在 bsp_ili9341_4lin.c 文件中添加下列程序:

```
/*
********************************************************************
*  @fun      :LCD_Picture
*  @brief    :显示图片
********************************************************************
*/
extern const unsigned char gImage_Picture[153600];

void LCD_Picture(void)
{

    uint32_t len = 0, i = 0, j = 0;
    uint8_t temp[10] = {0};
    ILI9341_WR_REG(0x2C);
    len = 2 * 240 * 320;

    while(i < len)
    {
        for(j = 0; j < 10; j++)
        {
            temp[j] = gImage_Picture[j + i];
        }
        HAL_SPI_Transmit(&hspi1,temp,10,1);        //将取出的 16 位像素发送到显示区
        i = i + 10;
    }
}
```

该段程序先声明外部数组 gImage_Picture[153600],该数组为 Picture.c 文件中的像素数据。然后在 LCD_Picture()函数中,先向 ILI9341 写入 0x2C 命令,这代表要写入显存数据,再通过循环写入数组中的像素数据。这样就可以让显示屏显示出该图片。在 bsp_ili9341_4line.h 中声明 void LCD_Picture(void)后,在 main.c 的主函数中添加 LCD_Picture()。

```
/* USER CODE BEGIN 2 */
    ILI9341_Init();                                //ILI9341 芯片初始化
```

```
    LCD_Picture();
  /* USER CODE END 2 */

  /* Infinite loop */
  /* USER CODE BEGIN WHILE */
  while (1)
  {

    /* USER CODE END WHILE */

    /* USER CODE BEGIN 3 */
  }
  /* USER CODE END 3 */
```

还需要注意修改 ILI9341_Init()函数中的显示方向为横屏模式,如图 11.51 所示。

在 ILI9341_Display_Dir()函数中,还需要注意扫描方向的设置,如图 11.52 所示。通过设置扫描方向,才能让图片的显示方向正确。

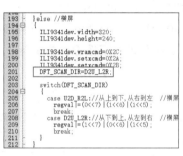

图 11.51 设置显示方向　　　　　　图 11.52 设置扫描方向

11.7.4 实验现象

单击 Rebuild 按钮编译工程,选择好调试下载器后,将程序下载到开发板上。注意连接好显示屏和核心板。

按下开发板的复位按键后松开,即可在屏幕上看到显示的图片,如图 11.53 所示。

图 11.53 实验现象

11.8 习题

简答题

1. 简述 SPI 的硬件连接方式和特点。

2. STM32 中 SPI 的时钟极性(CPOL)和时钟相位(CPHA)参数的含义是什么? 如何确定该采用什么样的参数?

思考题

找一个可以使用 SPI 驱动的芯片,查询相关芯片手册,思考如何利用 STM32 对其进行驱动。

第 12 章

CHAPTER 12

四路串行外设接口

视频讲解

12.1 QSPI 简介

四路串行外设接口(Quad Serial Peripheral Interface,QSPI)是一种高速的外设接口,它是对传统 SPI 的扩展,允许在同一时钟周期内通过 4 根数据线(或称为 4 根 I/O 线)同时传输数据,从而显著提高了数据传输速率。

图 12.1 为 QSPI 通信的原理图。

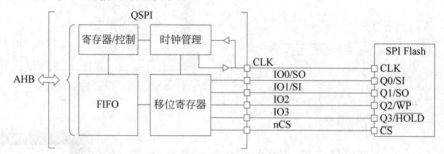

图 12.1 QSPI 通信的原理图

从中可以看到,除了时钟线 CLK 和片选信号线 nCS 外,还有 4 根信号线用于并行传输数据。

标准的 QSPI 时序由如下 5 个阶段构成,如图 12.2 所示。

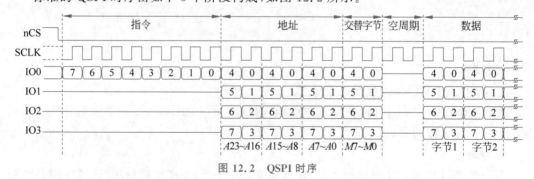

图 12.2 QSPI 时序

(1) 指令阶段(Instruction Phase):在此阶段,将命令(8 位指令)发送到 QSPI 设备,以指示执行特定的操作,如读取数据、写入数据等。根据软件和硬件配置,可以用 1 线、2 线或者 4 线方式发送。在某些只发送地址的案例中,指令阶段可以跳过。

（2）地址阶段（Address Phase）：此阶段将地址发送到 QSPI 设备，以便从指定的地址读取或写入数据。地址阶段是完全可配置的，允许发送 1 字节、2 字节、3 字节或 4 字节的地址。在间接模式和自动轮询模式下，用户可以简单地将所需的地址写入 QUADSPI_AR 寄存器。据软件和硬件配置，可以用 1 线、2 线或者 4 线方式发送。在一些不需要地址的情况下，可以跳过地址阶段。

（3）交替字节阶段（Alternate-byte Phase）：QSPI 支持的一个额外阶段，具有更大的灵活性。它通常用于控制操作模式。交替字节阶段是完全可配置的，并允许发送 1 字节、2 字节、3 字节或 4 字节。

（4）空周期阶段（Dummy-cycle Phase）：给定的 1～31 个周期内不发送或接收任何数据，目的是当采用更高的时钟频率时，给设备留出准备数据的时间。

（5）数据阶段（Data Phase）：这个阶段实现数据的收发。

1. QSPI 的主要特点

- 4 线传输：QSPI 支持 4 根数据线同时传输数据，这意味着在每个时钟周期内可以发送或接收 4 位数据，相比传统的 SPI，其数据传输速率可以提高 4 倍。
- 非易失性存储器接口：QSPI 常用于连接非易失性存储器，如闪存（Flash Memory），提供高速的数据读取能力。
- 灵活的时钟配置：QSPI 支持多种时钟配置，包括不同的时钟极性和相位，以适应不同的应用需求。
- 软件可配置：QSPI 的通信参数，如时钟频率、数据长度、传输模式等，可以通过软件进行配置。

2. QSPI 的工作模式

- 1 线模式（Single）：使用 1 根数据线进行数据传输，类似于传统的 SPI。
- 2 线模式（Dual）：使用 2 根数据线同时进行数据传输。
- 4 线模式（Quad）：使用 4 根数据线同时进行数据传输，这是 QSPI 的主要工作模式。

3. QSPI 的应用场景

QSPI 广泛应用于需要高速数据传输的场合，尤其是在嵌入式系统中，用于连接高速存储器、传感器、显示器等外设。由于其高速传输能力，QSPI 在现代微控制器和微处理器中越来越常见，特别是在需要快速访问外部存储器的应用中，如固件升级、高速数据记录等。

12.2　STM32 的 QSPI 接口

在 STM32U5 中，支持 QSPI 的接口实际上叫作 OCTOSPI（OCTO-SPI interface），因为它的数据线不仅支持 4 个，也可以扩展到 8 个。

OCTOSPI 支持大多数外部串行存储器，如串行 PSRAM、串行 NAND 和串行 NOR 闪存、HyperRAM 和 HyperFlash 存储器，具有以下功能模式。

（1）间接模式：使用寄存器执行全部操作。操作通过发送一系列的命令（例如，读取、写入命令）和数据来完成，主设备需要等待每个操作完成。由于通过寄存器进行数据访问，所以可以使用 DMA 方式。

（2）状态轮询模式：在状态轮询模式下，主设备发送命令给外部设备（如擦写或烧写），然后周期性地读取外部存储器状态寄存器,并在设置标志时生成中断。此功能仅在常规命令协议中可用。在这种模式下,主设备可以在等待外部设备完成操作的同时执行其他任务,因此适用于需要较高数据吞吐量的应用。但是,由于需要频繁地查询状态寄存器,因此可能会增加总线负载和功耗。

(3)内存映射模式:在内存映射模式下,外部存储器的地址空间直接映射到主设备的地址空间中。主设备可以像访问内部存储器一样直接读取和写入外部存储器,而无须发送特定的读取或写入命令。这种模式提供了最大的灵活性和性能,因为外部存储器可以被视为主设备的一部分,但需要较复杂的硬件支持和配置。

OCTOSPI 支持以下协议,具有相关的帧格式:

- 带有命令、地址、交替字节、空周期和数据阶段的常规命令帧格式。
- HyperBus 帧格式。

图 12.3 为 STM32U575 的 OCTOSPI 在 QSPI 模式下的内部架构图。

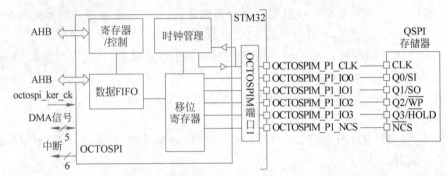

图 12.3　STM32U575 的 OCTOSPI 在 QSPI 模式下的内部架构图

OCTOSPI 输入/输出引脚说明如表 12.1 所示。

表 12.1　OCTOSPI 输入/输出引脚说明

引脚名称	类　型	描　述
OCTOSPIM_Px_CLK	输出	OCTOSPI 时钟
OCTOSPIM_Px_IOn (n=0～7)	输入/输出	OCTOSPI 数据引脚
OCTOSPIM_Px_NCS	输出	片选引脚

OCTOSPI 内部信号说明如表 12.2 所示。

表 12.2　OCTOSPI 内部信号说明

信号名称	类　型	描　述
octospi_ker_ck	输入	OCTOSPI 内核时钟
octospi_dma	N/A	DMA 请求信号
octospi_it	输出	全局中断线

12.3　STM32CubeMX 配置

在 STM32CubeMX 中,使用 QSPI 需要在 OCTOSPI1 页面中的 Mode 处选择 Quad SPI,如图 12.4 所示。

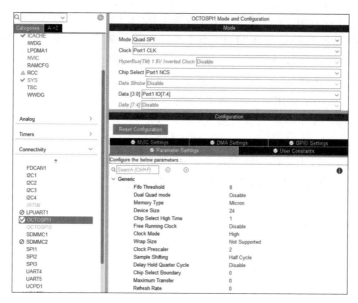

图 12.4　OCTOSPI1 的配置页面

Clock 用于选择时钟线引脚。

Chip Select 用于设置片选信号来自哪个引脚。

Data[3:0]用于配置 4 根数据线来自哪些引脚。

Fifo Threshold 用于设置触发中断时的 FIFO 阈值。

Dual Quad mode 用于启用或禁用双 4 线模式,允许在两个不同的设备上使用 4 线模式,以增加吞吐量。

Memory Type 指示连接到 OSPI 的外部设备类型,用于匹配传输格式。

Device Size 定义了连接到 OSPI 的外部设备的大小,对应于访问外部设备所需的地址位数。

Chip Select High Time 定义了片选在命令之间必须保持高电平的最小时钟数。此参数的取值范围为 1~8。

Free Running Clock 用于启用或禁用自由运行时钟。自由运行时钟是一种模式,其中时钟信号在没有与任何特定数据传输相关联的情况下持续运行。这种模式通常用于需要持续时钟信号的应用,例如,在某些情况下,为了与外部设备同步或进行连续的数据采集。

Clock Mode 指示了在释放芯片选择信号时时钟的电平。

Wrap Size 指示了与外部设备配置相对应的环绕大小。环绕指令通常用于在存储器中执行一系列的连续读取或写入操作,而不需要每次都发送单独的读取或写入指令。这些环绕指令可以显著提高数据传输的效率和性能。

Clock Prescaler 指定了用于根据 AHB 时钟生成外部时钟的预分频因子。

Sample Shifting 允许将数据采样延迟 1/2 个周期,以考虑外部信号的延迟。

Delay Hold Quarter Cycle 用于控制数据采样延迟的精确程度。当启用了 Delay Hold Quarter Cycle 时,数据采样将会在时钟的 1/4 个周期内延迟。这个功能可以帮助进一步优化 QSPI 通信的稳定性,尤其是在高速通信或者面临外部信号延迟较大的情况下。

Chip Select Boundary 用于定义在 QSPI 事务中何时释放芯片选择信号(Chip Select)。

当启用了 Chip Select Boundary 功能后,可以指定在 QSPI 事务中的哪个字节位置释放芯片选择信号。通常,芯片选择信号在 QSPI 事务开始时置为低电平以选择外部设备,并在事务结束时恢复为高电平以释放外部设备。通过配置 Chip Select Boundary,可以在事务中的特定字节位置释放芯片选择信号,而不是等到整个事务完成后再释放。

Maximum Transfer 启用了通信调节特性。当其他 OCTOSPI 请求访问总线时,芯片选择信号在传输最大数加一字节时释放。

Refresh Rate 启用了刷新率特性。芯片选择信号在每 Refresh+1 时钟周期时释放(写操作)。通常情况下,芯片选择信号在每个数据传输周期结束时被释放,但启用刷新率功能后,可以在每隔一定数量的时钟周期后释放芯片选择信号。

12.4 HAL 库函数

HAL_OSPI_IRQHandler(OSPI_HandleTypeDef * hospi):这是用于处理 OSPI(OctoSPI)中断的 IRQ 处理函数。它处理 OSPI 外设生成的中断。

HAL_OSPI_Command(OSPI_HandleTypeDef * hospi, OSPI_RegularCmdTypeDef * cmd, uint32_tTimeout):此函数用于在常规模式下向 OSPI 外设发送命令。它配置并发送命令到连接到 OSPI 接口的外部存储器。

HAL_OSPI_Command_IT(OSPI_HandleTypeDef * hospi, OSPI_RegularCmdTypeDef * cmd):类似 HAL_OSPI_Command,但此函数在中断模式下运行,允许应用程序在等待命令完成时执行其他任务。

HAL_OSPI_HyperbusCmd(OSPI_HandleTypeDef * hospi, OSPI_HyperbusCmdTypeDef * cmd, uint32_t Timeout):此函数用于在 Hyperbus 模式下向 OSPI 外设发送命令。

HAL_OSPI_Transmit(OSPI_HandleTypeDef * hospi, uint8_t * pData, uint32_t Timeout):此函数用于在直接模式下通过 OSPI 接口传输数据。

HAL_OSPI_Receive(OSPI_HandleTypeDef * hospi, uint8_t * pData, uint32_t Timeout):此函数用于在直接模式下通过 OSPI 接口接收数据。

HAL_OSPI_Transmit_IT(OSPI_HandleTypeDef * hospi, uint8_t * pData):类似 HAL_OSPI_Transmit,但以中断模式运行。

HAL_OSPI_Receive_IT(OSPI_HandleTypeDef * hospi, uint8_t * pData):类似 HAL_OSPI_Receive,但以中断模式运行。

HAL_OSPI_Transmit_DMA(OSPI_HandleTypeDef * hospi, uint8_t * pData):类似 HAL_OSPI_Transmit,但使用 DMA(直接存储器访问)进行数据传输。

HAL_OSPI_Receive_DMA(OSPI_HandleTypeDef * hospi, uint8_t * pData):类似 HAL_OSPI_Receive,但使用 DMA 进行数据传输。

12.5 实验:用 QSPI 总线驱动 NOR Flash W25Q128

视频讲解

12.5.1 应用场景及目的

QSPI 接口具有高速传输、并行数据传输、低引脚数量、灵活性和广泛应用等优势,因此常被用于驱动 Flash 存储器,特别是在需要高性能和可靠性的应用场景中。

NOR Flash 具有快速的随机访问速度,适合需要频繁读取小块数据的应用场景,例如,嵌入式系统中的代码存储和执行。NOR Flash 允许其中存储的数据直接在其上执行,因此适合用于存储嵌入式系统的程序代码。

本实验使用 QSPI 接口来驱动外部 NOR Flash W25Q128。在程序中,先擦除 W25Q128 的 32KB 空间,然后写入 32KB 的数据,再读出 32KB 的数据,并统计时间和数据速度。

本实验的例程为 10-4_STM32U575_QSPI_MemoryMap。

12.5.2 W25Q128

1. 简介

W25Q128JV 是华邦公司推出的一款 SPI 的 NOR FIash 芯片,其存储空间为 128Mb,相当于 16MB。W25Q128JV 阵列被组织成 65 536 个可编程页面,每个页面为 256B。每次最多可编程 256B。页面可以按 4KB 扇区擦除、32KB 块擦除、64KB 块擦除或整个芯片的方式进行擦除。W25Q128JV 分别具有 4096 个可擦除扇区和 256 个可擦除块。小的 4KB 扇区允许在需要数据和参数存储的应用中具有更大的灵活性。

W25Q128JV 支持标准串行外设接口(SPI)、2 线/4 线 I/O SPI。支持 W25Q128JV 的 SPI 时钟频率高达 133MHz,连续数据传输速率达 66MB/s。其具有超过 10 万次的擦写次数,数据保存时间可达 20 年。

2. 引脚说明

该芯片的引脚说明如图 12.5 所示。

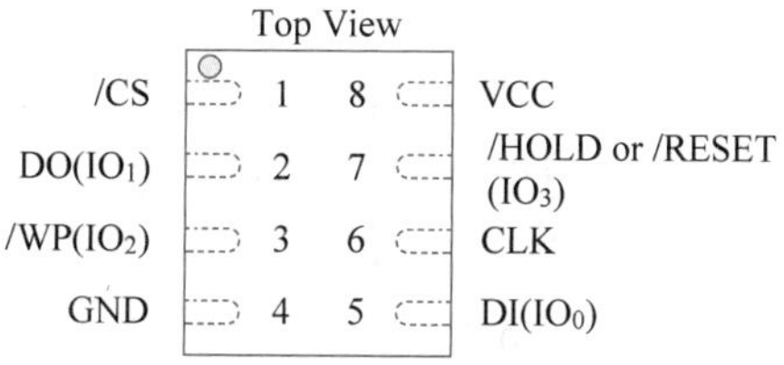

```
                    Top View
                  ┌─────────┐
         /CS ─┤ 1    8 ├─ VCC
                  │          │    /HOLD or /RESET
      DO(IO₁) ─┤ 2    7 ├─  (IO₃)
      /WP(IO₂) ─┤ 3    6 ├─ CLK
         GND ─┤ 4    5 ├─ DI(IO₀)
                  └─────────┘
```

引脚编号	引脚名称	输入/输出	功能
1	/CS	I	片选输入
2	DO(IO₁)	I/O	数据输出(数据输入/输出1)
3	/WP(IO₂)	I/O	写保护(数据输入/输出2)
4	GND		地线
5	DI(IO₀)	I/O	数据输入(数据输入/输出0)
6	CLK	I	串行时钟输入
7	/HOLD or /RESET(IO₃)	I/O	保持或复位(数据输入/输出3)
8	VCC		电源

图 12.5 W25Q128JV 的引脚说明

SPI 芯片选择(/CS)引脚用于启用和禁用设备操作。当/CS 为高电平时,设备处于未选择状态,串行数据输出(DO,或 IO₀、IO₁、IO₂、IO₃)引脚处于高阻态。当未选择时,除非内部擦除、编程或写入状态寄存器周期正在进行,否则设备的功耗将处于待机水平。当/CS 被拉低时,设备将被选中,功耗将增加到活动水平,并且可以向设备写入指令并从设备读取数据。上电后,必须在接受新指令之前将/CS从高电平转变为低电平。/CS输入在上电和下电时必须跟踪VCC供电电平。如果需要,可以在/CS引脚上使用上拉电阻来实现这一点。

W25Q128JV支持标准SPI、2线SPI和4线SPI操作。标准SPI指令使用单向DI(输入)引脚,在串行时钟(CLK)输入引脚的上升沿上向设备写入指令、地址或数据。标准SPI还使用单向DO(输出)引脚,在CLK的下降沿上从设备读取数据或状态。

2线SPI和4线SPI指令使用双向I/O引脚,在CLK的上升沿上向设备串行写入指令、地址或数据,并在CLK的下降沿上从设备读取数据或状态。4线SPI指令要求状态寄存器2中的非易失性4线使能位(QE)被设置为1。当QE=1时,/WP引脚变为IO_2,/HOLD引脚变为IO_3。

写保护(/WP)引脚可用于防止写入状态寄存器。结合状态寄存器的块保护(CMP、SEC、TB、BP2、BP1和BP0)位和状态寄存器保护(SRP)位,可以硬件保护4KB扇区甚至整个存储器阵列的部分。/WP引脚为低电平有效。

/HOLD引脚允许在设备处于活动选择状态时暂停设备。当/HOLD被拉低时,同时/CS为低电平时,DO引脚将处于高阻态,DI和CLK引脚上的信号将被忽略。当/HOLD被拉高时,设备操作可以恢复。当多个设备共享相同的SPI信号时,/HOLD功能非常有用。/HOLD引脚为低电平有效。当状态寄存器2的4线I/O使能位(QE)设置为Quad I/O时,/HOLD引脚功能不可用,因为该引脚用于IO_3。

SPI串行时钟输入(CLK)引脚提供串行输入和输出操作的时序。

3. 存储架构

在W25Q128中,每256字节组成一页(Page),每16页组成一个扇区(Sector),一个扇区能存储16×256=4096B数据。比如扇区0的数据地址范围为000000h～000FFFh。每16个扇区又组成一个块(Block),一个块能存储4096×16=65 536B数据(64KB)。例如,块0的数据地址范围为000000h～00FFFFh。整个存储单元共256个块,所以其总存储容量为256×65 536=16 777 216B数据,即16MB,数据地址范围为000000h～FFFFFFh。

4. 状态寄存器

W25Q128有3个状态寄存器,这里只介绍第一个,如图12.6所示。其他寄存器请查阅官方手册。

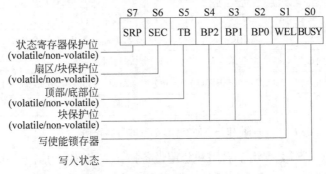

图 12.6　W25Q128 的状态寄存器

BUSY 是状态寄存器(S0)中的只读位,当设备执行页编程、4 线页编程、扇区擦除、块擦除、芯片擦除、写状态寄存器或擦除/编程安全寄存器指令时,将其设置为 1。在此期间,设备将忽略进一步的指令,除了读状态寄存器和擦除/编程挂起指令。当编程、擦除或写入状态/安全寄存器指令完成时,BUSY 位将被清除为 0,表示设备已准备好接收进一步的指令。

写使能锁存器(WEL)是状态寄存器(S1)中的只读位,执行写使能指令后将其设置为 1。当设备被禁止写入时,WEL 状态位将被清除为 0。在上电后或执行以下任何指令后,将出现禁止写入状态:写禁用、页编程、4 线页编程、扇区擦除、块擦除、芯片擦除、写状态寄存器、擦除安全寄存器和编程安全寄存器。

块保护位(BP2、BP1、BP0)是状态寄存器(S4、S3 和 S2)中的非易失读/写位,提供写保护控制和状态。非易失性存储器或寄存器是指其存储的数据在断电时仍然保持不变。可以使用写状态寄存器指令设置块保护位。内存阵列的全部、部分或不受保护的部分可以受到编程和擦除指令的保护(请参阅状态寄存器内存保护表)。块保护位的出厂默认设置为 0,即数组的任何部分都未受保护。

非易失性的顶部/底部位(TB)控制块保护位是设置从阵列的顶部(TB=0)还是底部(TB=1)进行保护,如状态寄存器内存保护表所示。出厂默认设置为 TB=0。TB 位可以根据 SRP、SRL 和 WEL 位的状态通过写状态寄存器指令进行设置。

非易失性的扇区/块保护位(SEC)控制块保护位保护阵列顶部(TB=0)或底部(TB=1)的 4KB 扇区(SEC=1)还是 64KB 块(SEC=0),如状态寄存器内存保护表所示。默认设置为 SEC=0。

常用指令与时序

表 12.3 为 W25Q128 的常用指令说明。

表 12.3　W25Q128 的常用指令说明

指令	名　　称	功　　能
0x06	写使能	将状态寄存器中的 WEL 位设置为 1
0x05	读 SR1	读取 8 位状态寄存器 1 的值
0x03	读数据(标准 SPI)	从存储器顺序读取一个或者多个数据字节
0x02	页写(标准 SPI)	在指定的地址写入小于 256B 的指定长度的数据,在值为非 0XFF 处写入的数据会失败
0x20	扇区擦除	扇区擦除指令将指定扇区(4KB)内所有数据都擦除为 0xFF
0x52	32KB 块擦除	将一个 32KB 大小的块中的数据设置为 0xFF
0xC7	芯片擦除	芯片擦除指令将 W25Q128 的所有数据都擦除为 0xFF
0x90	读取 ID	读取制造商/设备 ID 指令
0x9F	读 JEDEC ID	用 2003 年采用的 SPI 兼容串行存储器的 JEDEC 标准读 ID
0x32	Quad Input Page Program	1 线指令 1 线地址 4 线数据页编程指令
0x6B	Fast Read Quad Output	1 线指令 1 线地址 4 线数据读取指令
0xEB	Fast Read Quad I/O	1 线指令 4 线地址 4 线数据读取指令

从指令中可以看到,当使用 0x32、0xEB、0x6B 这类指令利用 QSPI 读写数据时,其使用的线数和时序与使用标准 SPI 不一样。下面着重介绍一下这几个线序。

在使用 0x6B 进行 QSPI 快速读时,其采用 1 根指令线、1 根地址线、4 根数据线,其时序如图 12.7 所示。

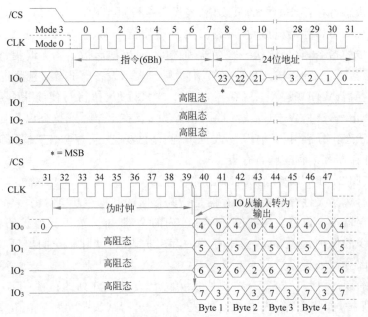

图 12.7 使用 0x6B 进行 QSPI 快速读时的时序

在这个时序中,先用 IO_0 这根数据线传输 8 位的指令,然后传输 24 位的地址,经过 8 个空闲时钟之后,利用 $IO_0 \sim IO_4$ 这 4 根数据线接收数据。接收方式是先接收一个字节的高 4 位,然后接收一个字节的低 4 位,即高位优先。

在使用 0xEB 进行 QSPI 快速读时,其采用 1 根指令线、4 根地址线、4 根数据线,其时序如图 12.8 所示。

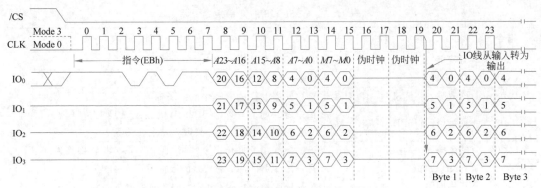

图 12.8 使用 0xEB 进行 QSPI 快速读时的时序

与 0x6B 的区别是用了 4 根地址线传输 24 位的地址数据,并且在传输完地址数据后紧跟着 8 位的"Continuous Read Mode"位 $M7 \sim M0$,其必须设置为 Fxh。$M7 \sim M0$ 加上空闲周期一共是 6 个时钟周期。因此,当使用 0xEB 指令时,在 HAL 库中的配置如图 12.9 所示。

当使用 0x32 4 线页写指令时,其采用 1 根指令线、1 根地址线、4 根数据线,时序如图 12.10 所示。

图 12.11 为读芯片 ID 指令 0x90 的时序。该指令采用标准 SPI 线序。首先利用 DI 线(MOSI)向芯片发送指令和地址,然后利用 DO 线(MISO)读出厂商 ID 和设备 ID。

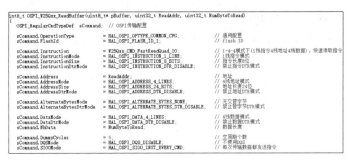

图 12.9　使用 0xEB 指令时 HAL 库中的配置方式

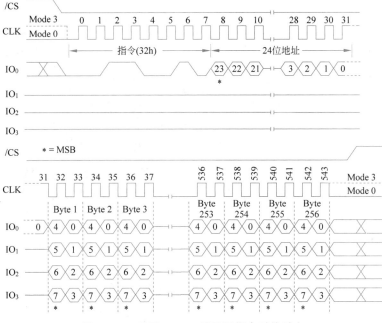

图 12.10　使用 0x32 4 线页写指令时的时序

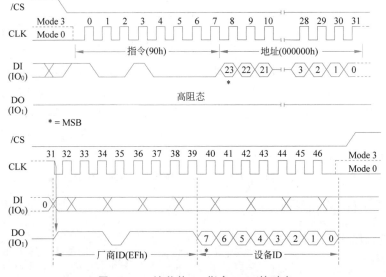

图 12.11　读芯片 ID 指令 0x90 的时序

0x9F 也是读 ID 的指令,但其时序与 0x90 有所不同,这是因为为了兼容性,W25Q128JV 提供了几种指令来电子确定设备的身份。读 JEDEC ID 指令与 2003 年采用的 SPI 兼容串行存储器的 JEDEC 标准兼容,如图 12.12 所示。

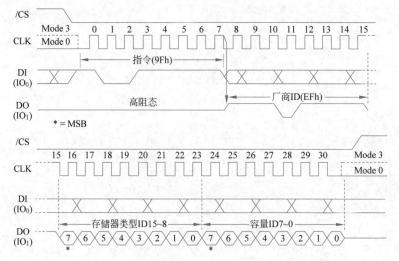

图 12.12 读芯片 ID 指令 0x9F 的时序

0x52 是 32KB 块擦除指令。该指令将指定块(32KB)内的所有内存设置为全 1(FFh)的擦除状态。在设备接受块擦除指令之前,必须执行写使能指令(状态寄存器位 WEL 必须等于 1)。该指令通过将/CS 引脚拉低并发送指令码 52h,然后发送 24 位块地址(A23~A0)开始。该指令序列如图 12.13 所示。

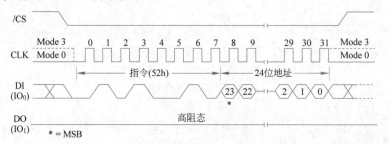

图 12.13 32KB 块擦除指令 0x52 的时序

在最后一个字节的第 8 位被锁存后,必须将/CS 引脚拉高。如果不这样做,那么块擦除指令将不会被执行。在/CS 被拉高后,自定时块擦除指令将开始。在块擦除周期进行时,仍然可以访问读状态寄存器指令以检查 BUSY 位的状态。在块擦除周期内,BUSY 位为 1,当周期结束且设备准备接受其他指令时,BUSY 位变为 0。块擦除周期结束后,状态寄存器中的写使能锁存(WEL)位被清除为 0。如果被访问的页面受到块保护(CMP、SEC、TB、BP2、BP1 和 BP0 位或各个块/扇区锁定)的保护,则块擦除指令不会被执行。

12.5.3 程序流程

本实验的程序流程如图 12.14 所示。

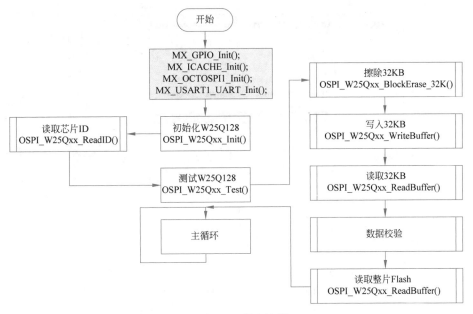

图 12.14　程序流程

12.5.4　原理图

通过查看如图 12.15 所示的 W25Q128 连接原理图可以观察其 QSPI 引脚的连接方式。

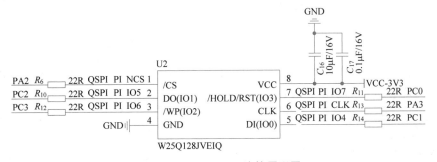

图 12.15　W25Q128 连接原理图

12.5.5　程序配置

打开 STM32CubeMX,新建一个工程。设置 HCLK 和 APB 时钟频率为 160MHz。使能 ICACHE 功能的模式为 1-way 以支持指令高速缓存,如图 11.33 所示。

使能 PA9、PA10 为 USART 引脚,配置相应的参数为 115200b/s 数据传输速率、字长 8 位、无奇偶校验、停止位 1 位,如图 7.21 所示。

参考如图 12.15 所示的原理图,配置相应的引脚为 OCTOSPIM 模式,如图 12.16 所示。

Fifo Threshold 可根据需要在 1～16 随意设置。Micron 的配置选项适用于多种闪存器件,包括 W25Q128,所以 Memory Type 选择 Micron。由于地址线是 24 位的,所以 Device Size 选择 24。由于 W25Q128 支持的最大时钟为 133MHz,而 APB 总线时钟为 160MHz,所以 Clock Prescaler 设置为 2 分频。

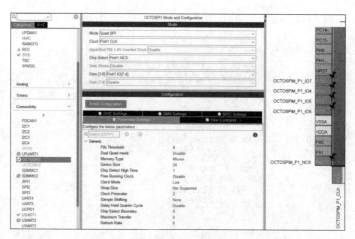

图 12.16　OCTOSPI1 的配置页面

配置英文工程目录 Toolchain/MDK,设置为复制必要的文件,分别生成.c/.h 文件后,生成并打开工程。在工程选项中选中 Use MicroLIB 复选框,如图 12.17 所示。

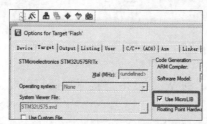

图 12.17　在工程选项中选中 Use MicroLIB 复选框

重定向 printf()的功能。在 main.c 的头文件中加入 #include "stdio.h"后,在 USER CODE BEGIN 0 处添加以下代码:

```
/* USER CODE BEGIN 0 */
//printf 实现重定向
int fputc(int ch, FILE * f)
{
    uint8_t temp[1] = {ch};
    HAL_UART_Transmit(&huart1, temp, 1, 2);
    return ch;
}
/* USER CODE END 0 */
```

将例程中的 W25Q128 驱动复制到当前工程的对应文件夹中,如图 12.18 和图 12.19 所示。

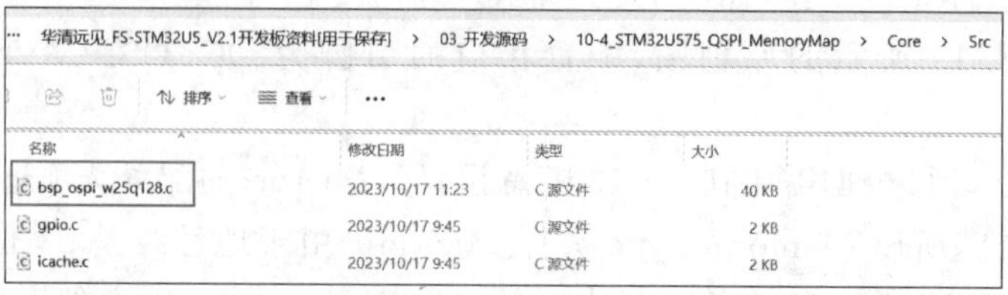

图 12.18　复制 bsp_ospi_w25q128.c 到对应文件夹

图 12.19 复制 bsp_ospi_w25q128.h 到对应文件夹

将其引入工程中,并包含头文件,如图 12.20 所示。

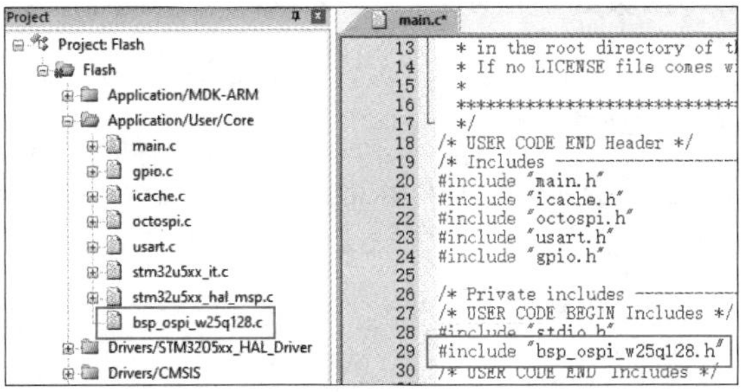

图 12.20 将驱动文件引入工程中

在 main()函数中添加初始化函数和测试函数。

```
/* USER CODE BEGIN 2 */
  OSPI_W25Qxx_Init();                      //初始化 W25Q128
  OSPI_W25Qxx_Test();                      //W25Q128 测试函数
 /* USER CODE END 2 */
```

下面介绍一下这两个函数。OSPI_W25Qxx_Init()函数如下所示:

```
/*************************************************************
*   函 数 名:OSPI_W25Qxx_Init
*   入口参数:无
*   返 回 值:OSPI_W25Qxx_OK - 初始化成功,W25Qxx_ERROR_INIT - 初始化错误
*   函数功能:初始化 OSPI 配置,读取 W25Q128JV
*   说    明:无
*************************************************************/
extern void MX_OCTOSPI1_Init(void);

int8_t OSPI_W25Qxx_Init(void)
{
    uint32_t Device_ID;                                // 器件 ID

    //MX_OCTOSPI1_Init();                              // 初始化 OSPI 配置

    Device_ID = OSPI_W25Qxx_ReadID();                 // 读取器件 ID

    if(Device_ID == W25Qxx_FLASH_ID)                  // 进行匹配
    {
        printf("\r\nW25Q128 OK,flash ID:%X\r\n",Device_ID); // 初始化成功
        return OSPI_W25Qxx_OK;                        // 返回成功标志
    }
    else
    {
```

```
        printf("\r\nW25Q128 ERROR!  ID: % X\r\n",Device_ID);   // 初始化失败
        return W25Qxx_ERROR_INIT;                               // 返回错误标志
    }
}
```

在 OSPI_W25Qxx_Init()函数中,MX_OCTOSPI1_Init()给出了 OCTOSPI1 的配置示例。如果在 STM32CubeMX 中配置正确,那么注释掉这一行即可。然后调用 OSPI_W25Qxx_ReadID()函数读取 JEDEC ID。如果读到的 ID 正确,则说明接口配置成功。OSPI_W25Qxx_ReadID()函数如下所示:

```
/***************************************************************************
 *  函 数 名: OSPI_W25Qxx_ReadID
 *  入口参数: 无
 *  返 回 值: W25Qxx_ID - 读取到的器件 ID,W25Qxx_ERROR_INIT - 通信、初始化错误
 *  函数功能: 初始化 OSPI 配置,读取器件 ID
 *  说    明: 无
 ***************************************************************************/
uint32_t OSPI_W25Qxx_ReadID(void)
{
    OSPI_RegularCmdTypeDef  sCommand;                           // OSPI 传输配置
    uint8_t OSPI_ReceiveBuff[3];                                // 存储 OSPI 读到的数据
    uint32_t      W25Qxx_ID;                                    // 器件的 ID

    sCommand.OperationType     = HAL_OSPI_OPTYPE_COMMON_CFG;    // 通用配置
    sCommand.FlashId           = HAL_OSPI_FLASH_ID_1;           // Flash ID
    sCommand.InstructionMode   = HAL_OSPI_INSTRUCTION_1_LINE;   // 1 线指令模式
    sCommand.InstructionSize   = HAL_OSPI_INSTRUCTION_8_BITS;   // 指令长度 8 位
    sCommand.InstructionDtrMode = HAL_OSPI_INSTRUCTION_DTR_DISABLE;   // 禁止指令 DTR 模式
    sCommand.AddressMode       = HAL_OSPI_ADDRESS_NONE;         // 无地址模式
    sCommand.AddressSize       = HAL_OSPI_ADDRESS_24_BITS;      // 地址长度 24 位
    sCommand.AlternateBytesMode = HAL_OSPI_ALTERNATE_BYTES_NONE; // 无交替字节
    sCommand.DataMode          = HAL_OSPI_DATA_1_LINE;          // 1 线数据模式
    sCommand.DataDtrMode       = HAL_OSPI_DATA_DTR_DISABLE;     // 禁止数据 DTR 模式
    sCommand.NbData            = 3;                             // 传输数据的长度
    sCommand.DummyCycles       = 0;                             // 空周期个数
    sCommand.DQSMode           = HAL_OSPI_DQS_DISABLE;          // 不使用 DQS
    sCommand.SIOOMode          = HAL_OSPI_SIOO_INST_EVERY_CMD;  // 每次传输数据都发送指令
    sCommand.Instruction       = W25Qxx_CMD_JedecID;           // 执行读器件 ID 命令

    HAL_OSPI_Command(&hospi1, &sCommand, HAL_OSPI_TIMEOUT_DEFAULT_VALUE);   // 发送指令
    HAL_OSPI_Receive (&hospi1, OSPI_ReceiveBuff, HAL_OSPI_TIMEOUT_DEFAULT_VALUE);
                                                               // 接收数据
    W25Qxx_ID = (OSPI_ReceiveBuff[0] << 16) | (OSPI_ReceiveBuff[1] << 8 ) | OSPI_ReceiveBuff
[2];                                                           // 将得到的数据组合成 ID
    return W25Qxx_ID;                                          // 返回 ID
}
```

从程序中可以看到,读 JEDEC ID 时,配置选项被设置成了 1 线指令模式、1 线数据模式,没有地址。这和之前介绍的 0x9F 指令的时序是一致的。

在 OSPI_W25Qxx_Test()函数中,首先调用 OSPI_W25Qxx_BlockErase_32K()函数来擦除 32KB 的数据。

```
int8_t OSPI_W25Qxx_BlockErase_32K (uint32_t SectorAddress)
{
    OSPI_RegularCmdTypeDef    sCommand;                                      // OSPI 传输配置

    sCommand.OperationType       = HAL_OSPI_OPTYPE_COMMON_CFG;              // 通用配置
    sCommand.FlashId             = HAL_OSPI_FLASH_ID_1;                      // Flash ID
    sCommand.InstructionMode     = HAL_OSPI_INSTRUCTION_1_LINE;             // 1 线指令模式
    sCommand.InstructionSize     = HAL_OSPI_INSTRUCTION_8_BITS;            // 指令长度 8 位
    sCommand.InstructionDtrMode  = HAL_OSPI_INSTRUCTION_DTR_DISABLE;        // 禁止指令 DTR 模式
    sCommand.Address             = SectorAddress;                           // 地址
    sCommand.AddressMode         = HAL_OSPI_ADDRESS_1_LINE;                 // 1 线地址模式
    sCommand.AddressSize         = HAL_OSPI_ADDRESS_24_BITS;               // 地址长度 24 位
    sCommand.AddressDtrMode      = HAL_OSPI_ADDRESS_DTR_DISABLE;            // 禁止地址 DTR 模式
    sCommand.AlternateBytesMode  = HAL_OSPI_ALTERNATE_BYTES_NONE;           // 无交替字节
    sCommand.DataMode            = HAL_OSPI_DATA_NONE;                       // 无数据模式
    sCommand.DataDtrMode         = HAL_OSPI_DATA_DTR_DISABLE;               // 禁止数据 DTR 模式
    sCommand.DummyCycles         = 0;                                        // 空周期个数
    sCommand.DQSMode             = HAL_OSPI_DQS_DISABLE;                     // 不使用 DQS
    sCommand.SIOOMode            = HAL_OSPI_SIOO_INST_EVERY_CMD; // 每次传输数据都发送指令

    sCommand.Instruction         = W25Qxx_CMD_BlockErase_32K; // 块擦除指令,每次擦除 32KB

    // 发送写使能
    if (OSPI_W25Qxx_WriteEnable() != OSPI_W25Qxx_OK)
    {
        return W25Qxx_ERROR_WriteEnable;                        // 写使能失败
    }
    // 发送擦除指令
    if (HAL_OSPI_Command(&hospi1, &sCommand, HAL_OSPI_TIMEOUT_DEFAULT_VALUE) != HAL_OK)
    {
        return W25Qxx_ERROR_AUTOPOLLING;                        // 轮询等待无响应
    }
    // 使用自动轮询标志位,等待擦除的结束
    if (OSPI_W25Qxx_AutoPollingMemReady() != OSPI_W25Qxx_OK)
    {
        return W25Qxx_ERROR_AUTOPOLLING;                        // 轮询等待无响应
    }
    return OSPI_W25Qxx_OK;                                       // 擦除成功
}
```

在 OSPI_W25Qxx_BlockErase_32K()函数中,首先在发送 0x52 擦除指令前需要先发送写使能指令,然后再调用 HAL 库的指令发送函数将擦除指令按照设定的格式发送出去,要擦除的起始地址为 SectorAddress。

擦除后,执行写入数据函数 OSPI_W25Qxx_WriteBuffer()。该函数发送 1-1-4 模式页编程指令 0x32。

```
int8_t OSPI_W25Qxx_WriteBuffer(uint8_t * pBuffer, uint32_t WriteAddr, uint32_t Size)
{
    uint32_t end_addr, current_size, current_addr;
    uint8_t * write_data;                    // 要写入的数据

    current_size = W25Qxx_PageSize - (WriteAddr % W25Qxx_PageSize);
                                             // 计算当前页还剩余的空间

    if (current_size > Size)                 // 判断当前页剩余的空间是否足够写入所有数据
    {
```

```
        current_size = Size;                    // 如果足够,则直接获取当前长度
    }

    current_addr = WriteAddr;                   // 获取要写入的地址
    end_addr = WriteAddr + Size;                // 计算结束地址
    write_data = pBuffer;                       // 获取要写入的数据

    do
    {
        // 按页写入数据
        if(OSPI_W25Qxx_WritePage(write_data, current_addr, current_size) != OSPI_W25Qxx_OK)
        {
            return W25Qxx_ERROR_TRANSMIT;
        }
        else // 按页写入数据成功,进行下一次写数据的准备工作
        {
            current_addr += current_size;       // 计算下一次要写入的地址
            write_data += current_size;         // 获取下一次要写入的数据存储区地址
            // 计算下一次写数据的长度
            current_size = ((current_addr + W25Qxx_PageSize) > end_addr) ? (end_addr -
current_addr) : W25Qxx_PageSize;
        }
    }
    while (current_addr < end_addr);            // 判断数据是否全部写入完毕

    return OSPI_W25Qxx_OK;                      // 写入数据成功
}
```

在该函数中,需要保证当前写入的数据大小小于或等于当前写入的页的剩余空间的大小,写完一页后继续写下一页,直到要写入的地址大于或等于最开始计算得到的应该结束的地址。

读取数据的过程较为简单,不再讲解。

12.5.6　实验现象

单击 Rebuild 按钮编译工程,选择好调试下载器后,将程序下载到开发板上。

然后打开串口调试助手,在里面找到 USB 串行设备(使用 DAPLink)或 ST-Link Virtual COM Port(使用 ST-Link),选择其作为串口端口使用。然后设置波特率、校验位、数据位、停止位与程序配置保持一致后,单击"打开"按钮打开端口。

将接收和发送设置为 ASCII,并设置字符编码集为 ANSI,如图 12.21 所示。

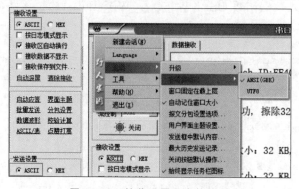

图 12.21　接收设置和字符编码

复位开发板后,可以看到擦除、写入、读取结果数据被打印了出来,如图 12.22 所示。

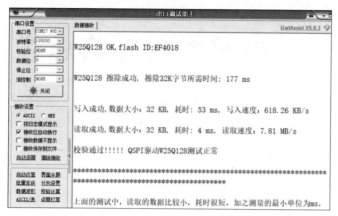

图 12.22 实验现象

12.6 习题

简答题

简述 QSPI 的硬件连接方式和特点。

思考题

找一个可以使用 QSPI 驱动的芯片,查询相关芯片手册,思考如何利用 STM32 对其进行驱动。

第 13 章

CHAPTER 13

内部集成电路总线 I^2C

视频讲解

13.1 I^2C 总线基础知识

13.1.1 I^2C 简介

I^2C(也常写作 IIC),全称为 Inter-Integrated Circuit Bus(内部集成电路总线),用于在集成电路之间进行短距离数据传输。它由 Philips(现在的 NXP 半导体)公司于 20 世纪 80 年代初开发,并成为一种广泛应用于电子设备之间通信的标准。I^2C 协议简单、灵活且广泛支持,常用于连接传感器、存储器、显示屏和其他外设到微控制器、微处理器或其他集成电路上。这是一种简单的双向双线总线,非常适合用于微控制器与外设之间,或者多个微控制器之间的高效互连控制。

I^2C 的两条线包括 SDA(串行数据线)和 SCL(串行时钟线),分别用于传输数据和同步时钟。I^2C 只需要这两根线进行通信,这可以节约引脚资源。

在 I^2C 总线中,设备可以扮演主设备(Master)或从设备(Slave)的角色。主设备负责发起和管理通信,而从设备则被动地响应主设备的指令。每个 I^2C 设备都有一个唯一的 7 位或 10 位地址,用于标识设备。主设备通过发送设备地址来选择要通信的特定设备。I^2C 总线支持多种通信速率,最常用的模式有标准模式(100kb/s)、快速模式(400kb/s)。此外,I^2C 总线还支持多主设备的连接,允许多个主设备共享同一条总线。

13.1.2 电路原理

图 13.1 展示了一个典型的用于嵌入式系统中的 I^2C 总线,总线上挂载了多种从设备。I^2C 的主设备为 MCU♯1 和 MCU♯2,这两个主设备不能同时使用。主设备可以控制 LCD、EEPROM、ADC 等多个从设备。所有这些设备只需要通过来自主机的两根引脚来控制。I^2C 总线中的器件引脚只具有拉低电平的能力,不具有拉高电平的能力。在器件想拉高电平时或保持静默时,其引脚会变为高阻态,利用 I^2C 总线中的上拉电阻来保证总线状态为高电平。这可以防止干扰总线、短路和保持电压一致。

13.1.3 通信时序

SCL 用于控制时钟信号,设备在其每个上升沿读取 SDA 信号线上的电平。一个完整

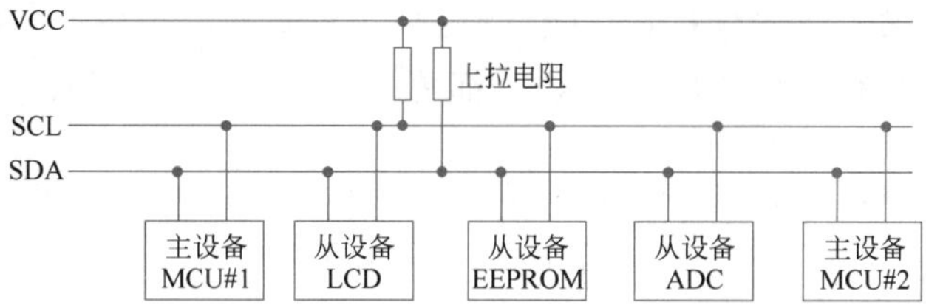

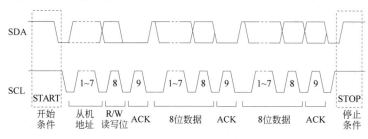

图 13.1　I²C 总线电路原理

的 I²C 通信流程包括开始条件、发送从机地址和读写位、从设备响应、发送 8 位数据、接收方响应、停止条件,如图 13.2 所示。

图 13.2　I²C 的通信时序

1. 开始与停止条件

主机可以通过发送 START 标志初始化与设备的 I²C 通信,或者发送 STOP 标志结束通信。当 SCL 处于高电平时,SDA 上的下降沿意味着一个 START 标志,而 SDA 上的上升沿意味着一个 STOP 标志。

2. 从机地址与读写位

第一个字节的前 7 位组成了从机地址。第 8 位代表主机读(高电平)或主机写(低电平),它决定了后续数据的发送方和接收方。当主机发送了一个从机地址后,系统中的每个器件都在起始条件后将前 7 位与自己的地址比较。如果一样,那么器件返回一个 ACK 进行响应。正确的 ACK 响应是 SDA 线上产生低电平。

3. 数据传输

数据位伴随着 SCL 上的每一个时钟脉冲被传输。单个字节由 SDA 线上的 8 位数据组成,其可以是设备地址、寄存器地址或者读取/写入设备的数据。数据以最高有效位在前(MSB)的方式传输。在 START 标志与 STOP 标志之间可以传输任意数量的数据字节。SDA 线上的数据必须在时钟电平为高时保持稳定,因为 SCL 线为高时,SDA 线上的变动将会被当作控制指令(START 或 STOP)。

4. 应答信号

数据的每一字节(包括地址字节)后总是伴随着来自接收方的 1 个 ACK 位。ACK 位使得接收方可以告知发送方当前字节已成功接收,并且可以发送下一字节。在接收方发送 ACK 位前,发送方必须释放总线。接收方通过在 ACK/NACK 时钟周期(传输完 8 位数据后紧接的时钟周期)设置低电平拉低 SDA 线来发送一个 ACK 位。如果接收方无法正常接收或发送数据,或者不再接收数据,则会在该时钟周期中让 SDA 线保持高电平。

当主机想向从机写入数据时,会把读写位清 0,等到从机响应后,主机会发送要写入的字节。要写入的字节内容需要按照从机的芯片手册来配置。有的芯片会让先写入寄存器地址,然后在下一个字节写入寄存器值,如图 13.3 所示。有的芯片会只让写入 8 位的指令或数据,不需要寄存器地址。无论是什么方式,都是一字节一字节地写入。

1	7	1	1	8	1	8	1	1
START	从机地址	W	A	寄存器地址	A	寄存器数据	A	STOP

图 13.3 I^2C 写数据流程

当主机想从从机读出数据时,需要参考从机的芯片手册中的读取方式。有的芯片需要让主机先通过写流程将要读取的寄存器写入从机,然后重新开始一个读流程,将读写位置 1 后即可读出数据,如图 13.4 所示。

1	7	1	1	8	1	1	7	1	1	8	1	1
START	从机地址	W	A	寄存器地址	A	Sr	从机地址	R	A	寄存器数据	N	STOP

图 13.4 I^2C 读数据流程

有的芯片不需要指明寄存器,可以省略掉写流程,直接就能通过将读写位置 1 来读出数据,如 PCF8574。

视频讲解

13.2 STM32 的 I^2C 接口

13.2.1 特性

STM32F103 有 2 个 I^2C 外设,STM32F405 有 3 个 I^2C 外设,而 STM32U575 有 4 个 I^2C 外设,它们的特点如表 13.1 所示,其中用"√"表明支持左侧的功能。

表 13.1 STM32U575 的 I^2C 外设特点

I^2C 特点	I^2C1	I^2C2	I^2C3	I^2C4
7 位地址模式	√	√	√	√
10 位地址模式	√	√	√	√
标准模式(高达 100kb/s)	√	√	√	√
快速模式(高达 400kb/s)	√	√	√	√
支持 20mA 输出驱动的快速模式 Plus(高达 1Mb/s)	√	√	√	√
独立时钟	√	√	√	√
自主模式	√	√	√	√
从停止模式唤醒	√	√	√	√
SMBus/PMBus	√		√	√

自主模式是指在处理器处于运行、睡眠或停止模式时,外设(比如 I^2C)可以继续操作而不需要处理器的直接干预。当外设需要更新其状态时,它会请求 APB 时钟。一旦外设获得了 APB 时钟,根据 I^2C 的配置,它就会生成中断请求或 DMA 请求。如果生成了中断请求,设备将从停止模式唤醒处理器,以便处理中断。如果没有生成中断请求,设备将保持在停止模式,但此时内核和 AHB/APB 时钟仍会保持对 I^2C 和 RCC 中启用的所有自主外设的支持。如果启用了 DMA 请求,数据可以直接通过 DMA 从 SRAM 传输到外设或从外设传输到 SRAM,而处理器则可以继续保持在停止模式,不需要直接介入数据传输过程。这种方式允许外设在处理器处于低功耗模式(如停止模式)时继续执行其任务,同时通过中断或

DMA 请求实现数据的高效传输,从而有效节省能量和提升系统性能。

SMBus 是一种用于计算机系统和电源管理的总线协议,主要用于连接系统管理控制器和其他系统管理设备。它基于 I²C 协议,但增加了一些特定的功能和要求。PMBus 是一种基于 SMBus 的开放标准协议,专为电源管理和监控而设计。它主要用于电源设备的配置、控制和监控。

13.2.2　内部架构

STM32U575 的 I²C 功能内部架构如图 13.5 所示。

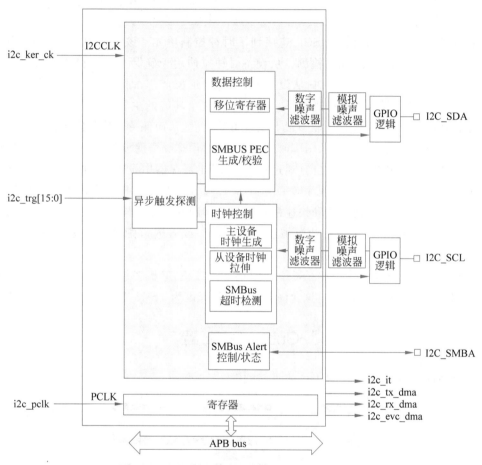

图 13.5　I²C 功能内部架构

I²C 输入/输出引脚说明如表 13.2 所示。

表 13.2　I²C 输入/输出引脚说明

引 脚 名 称	信 号 类 型	描　　　述
I2C_SDA	双向	I²C 数据
I2C_SCL	双向	I²C 时钟
I2C_SMBA	双向	SMBus 警报

I^2C 内部输入/输出信号说明如表 13.3 所示。

表 13.3 I^2C 内部输入/输出信号说明

内部信号名称	信 号 类 型	描 述
i2c_ker_ck	输入	I^2C 内核时钟,也叫作 I2CCLK
i2c_pclk	输入	I^2C 的 APB 时钟
i2c_trg[15:0]	输入	I^2C 触发源
i2c_it	输出	I^2C 中断
i2c_rx_dma	输出	I^2C 接收数据 DMA 请求(I2C_RX)
i2c_tx_dma	输出	I^2C 发送数据 DMA 请求(I2C_TX)
i2c_evc_dma	输出	I^2C 事件控制 DMA 请求(I2C_EVC)

由内部架构图可知,时钟线 SCL 连接到了时钟控制单元。该单元中有主时钟生成器、从设备时钟拉伸和 SMBus 超时检测。从设备时钟拉伸用于确保主设备和从设备之间的通信同步。当 NOSTRETCH=0 时,从设备可以拉伸(延长)SCL 时钟信号,以阻止主设备继续时钟脉冲,直到从设备准备好进行下一步操作。这个功能的主要作用是允许从设备在必要时延长时钟信号,以确保它们能够跟上主设备的速度,从而保持通信的同步性。

时钟线和数据线在作为输入引脚时,会额外经过模拟噪声滤波和数字噪声滤波,以便信号识别准确。在启用 I^2C 外设之前(通过在 I2C_CR1 寄存器中设置 PE 位),用户必须根据需要配置噪声滤波器。默认情况下,SDA 和 SCL 输入上存在模拟噪声滤波器。此滤波器符合 I^2C 规范,要求在快速模式和快速模式增强中抑制脉冲宽度长达 50ns 的尖峰。用户可以通过设置 ANFOFF 位来禁用此模拟滤波器,并且/或者通过配置 I2C_CR1 寄存器中的 DNF[3:0]位来选择数字滤波器。

当启用数字滤波器时,只有当 SCL 或 SDA 线保持稳定状态超过 DNF×i2c_ker_ck 个周期时,才会在内部更改其电平。这允许抑制可编程长度为 1~15 个 i2c_ker_ck 周期的尖峰。

13.3 I^2C 的 STM32CubeMX 配置

在 STM32CubeMX 中配置 I^2C 的页面如图 13.6 所示。

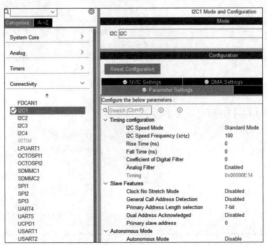

图 13.6 I^2C 的配置页面

I2C Speed Mode 用于配置 I²C 的速率模式为标准模式、快速模式或快速模式 Plus。这对应于不同的 I²C 速率范围。

I2C Speed Frequency(kHz)用于设置具体的 I²C 速率，这对应于 I²C 时钟线上的时钟频率。

Rise Time(ns)指 SCL 或 SDA 信号的电平从逻辑低电平到逻辑高电平的转换所需的时间。

Fall Time(ns)指 SCL 或 SDA 信号的电平从逻辑高电平到逻辑低电平的转换所需的时间。

Coefficient of Digital Filter 用于配置数字滤波器的系数。

Analog Filter 用于使能模拟滤波器。

Clock No Stretch Mode 用于配置是否启用时钟拉伸功能。

General Call Address Detection 用于配置是否检测并响应广播地址。

Primary Address Length selection 用于配置从机地址长度。

Dual Address Acknowledged 用于配置是否启用两个 I²C 设备地址：一个是主地址(Primary Address)，另一个是辅助地址(Secondary Address)。启用双地址模式后，I²C 外设将会响应两个地址：主地址和辅助地址。主地址通常用于设备的主要通信，而辅助地址则可以用于特定的功能或操作。例如，在某些应用中，一个 I²C 设备可能需要支持多种功能或操作，但是由于 I²C 地址是有限的，无法为每个功能或操作分配一个独立的地址。在这种情况下，可以使用双地址模式，让设备通过不同的地址响应不同的功能或操作。

Autonomous Mode 用于配置是否启用自主模式。

13.4　I²C 的 HAL 库函数

I²C 对主机模式和从机模式都有单独的 HAL 库函数，这里只介绍在主机模式下使用的函数。

1. 阻塞模式

HAL_StatusTypeDef HAL_I2C_Master_Transmit(I2C_HandleTypeDef * hi2c, uint16_t DevAddress, uint8_t * pData, uint16_t Size, uint32_t Timeout)：这个函数用于在阻塞模式下作为主设备通过 I²C 总线发送数据。它将大小为 Size 的数据从缓冲区 pData 发送到地址为 DevAddress 的设备，并使用指定的超时 Timeout。

HAL_StatusTypeDef HAL_I2C_Master_Receive(I2C_HandleTypeDef * hi2c, uint16_t DevAddress，uint8_t * pData, uint16_t Size, uint32_t Timeout)：这个函数用于在阻塞模式下作为主设备通过 I²C 总线接收数据。它从地址为 DevAddress 的设备读取大小为 Size 的数据到缓冲区 pData 中，并使用指定的超时 Timeout。

HAL_StatusTypeDef HAL_I2C_Mem_Write(I2C_HandleTypeDef * hi2c, uint16_t DevAddress，uint16_t MemAddress，uint16_t MemAddSize，uint8_t * pData，uint16_t Size，uint32_t Timeout)：这个函数用于在阻塞模式下向 I²C 总线上的设备的指定内存地址写入数据。它将大小为 Size 的数据从缓冲区 pData 写入地址为 DevAddress 的设备的内存地址 MemAddress 中，并使用指定的超时 Timeout。

HAL_StatusTypeDef HAL_I2C_Mem_Read(I2C_HandleTypeDef * hi2c, uint16_t

DevAddress，uint16_t MemAddress，uint16_t MemAddSize，uint8_t ＊ pData，uint16_t Size，uint32_t Timeout)：这个函数用于在阻塞模式下从 I^2C 总线上的设备的指定内存地址读取数据。它从地址为 DevAddress 的设备的内存地址 MemAddress 中读取大小为 Size 的数据到缓冲区 pData 中，并使用指定的超时 Timeout。

HAL_StatusTypeDef HAL_I2C_IsDeviceReady(I2C_HandleTypeDef ＊ hi2c，uint16_t DevAddress，uint32_t Trials，uint32_t Timeout)：这个函数用于检查指定地址 DevAddress 的设备是否准备好在 I^2C 总线上通信。它执行指定次数的尝试 Trials，并使用指定的超时 Timeout。

2. 非阻塞模式/中断

HAL_StatusTypeDef HAL_I2C_Master_Transmit_IT(I2C_HandleTypeDef ＊ hi2c，uint16_t DevAddress，uint8_t ＊ pData，uint16_t Size)

HAL_StatusTypeDef HAL_I2C_Master_Receive_IT(I2C_HandleTypeDef ＊ hi2c，uint16_t DevAddress，uint8_t ＊ pData，uint16_t Size)

HAL_StatusTypeDef HAL_I2C_Mem_Write_IT(I2C_HandleTypeDef ＊ hi2c，uint16_t DevAddress，uint16_t MemAddress，uint16_t MemAddSize，uint8_t ＊ pData，uint16_t Size)

HAL_StatusTypeDef HAL_I2C_Mem_Read_IT(I2C_HandleTypeDef ＊ hi2c，uint16_t DevAddress，uint16_t MemAddress，uint16_t MemAddSize，uint8_t ＊ pData，uint16_t Size)

上述函数是相应的主机发送/接收函数的非阻塞中断驱动版本。它们允许应用程序在 I^2C 传输进行时继续运行，并在传输完成时生成中断。

HAL_StatusTypeDef HAL_I2C_EnableListen_IT(I2C_HandleTypeDef ＊ hi2c)

HAL_StatusTypeDef HAL_I2C_DisableListen_IT(I2C_HandleTypeDef ＊ hi2c)

上述函数分别启用和禁用 I^2C 监听模式。监听模式允许 I^2C 外设在作为从设备时检测到自身地址。

HAL_StatusTypeDef HAL_I2C_Master_Abort_IT(I2C_HandleTypeDef ＊ hi2c，uint16_t DevAddress)：这个函数中止由 HAL_I2C_Master_Transmit_IT 或 HAL_I2C_Master_Receive_IT 发起的正在进行的 I^2C 主传输。它在总线上发送停止条件，并生成中断以通知应用程序中止。

3. 非阻塞模式/DMA

HAL_StatusTypeDef HAL_I2C_Master_Transmit_DMA(I2C_HandleTypeDef ＊ hi2c，uint16_t DevAddress，uint8_t ＊ pData，uint16_t Size)

HAL_StatusTypeDef HAL_I2C_Master_Receive_DMA(I2C_HandleTypeDef ＊ hi2c，uint16_t DevAddress，uint8_t ＊ pData，uint16_t Size)

HAL_StatusTypeDef HAL_I2C_Mem_Write_DMA(I2C_HandleTypeDef ＊ hi2c，uint16_t DevAddress，uint16_t MemAddress，uint16_t MemAddSize，uint8_t ＊ pData，uint16_t Size)

HAL_StatusTypeDef HAL_I2C_Mem_Read_DMA(I2C_HandleTypeDef ＊ hi2c，uint16_t DevAddress，uint16_t MemAddress，uint16_t MemAddSize，uint8_t ＊ pData，uint16_t Size)

上述函数是 STM32 的 HAL 库中与 I^2C 通信和 DMA 相关的函数。它们提供了通过

DMA 通道进行 I²C 数据传输和接收的功能,常用于在 STM32 微控制器中与外部设备进行高效的数据通信。DMA 的引入可以减轻 CPU 的负担,让数据传输在后台自动进行,CPU 可以在此期间处理其他任务。

视频讲解

13.5   实验:用 I²C 总线读取温湿度传感器

13.5.1   应用场景及目的

通常 I²C 总线会连接多种传感器,通过从机地址向特定的传感器进行通信,从而获取传感器数据。本实验以获取 SHT20 的温湿度数据为例来进行讲解。

本实验对应的例程为 11-1_STM32U575_I2C_Basic_FT6336。

13.5.2   SHT20 温湿度传感器

SHT2x 传感器包含电容式湿度传感器、带隙温度传感器以及专门的模拟和数字集成电路,全部集成在单个 CMOSens 芯片上。每个传感器都经过单独校准和测试。批次标识被印刷在传感器上,并且芯片上存储了电子识别码,可以通过命令读取。此外,SHT2x 的分辨率可以通过命令进行更改(8 位/12 位到 12 位/14 位用于湿度/温度),并且校验和有助于提高通信可靠性。该芯片的封装和引脚说明如图 13.7 所示。

引脚	名称	功能
1	SDA	串行数据,双向
2	VSS	地线
5	VDD	电源
6	SCL	串行时钟,双向
3、4	NC	未连接

图 13.7   SHT20 的封装和引脚说明

SHT20 使用 I²C 进行通信。当获取温湿度数据时,有两种通信方式:一种是 hold master 模式,另一种是 no hold master 模式,如表 13.4 所示。在前一种情况下,SCL 线在测量过程中被阻塞;在后一种情况下,SCL 线在传感器处理测量时保持开放,以便进行其他通信。非保持主设备模式允许在传感器进行测量时在总线上处理其他 I²C 通信任务,需要主设备在经过测量时间之后再读取测量数据。

表 13.4   SHT20 的命令

命　　令	模　　式	代　　码
触发温度测量	hold master	1110 0011
触发湿度测量	hold master	1110 0101
触发温度测量	no hold master	1111 0011
触发湿度测量	no hold master	1111 0101
写用户寄存器	—	1110 0110
读用户寄存器	—	1110 0111
软件复位	—	1111 1110

下面介绍一下 no hold master 模式。在 no hold master 模式下,在从机测量期间,从机不会钳制住时钟线,需要由主机主动等待一段时间。如果主机在没有测量完成时就尝试读取数据,从机不会正确响应。该过程如图 13.8 所示。

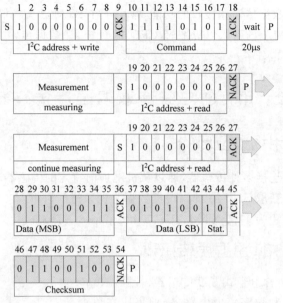

图 13.8　no hold master 模式下读取湿度数据的时序

可以通过写入用户寄存器来配置 SHT20,即先写入 11100110 这个命令,然后写入寄存器值,其时序如图 13.9 所示。

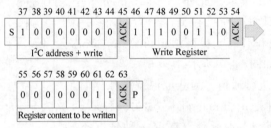

图 13.9　寄存器写入时序

寄存器值不同的位代表不同的配置,如表 13.5 所示。

表 13.5　寄存器配置说明

位	位　数	描述/编码			默认值
7, 0	2	测量分辨率			'00'
			RH	T	
		'00'	12 位	14 位	
		'01'	8 位	12 位	
		'10'	10 位	13 位	
		'11'	11 位	11 位	
6	1	电池电量 '0': VDD > 2.25V '1': VDD < 2.25V			'0'
3, 4, 5	3	保留			
2	1	使能片上加热器			'0'
1	1	禁用 OTP 重载			'1'

13.5.3 程序流程

本实验程序流程如图 13.10 所示。

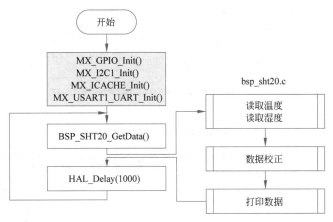

图 13.10 程序流程

在 bsp_sht20.c 文件中通过调用 BSP_SHT20_Read(SHT20_HOLD_M_READ_T)和 BSP_SHT20_Read（SHT20_HOLD_M_READ_RH）函数向 SHT20 发送相应的指令来接收温湿度数据。接收到的数据需要通过公式校正才能正确反映温湿度值。

13.5.4 原理图

通过扩展板原理图可知，SHT20 的 I²C 引脚连接到了 PB6、PB7 上，如图 13.11 和图 13.12 所示。

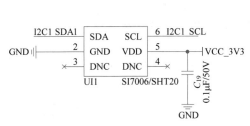

图 13.11 SHT20 原理图

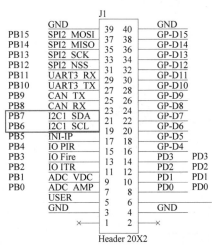

图 13.12 I²C 接口连接的引脚原理图

13.5.5 程序配置

打开 STM32CubeMX,新建一个工程。设置 HCLK 和 APB 时钟频率为 160MHz。使能 ICACHE 功能的模式为 1-way 以支持指令高速缓存,如图 13.13 所示。

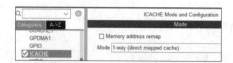

图 13.13 使能 ICACHE 功能

使能 PA9、PA10 为 USART 引脚，并配置 USART 的参数，如图 7.21 所示。

在 STM32CubeMX 中配置这两个引脚为对应的 I²C 功能，如图 13.14 所示。

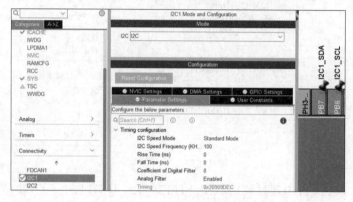

图 13.14 在 STM32CubeMX 中配置 I²C

配置英文工程目录 Toolchain/MDK，设置为复制必要的文件，分别生成 .c/.h 文件后，生成并打开工程。在工程选项中选中 Use MicroLIB，如图 12.17 所示。

重定向 printf() 的功能。在 main.c 的头文件中加入 #include "stdio.h" 后，在 USER CODE BEGIN 0 处添加以下代码：

```c
/* USER CODE BEGIN 0 */
//printf()实现重定向
int fputc(int ch, FILE * f)
{
    uint8_t temp[1] = {ch};
    HAL_UART_Transmit(&huart1, temp, 1, 2);
    return ch;
}
/* USER CODE END 0 */
```

将例程中的 bsp_sht20.c 和 bsp_sht20.h 复制到新建工程的对应目录下，如图 13.15 和图 13.16 所示。

图 13.15 复制 bsp_sht20.c 到指定的目录

图 13.16 复制 bsp_sht20.h 到指定的目录

右击工程中的对应分组，选择添加已有文件，如图 13.17 所示。

在打开的对话框中双击添加复制过来的驱动文件，如图 13.18 所示。

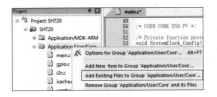

图 13.17　向工程分组中添加文件

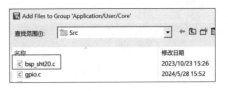

图 13.18　选择要添加的驱动文件

在该驱动文件中,BSP_SHT20_Read()函数用于读取温湿度数据。

```c
uint16_t BSP_SHT20_Read(uint8_t sht20_cmd)
{
    uint16_t sht20_reg_val = 0;
    uint8_t sht20_reg_buff[2] = {0x00,0x00};
    HAL_I2C_Master_Transmit(&hi2c1,SHT20_ADDR_WRITE,&sht20_cmd,1,100);  //发送控制指令
    HAL_Delay(10);
    HAL_I2C_Master_Receive(&hi2c1,SHT20_ADDR_READ,sht20_reg_buff,2,100);  //读取数据,两个字节
    HAL_Delay(10);
    sht20_reg_val = (sht20_reg_buff[0]<<8)|sht20_reg_buff[1];
                                                        //合并数据
    return (sht20_reg_val);
}
```

在 BSP_SHT20_Read()函数中,首先调用 HAL_I2C_Master_Transmit()函数将从设备地址和对应的指令发送出去,等待一段时间后,调用 HAL_I2C_Master_Receive()函数将收到的数据读出来存入对应的数组。

BSP_SHT20_GetData()函数负责调用该函数,将要发送的指令传递进去,然后接收读取到的返回值。将接收到的返回值按照公式进行校正后,即可输出正确的温湿度数据。

```c
void BSP_SHT20_GetData(void)
{
    uint16_t   pTem = 0,pHum = 0;
    //读取数据
    pTem = BSP_SHT20_Read(SHT20_HOLD_M_READ_T);
    pHum = BSP_SHT20_Read(SHT20_HOLD_M_READ_RH);
    //数据转换
    gTemRH_Val.Tem   = -46.85f + 175.72f * ((float)pTem/65536);
    gTemRH_Val.Hum   = -6 + 125 * ((float)pHum/65536);
    printf("temperature: %.2f, humidity: %.2f\n",gTemRH_Val.Tem,gTemRH_Val.Hum);
}
```

其中,SHT20_HOLD_M_READ_T 宏定义位于 bsp_sht20.h 文件中,如图 13.19 所示,其值对应 SHT20 芯片手册中的命令。

```c
#define SHT20_HOLD_M_READ_T       0xE3    //1110'0011
#define SHT20_HOLD_M_READ_RH      0xE5    //1110'0101
#define SHT20_NOHOLD_M_READ_T     0xF3    //1111'0011
#define SHT20_NOHOLD_M_READ_RH    0xF5    //1111'0101
```

图 13.19　命令的宏定义

在主函数的主循环中调用 BSP_SHT20_GetData()。

```c
/* USER CODE BEGIN WHILE */
  while (1)
  {
```

```
        BSP_SHT20_GetData();
        HAL_Delay(1000);
    /* USER CODE END WHILE */

    /* USER CODE BEGIN 3 */
    }
```

在 main. c 文件的开头引入头文件 bsp_sht20. h。

```
/* USER CODE BEGIN Includes */
# include "stdio. h"
# include "bsp_sht20. h"
/* USER CODE END Includes */
```

13.5.6 实验现象

单击 Rebuild 按钮编译工程,选择好调试下载器后,将程序下载到开发板上。注意连接好扩展板。

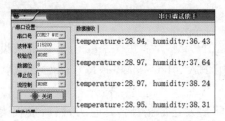

图 13.20 实验现象

然后打开串口调试助手,在里面找到 USB 串行设备(使用 DAPLink)或 ST-Link Virtual COM Port(使用 ST-Link),选择其作为串口端口使用。然后设置波特率、校验位、数据位、停止位与程序配置保持一致后,单击"打开"按钮打开端口。

复位开发板后,即可收到温湿度数据,如图 13.20 所示。

视频讲解

13.6 实验：用 I²C 总线驱动触摸屏

13.6.1 应用场景及目的

智能手机、平板电脑和便携式游戏机等设备通常采用触摸屏作为主要的用户输入方式,通过读取触摸屏坐标可以实现用户的触摸操作,例如,滑动、单击和手势识别等。I²C 接口通常只需要两条信号线(SDA 和 SCL),相对于其他接口(如 SPI)来说连接更为简单。这对于触摸屏这样的小型设备来说尤其有利,因为它们通常需要尽可能减少引脚数量以节省空间。

本次实验将读取 FT6336 触摸屏芯片获取到的触摸点坐标数据,并通过串口打印出来。本实验对应的例程为 11-1_STM32U575_I2C_Basic_FT6336。

13.6.2 FT6336 触摸屏芯片

FT6336G/U 支持的 I²C 接口是一种由数据线 SDA 和时钟线 SCL 组成的双线串行总线,用于主机和从机设备之间的串行数据传输,其引脚说明如图 13.21 所示。

向该芯片写入数据的时序如图 13.22 所示。

读取数据前,先写入数据地址,如图 13.23 所示。

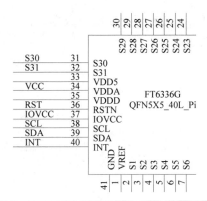

引脚名称	描述
VCC	电源，2.8~3.6V
IOVCC	用于GPIO的供电，电压范围为1.8~3.6V
	如果GPIO供电电压等于VCC（2.8~3.6V），则IOVCC引脚可以连接到VCC
	如果GPIO供电电压为1.8V，则IOVCC引脚可以连接到VDDD引脚或外部1.8V电源
SDA	I²C数据线
SCL	I²C时钟线
INT	到主机的中断请求信号
	来自主机的唤醒信号，为低电平有效，低脉冲宽度范围为0.5~1ms
RSTN	来自主机的复位信号，为低电平有效，低脉冲宽度应大于或等于1ms
GND	地线

图 13.21 FT6336 引脚说明

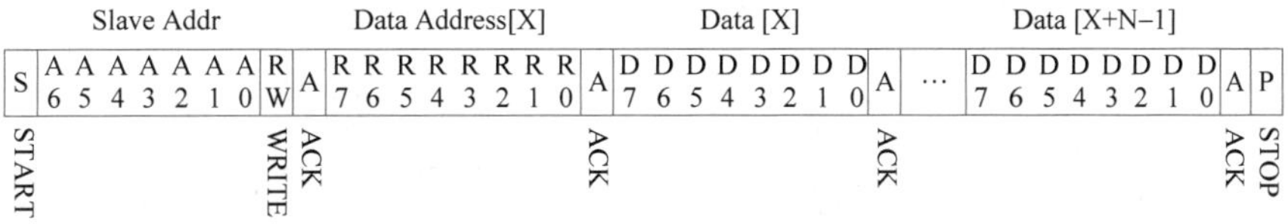

图 13.22 向 FT6336 写入数据的时序

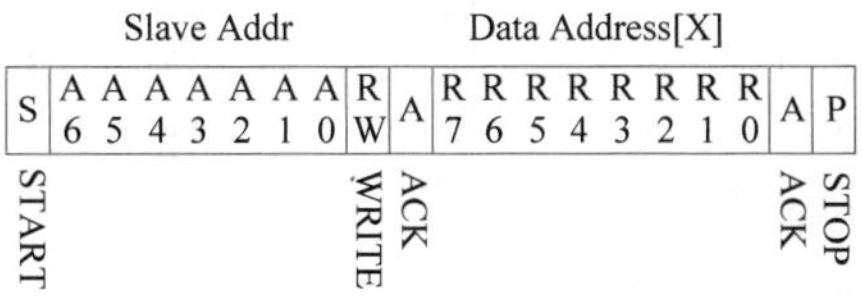

图 13.23 读取数据前写入数据地址的时序

然后再读出数据，如图 13.24 所示。

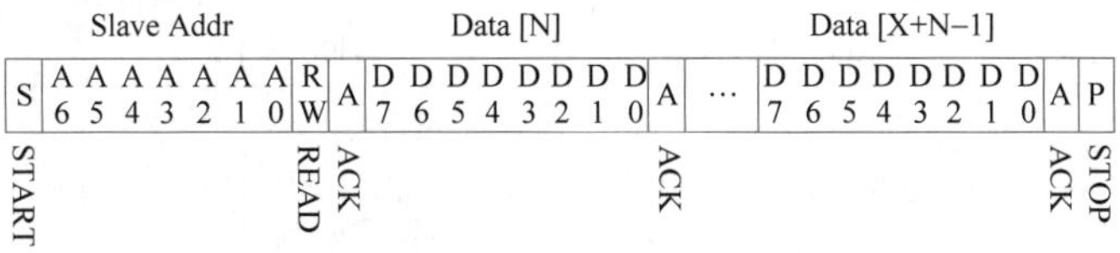

图 13.24 写入数据地址后读出数据的时序

主机需要同时使用中断信号和 I²C 接口来获取触摸数据。当检测到有效触摸时，芯片将向主机输出一个中断请求信号。然后主机可以通过 I²C 接口获取触摸数据。如果没有检测到有效触摸,则 INT 将输出高电平,主机无须读取触摸数据。使用中断有两种方法:中断触发和中断轮询。中断轮询的时序如图 13.25 所示。

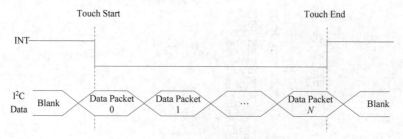

图 13.25　中断轮询的时序

在中断轮询中,只要屏幕被触及,INT 引脚就会一直保持低电平状态,直到手指抬起。

而在中断触发中,屏幕被触及时,只要发生数据更新,INT 引脚的电平就会在变低后抬高,从而不断触发中断,如图 13.26 所示。在这种模式下,脉冲频率即为触摸数据更新速率。

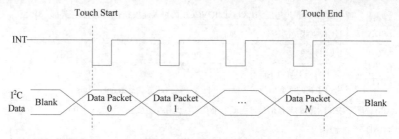

图 13.26　中断触发的时序

表 13.6 是几个常用的寄存器。利用 I^2C 时序访问这些寄存器,可以对芯片进行配置并读出相关的数据。

表 13.6　常用的寄存器

地　　址	位地址	寄存器功能	描　　述
0x02	3：0	触摸点数量[3：0]	检测到的触摸点的数量,1个或2个
	7：4	保留	
0x03～0x09	7：6	事件标志	检测到的触摸点的数量,1个或2个
	5：4	保留	
	3：0	触摸点 X 轴坐标[11：8]	触摸点 X 轴坐标高有效位
0x04～0x0A	7：0	触摸点 X 轴坐标[7：0]	触摸点 X 轴坐标低有效位
0x05～0x0B	7：4	触摸点 ID	触摸点的 ID,当 ID 不可用时为 0x0F
	3：0	触摸点 Y 轴坐标[11：8]	触摸点 Y 轴坐标高有效位
0x06～0x0C	7：0	触摸点 Y 轴坐标[7：0]	触摸点 Y 轴坐标低有效位
0x07～0x0D	7：0	触摸重量[7：0]	触摸压力值

13.6.3　原理图

通过核心板原理图可知,FT6336 的 I^2C 引脚连接到了 PB6、PB7 上,同时中断引脚连接到了 PB5 上,如图 13.27 所示。

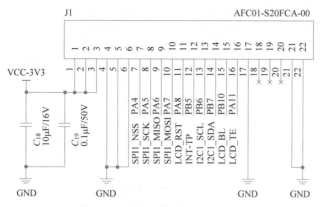

图 13.27 核心板显示屏接口原理图

13.6.4 程序配置

打开 STM32CubeMX，新建一个工程。设置 HCLK 和 APB 时钟频率为 160MHz。使能 ICACHE 功能的模式为 1-way 以支持指令高速缓存，如图 13.13 所示。

使能 PA9、PA10 为 USART 引脚，并配置 USART 的参数，如图 7.21 所示。

配置 PB6、PB7 为 I²C 的对应功能，如图 13.28 所示。

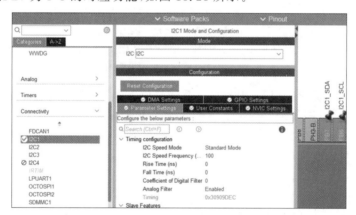

图 13.28 I²C 配置页面

并配置 PB5 为外部中断模式。因为发生触摸中断时对应的引脚会变为低电平，所以设置为下降沿触发，如图 13.29 所示。

图 13.29 配置 PB5 为外部中断模式

在 GPIO 的 NVIC 标签页中使能 NVIC 中的 EXTI Line5 interrupt，如图 13.30 所示。

图 13.30　使能 EXTI Line5 interrupt

由于在驱动中会调用 HAL_Delay()延时函数，所以需要调整一下 NVIC 中 Time base 的抢占优先级为 0，EXTI Line5 优先级为 1，避免执行外部中断时无法执行 HAL_Delay()，如图 13.31 所示。

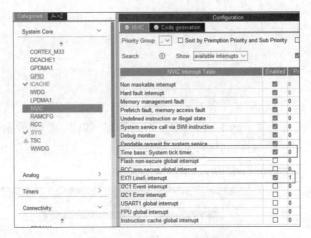

图 13.31　配置中断优先级

通过观察显示屏原理图可知，触摸屏芯片的复位引脚 TP RST 和 LCD TE 引脚可以连接到同一个引脚上，如图 13.32 所示。而根据核心板原理图可知，LCD TE 引脚连接到了 PA11 上。

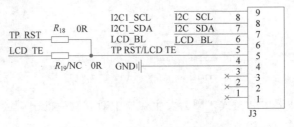

图 13.32　显示屏接口原理图

因此需要配置 PA11 为输出模式。因为复位电平为低电平，所以设置该引脚默认电平为高电平，并且将用户标签设置为 TP_RST，如图 13.33 所示。

配置英文工程目录 Toolchain/MDK，设置为复制必要的文件，分别生成 .c/.h 文件后，生成并打开工程。在工程选项中选中 Use MicroLIB，如图 12.17 所示。

重定向 printf()的功能。在 main.c 的头文件中加入 ♯include "stdio.h"后，在 USER CODE BEGIN 0 处添加以下代码：

```
/* USER CODE BEGIN 0 */
//printf()实现重定向
```

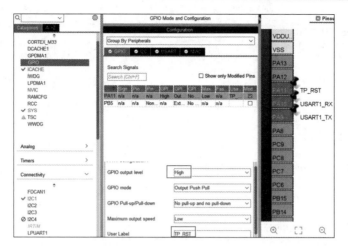

图 13.33　配置 PA11 引脚

```
int fputc(int ch, FILE * f)
{
    uint8_t temp[1] = {ch};
    HAL_UART_Transmit(&huart1, temp, 1, 2);
    return ch;
}
/* USER CODE END 0 */
```

将例程工程目录下的 bsp_ft6336.c 和 bsp_ft6336.h 复制到生成的工程对应的目录下，如图 13.34 和图 13.35 所示。

图 13.34　复制 bsp_ft6336.c 到对应的目录　　　图 13.35　复制 bsp_ft6336.h 到对应的目录

在工程的对应分组中添加复制过来的驱动，如图 13.36 所示。

图 13.36　在工程分组中添加驱动文件

在 main.c 的前部添加头文件。

```
/* USER CODE BEGIN Includes */
# include "stdio.h"
```

```
#include "bsp_ft6336.h"
/* USER CODE END Includes */
```

在 main()函数中添加初始化程序。

```
/* USER CODE BEGIN 2 */
    FT6336_init();
/* USER CODE END 2 */
```

下面看一下 FT6336_init()中的内容。

```
void FT6336_init(void)
{
    // Int Pin Configuration
    HAL_GPIO_WritePin(TP_RST_GPIO_Port, TP_RST_Pin, GPIO_PIN_RESET);
    HAL_Delay(10);
    HAL_GPIO_WritePin(TP_RST_GPIO_Port, TP_RST_Pin, GPIO_PIN_SET);
    HAL_Delay(100);
}
```

在该函数中,先把复位引脚设置为低电平,等待一段时间后设置为高电平,从而复位触摸芯片。

然后添加 GPIO 外部中断回调函数。该函数在发生 GPIO 下降沿中断时被调用,从而执行。

```
/* USER CODE BEGIN 4 */
void HAL_GPIO_EXTI_Falling_Callback(uint16_t GPIO_Pin)
{
    if(!(HAL_GPIO_ReadPin(GPIOB,GPIO_PIN_5))&(GPIO_Pin == GPIO_PIN_5))
    {
        FT6336_scan();
    }
}
/* USER CODE END 4 */
```

下面看一下 FT6336_scan()中的内容。

```
FT6336_TouchPointType FT6336_scan(void)
{
    FT6336_TouchPointType touchPoint;
    touchPoint.touch_count = FT6336_read_td_status();      //获取触摸点个数
    if (touchPoint.touch_count == 0)
    {
        touchPoint.tp[0].status = release;
        touchPoint.tp[1].status = release;
    }
    uint8_t id1 = FT6336_read_touch1_id();                // id1 = 0 or 1
    touchPoint.tp[id1].status = (touchPoint.tp[id1].status == release) ? touch : stream;
                                                          //设置为按下或连续
    touchPoint.tp[id1].x = FT6336_read_touch1_x();        //读取 x 轴坐标
    touchPoint.tp[id1].y = FT6336_read_touch1_y();        //读取 y 轴坐标
    touchPoint.tp[~id1 & 0x01].status = release;          //设置另一个触摸点的状态为释放
    printf("X == %d  Y == %d\n",touchPoint.tp[id1].x,touchPoint.tp[id1].y);
    return touchPoint;
}
```

在该函数中,首先获取触摸点的个数。如果个数为 0,则设置两个点的状态都为释放。然后读取触摸点的 ID,将其作为数组标号,来更改其状态并赋值相应的坐标值。同时还需要改变另一个触摸点的状态为释放。最后将触摸点坐标打印出来。

下面看一下 FT6336_read_touch1_x()函数的原理。

```
uint16_t FT6336_read_touch1_x(void)
{
    uint8_t read_buf[2];
    read_buf[0] = FT6336_readByte(FT6336_ADDR_TOUCH1_X);
    read_buf[1] = FT6336_readByte(FT6336_ADDR_TOUCH1_X + 1);
    return ((read_buf[0] & 0x0f) << 8) | read_buf[1];
}
```

在该函数中,FT6336_ADDR_TOUCH1_X 为指令 0x03,这对应于前面介绍的 Pn_XH 指令。因为触摸点坐标是 12 位的,该指令返回的低 4 位是触摸点坐标的高 4 位,所以需要将该值左移 8 位后拼接上执行 Pn_XL 指令获取到的触摸点坐标的低 8 位数据。

下面再来看一下 FT6336_readByte()中的内容。

```
uint8_t FT6336_readByte(uint8_t addr)
{
    uint8_t data;
    //发送控制指令
    HAL_I2C_Master_Transmit(&hi2c1,FT6336_ADDR_WRITE,&addr,1,100);
    //适当增加延时,等待设置完成
    HAL_Delay(1);
    //读取坐标数据,一个字节
    HAL_I2C_Master_Receive(&hi2c1,FT6336_ADDR_READ,&data,1,100);
    return data;
}
```

该函数先利用 HAL 库的 I²C 主机向从机发送函数发送一个字节的数据,然后利用接收函数接收从机发过来的数据。

13.6.5　实验现象

单击 Rebuild 按钮编译工程,选择好调试下载器后,将程序下载到开发板上。注意连接好显示屏。

然后打开串口调试助手,在里面找到 USB 串行设备(使用 DAPLink)或 ST-Link Virtual COM Port (使用 ST-Link),选择其作为串口端口使用。然后设置波特率、校验位、数据位、停止位与程序配置保持一致后,单击"打开"按钮打开端口。

复位开发板后,用手指触摸屏幕,即可在串口调试助手中显示触摸点坐标,如图 13.37 所示。

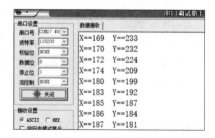

图 13.37　实验现象

## 第 14 章

实 时 时 钟

视频讲解

14.1 RTC 简介

实时时钟(Real Time Clock,RTC)是一种能够在芯片无主电源供电的情况下利用电池保持时间信息的特殊功能模块。RTC 是一个独立的 BCD 定时器/计数器,提供了自动唤醒功能,以管理所有低功耗模式。RTC 提供了一个带有可编程闹钟中断的时钟/日历功能。只要供电电压保持在操作范围内,RTC 就永远不会停止运行,无论设备处于何种状态(运行模式、低功耗模式或复位状态)。

14.2 RTC 的功能

14.2.1 RTC 二进制、BCD 或混合模式

1. RTC 二进制模式

在二进制模式下,RTC 使用纯粹的二进制形式存储时间数据。这意味着时间以普通的二进制数值形式存储,而不是以 BCD 编码。RTC 中的秒数通常存储在一个 32 位的二进制计数器中,称为 RTC_SSR 寄存器。这个计数器用于表示亚秒级的精确时间。与此同时,时间和日期信息不再使用 RTC_TR(时间寄存器)和 RTC_DR(日期寄存器),而是以其他方式表示。

2. RTC BCD 模式

在 BCD 模式下,RTC 使用 BCD 编码来表示时间数据。BCD 编码使用 4 位二进制数来表示一个十进制数的每个十位和个位数字。RTC_SSR 寄存器中包含一个 16 位的 BCD 计数器,用于表示亚秒。而时间和日期信息则存储在 RTC_TR 和 RTC_DR 寄存器中,以 BCD 编码的形式表示。

3. RTC 混合模式

在混合模式下,RTC 同时使用二进制和 BCD 格式。RTC_SSR 寄存器包含一个 32 位的二进制计数器,用于表示亚秒。而 RTC_TR 和 RTC_DR 寄存器中的时间和日期信息仍以 BCD 格式存储。这种模式允许以二进制形式进行更精确的计时,同时仍然可以使用 BCD 格式来表示时间和日期。

总的来说,二进制模式提供了更高的精度,特别是在需要更精确的时间测量时,而 BCD

模式则提供了更易读的时间和日期表示。混合模式结合了这两种优势,使得用户可以根据需要选择合适的时间表示方式。

14.2.2　实时时钟和日历

RTC 日历时间和日期寄存器通过影子寄存器访问,这些寄存器与 PCLK(APB 时钟)同步。也可以直接访问日历寄存器,以避免等待同步持续时间。可以通过在 RTC_CR 寄存器中设置 BYPSHAD 控制位来直接访问日历寄存器。默认情况下,此位被清除,用户访问影子寄存器。

RTC_SSR 用于指定亚秒,RTC_TR 用于指定时间,RTC_DR 用于指定日期。

每个 RTCCLK 周期,当前日历值被复制到影子寄存器中,并且 RTC_ICSR 寄存器的 RSF 位被设置。在停止和待机模式下不执行复制。当退出这些模式时,影子寄存器在最多 4 个 RTCCLK 周期后更新。

在 BYPSHAD = 0 模式下读取 RTC_SSR、RTC_TR 或 RTC_DR 寄存器时,APB 时钟的频率(f_{APB})必须至少是 RTC 时钟频率(f_{RTCCLK})的 7 倍。

系统复位时会重置影子寄存器。

14.2.3　可编程闹钟

RTC 单元提供可编程闹钟:闹钟 A 和闹钟 B。以下描述是针对闹钟 A 的,但可以以相同方式转换为闹钟 B。

可通过 RTC_CR 寄存器中的 ALRAE 位启用可编程闹钟功能。

如果日历的亚秒、秒、分钟、小时、日期或星期与闹钟寄存器 RTC_ALRMASSR 和 RTC_ALRMAR 中编程的值匹配,则将 ALRAF 设置为 1。每个日历字段可以通过 RTC_ALRMAR 寄存器的 MSKx 位和 RTC_ALRMASSR 寄存器的 MASKSSx 位独立选择。

当使用二进制模式时,可以在闹钟二进制寄存器 RTC_ALRABINR 中对亚秒字段进行编程。

通过 RTC_CR 寄存器中的 ALRAIE 位启用闹钟中断。

如果闹钟用于为另一个外设生成触发事件,则可以通过在 RTC_CR 寄存器中将 ALRAFCLR 位配置为 1 来自动清除 ALRAF。在这种配置中,如果唯一目的是清除 ALRAF 标志,则无须软件干预。

14.2.4　时间戳功能

时间戳可以通过 3 种触发方式来记录事件的发生时间。

(1)外部时间戳触发(TSE):当在 RTC_TS 引脚上检测到时间戳事件时,RTC 会自动记录当前的日历时间到时间戳寄存器中。

(2)篡改事件时间戳触发(TAMPTS):当检测到内部或外部篡改事件时,RTC 会记录当前的日历时间到时间戳寄存器中。

(3)内部时间戳触发(ITSE):当检测到内部时间戳事件,例如切换到 VBAT 供电时,RTC 会记录当前的日历时间到时间戳寄存器中。

时间戳事件触发后,RTC 会将当前的日历时间(包括秒、分钟、小时、日期、月份和年份)保存在时间戳寄存器中。时间戳寄存器包括 RTC_TSSSR、RTC_TSTR 和 RTC_TSDR。

当时间戳事件发生时,RTC_SR 寄存器中的时间戳标志位(TSF)会被设置。如果事件是由内部触发的,则还会设置 RTC_SR 寄存器中的内部时间戳标志(ITSF)。

14.2.5　备份寄存器

备份寄存器(Backup Registers)是一组特殊的寄存器,用于在芯片断电或复位时保持数据的持久性。这些寄存器是用于存储非易失性数据的,因此在备用电池电源 VBAT 没有断电的情况下,系统主电源重新上电或复位后,其内容将保持不变。

RTC 通常用于跟踪时间,并且具有在主电源断电时继续运行的能力,因为它可以由备份电源供电。备份寄存器则用于存储需要在断电或复位后保持不变的重要数据。因此在 RTC 的应用中,需要利用备份寄存器存储 RTC 是否被设置了,以及存储 RTC 的时间数据,以便在单片机上电时不再重复设置 RTC 时间。

应用程序可以向备份寄存器写入或从中读取数据。在默认配置中,当检测到篡改(Tamper,TAMP)事件时,此寄存器会被重置。只要至少有一个内部或外部篡改标志被设置,它就会被强制重置。当读出保护(RDP)被禁用时,此寄存器也会被重置。

14.3　RTC 的 STM32CubeMX 配置

STM32CubeMX 的 RTC 配置页面如图 14.1 所示。

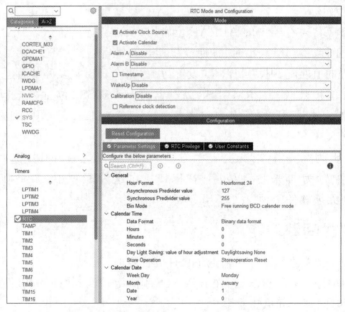

图 14.1　STM32CubeMX 的 RTC 配置页面

Activate Clock Source 和 Activate Calendar 用于使能 RTC 的时钟源和日历功能。

Alarm A 和 Alarm B 用于设置定时器来源。

Timestamp 用于选择是否启用时间戳。

WakeUp 用于在低功耗模式下周期性地唤醒微控制器,以执行特定的任务或检查特定的事件。

Calibration 用于配置输出校准时钟。它可以作为参考信号，用于验证 RTC 时钟的准确性以及与外部时间源的同步性。

Reference clock detection 用于配置输入的参考时钟源，50Hz 或 60Hz。当启用 RTC_REFIN 检测时（将 RTC_CR 寄存器的 REFCKON 位设置为 1），日历仍然由 LSE 时钟提供时钟，而 RTC_REFIN 用于补偿日历更新频率（1Hz）的不精确性。

Hour Format 用于设置时间格式为 24 小时制还是 12 小时制。

Asynchronous Predivider value 是通过 RTC_PRER 寄存器的 PREDIV_A 位配置的 7 位异步分频器。

Synchronous Predivider value 通过 RTC_PRER 寄存器的 PREDIV_S 位配置的 15 位同步分频器。

Bin Mode 用于设置工作模式是 BCD 模式、二进制模式还是混合模式。

Data Format 用于设置输入的数据是二进制还是 BCD 码。

Day Light Saving 用于夏令时管理。

Store Operation 用于记忆夏令时调整是否已经执行。

14.4 RTC 的寄存器

下面介绍几个 RTC 寄存器。

1. RTC 时间寄存器（RTC_TR）（见图 14.2）

图 14.2 RTC 时间寄存器（RTC_TR）

RTC_TR 是日历时间影子寄存器。该寄存器只能在初始化模式下写入。

PM：0 代表 AM 或 24 小时制，1 代表 PM。

HT、HU 分别为小时的十位和个位的 BCD 码。

MNT、MNU 分别为分钟的十位和个位的 BCD 码。

ST、SU 分别为秒的十位和个位的 BCD 码。

2. RTC 日期寄存器（RTC_DR）（见图 14.3）

图 14.3 RTC 日期寄存器（RTC_DR）

RTC_DR 是日历日期影子寄存器。该寄存器只能在初始化模式下写入。

YT、YU 分别为年份的十位和个位的 BCD 码。

MT、MU 分别为月份的十位和个位的 BCD 码。

DT、DU 分别为日期的十位和个位的 BCD 码。

WDU 为星期，001～111 分别代表星期一到星期日。

3. RTC 亚秒寄存器(RTC_SSR)(见图 14.4)

31	30	29	28	27	26	25	24	23	22	21	20	19	18	17	16
							SS[31:16]								
r	r	r	r	r	r	r	r	r	r	r	r	r	r	r	r
15	14	13	12	11	10	9	8	7	6	5	4	3	2	1	0
							SS[15:0]								
r	r	r	r	r	r	r	r	r	r	r	r	r	r	r	r

位31:16	SS[31:16]：同步二进制计数器的高16位值
	当选择二进制或混合模式(BIN=01或10或11)时，SS[31:16]是SS[31:0]自由运行的倒计数器的高16位
	当选择BCD模式(BIN=00)时，SS[31:16]会被硬件强制设为0x0000
位15:0	SS[15:0]：亚秒值/同步二进制计数器的低16位值
	当选择二进制模式(BIN=01或10或11)时，SS[15:0]是SS[31:0]自由运行的倒计数器的低16位
	当选择BCD模式(BIN=00)时，SS[15:0]是同步分频器计数器中的值。秒的小数由下面的公式给出：
	秒的小数= (PREDIV_S−SS) / (PREDIV_S + 1)
	在进行移位操作后，SS可以大于PREDIV_S。在这种情况下，RTC_TR/RTC_DR所指示的正确时间/日期比实际要少1s

图 14.4 RTC 亚秒寄存器(RTC_SSR)

14.5 RTC 的 HAL 库函数

1. 初始化函数

HAL_StatusTypeDef HAL_RTC_Init(RTC_HandleTypeDef * hrtc)：该函数依据 RTC_HandleTypeDef 结构体中的配置初始化 RTC 外设，包括配置 RTC 时钟和时钟源等参数。

void HAL_RTC_MspInit(RTC_HandleTypeDef * hrtc)：初始化 RTC 外设的相关外设，如时钟和 GPIO 引脚等，通常在启动时被调用。

2. 设置和获取时间日期函数

这类函数的名称和功能如表 14.1 所示。

表 14.1 设置和获取时间日期函数

函 数 名 称	函 数 功 能
HAL_RTC_SetTime	设置时间
HAL_RTC_GetTime	获取时间
HAL_RTC_SetDate	设置日期
HAL_RTC_GetDate	获取日期

在这些函数中，第一个参数是 RTC 外设句柄，第二个参数是要设置的或要获取的时间、日期结构体数据，第三个参数是数据格式，可为 BCD 码或二进制码。

3. 备份寄存器操作函数

表 14.2 所示函数分别用于写入、读取、擦除备份寄存器中的内容。

表 14.2 备份寄存器操作函数

函 数 名 称	函 数 功 能
HAL_RTCEx_BKUPWrite	写入备份寄存器
HAL_RTCEx_BKUPRead	读取备份寄存器
HAL_RTCEx_BKUPErase	擦除备份寄存器

14.6 实验：驱动 RTC

14.6.1 应用场景及目的

RTC(实时时钟)在许多应用场景中都有重要作用,主要用于需要时间记录、时间同步或时间触发的场合。RTC 应用场景包括计时器和闹钟、日历和日期功能、数据时间戳、电子设备中的时间管理、工业自动化和控制系统中同步操作、记录事件时间戳等。

总的来说,RTC 在各种需要时间跟踪和时间管理的场景中都扮演着重要的角色,是许多电子设备和系统中不可或缺的组成部分。

本实验首先利用编程时的系统时间配置 RTC 的时间和日期,然后利用备份寄存器存储是否配置过了 RTC 时间,从而避免每次复位时都重新设置 RTC。在主循环中每秒打印一次当前的时间和日期。

本实验的例程为 16-1_STM32U575_RTC_BKP_Basic。

14.6.2 程序配置

打开 STM32CubeMX,新建一个工程。设置 HCLK 和 APB 时钟频率为 160MHz。使能 ICACHE 功能的模式为 1-way 以支持指令高速缓存,如图 13.13 所示。

使能 PA9、PA10 为 USART 引脚,并配置 USART 的参数,如图 7.21 所示。

设置 RCC 中的 Low Speed Clock(LSE)为 Crystal/Ceramic Resonator,以便使用核心板上连接的 32.768kHz 晶振,如图 14.5 所示。

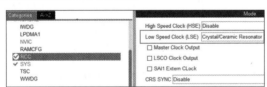

图 14.5 设置低速时钟为外部晶振源

在 Clock Configuration 中配置 RTC 的时钟来源为外部 32.768kHz 晶振,如图 14.6 所示,便于后面的分频设置。

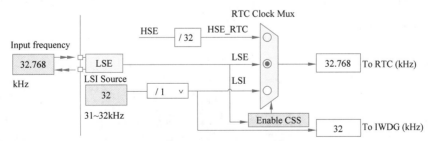

图 14.6 配置时钟树

在 RTC 配置界面,选择 Activate Clock Source 和 Activate Calendar 来激活时钟源和日历功能,如图 14.7 所示。

在 Configuration 中,设置时间格式、分频系数等。实际的分频系数为设置的分频数值

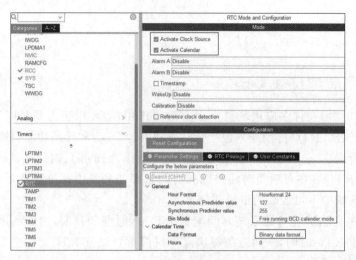

图 14.7 RTC 配置页面

加 1。这里设置成 128×256 是因为选择的时钟源是 32.768kHz 的,设置成这个分频系数可以分频出 1Hz 的时钟。因为要直接设置和读取时间和日期,所以选择 BCD 模式或混合模式都可以,但不能选择二进制模式。Data Format 决定了程序里面写入的数据格式是什么。二进制数据格式意味着需要向函数里面直接写入对应的数值。如果想写入 11,那么向函数里传入十进制的 11 即可。如果选择 BCD 模式,那么需要写成十六进制的 0x11 来用 BCD 码表示。其他的时间和日期不用设置,因为程序里面会进行配置。

配置英文工程目录 Toolchain/MDK,设置为复制必要的文件,分别生成 .c/.h 文件后,生成并打开工程。在工程选项中选中 Use MicroLIB,如图 12.17 所示。

重定向 printf() 的功能。在 main.c 的头文件中加入 #include "stdio.h" 后,在 USER CODE BEGIN 0 处添加以下代码:

```
/* USER CODE BEGIN 0 */
//printf()实现重定向
int fputc(int ch, FILE * f)
{
    uint8_t temp[1] = {ch};
    HAL_UART_Transmit(&huart1, temp, 1, 2);
    return ch;
}
/* USER CODE END 0 */
```

在 Core 分组中新建一个文件,如图 14.8 所示。

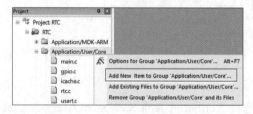

图 14.8 在 Core 分组中新建文件

选择对应的文件类型和名称、目录,如图 14.9 所示。

图 14.9　设置新建的文件的类型和目录

该文件将用于存放编写的用户代码。

在文件的开头先引入几个头文件,用于后面的字符串处理和数学梳理,并引入自身对应的头文件。接着定义两个 RTC 定义的结构体便于后面设置时间和日期使用。

```
# include "rtc.h"
# include "stdio.h"
# include "string.h"
# include "math.h"
# include "user_app.h"
RTC_DateTypeDef gSystemDate;                 //获取日期结构体
RTC_TimeTypeDef gSystemTime;                 //获取时间结构体
```

然后编写两个函数用于初始化系统时间和打印时间。

```
void System_Time_init(void)
{
    int32_t lYear = OS_YEAR, lMonth = OS_MONTH,lDate = OS_DAY;
    int32_t lweek = 0, weekBuff = 0;
    uint32_t p_BKUPReadDRx = HAL_RTCEx_BKUPRead(&hrtc, RTC_BKP_DR0);
    //基姆拉尔森计算公式,根据输入的年月日输出星期几
    if(lMonth == 1||lMonth == 2)
    {
        lMonth += 12;
        lYear -- ;
    }
    weekBuff = (lDate + 2 * lMonth + 3 * (lMonth + 1)/5 + lYear + lYear/4 - lYear/100 + lYear/
400) % 7;
    switch(weekBuff)
    {
        case 0: lweek = RTC_WEEKDAY_MONDAY;         break;
        case 1: lweek = RTC_WEEKDAY_TUESDAY;        break;
        case 2: lweek = RTC_WEEKDAY_WEDNESDAY;      break;
        case 3: lweek = RTC_WEEKDAY_THURSDAY;       break;
        case 4: lweek = RTC_WEEKDAY_FRIDAY;         break;
        case 5: lweek = RTC_WEEKDAY_SATURDAY;       break;
        case 6: lweek = RTC_WEEKDAY_SUNDAY;         break;
    }
```

```c
        //备份域数据读取,是否更新与保存编译时间
        if ((p_BKUPReadDRx & 0xFFFF) != RTC_BKP0RL_VALUE)
        {
            /** Initialize RTC and set the Time and Date */
            gSystemTime.Hours = OS_HOUR;
            gSystemTime.Minutes = OS_MINUTE;
            gSystemTime.Seconds = OS_SECOND;
            gSystemTime.SubSeconds = 0x0;
            gSystemTime.DayLightSaving = RTC_DAYLIGHTSAVING_NONE;
            gSystemTime.StoreOperation = RTC_STOREOPERATION_RESET;
            if (HAL_RTC_SetTime(&hrtc, &gSystemTime, RTC_FORMAT_BIN) != HAL_OK) {Error_Handler();}

            gSystemDate.WeekDay = lweek;
            gSystemDate.Month = OS_MONTH;
            gSystemDate.Date = OS_DAY;
            gSystemDate.Year = OS_YEAR - 2000;
            if (HAL_RTC_SetDate(&hrtc, &gSystemDate, RTC_FORMAT_BIN) != HAL_OK) {Error_Handler();}
            //备份寄存器用于存储时间是否设置
            HAL_RTCEx_BKUPWrite(&hrtc, RTC_BKP_DR0, (p_BKUPReadDRx & 0xFFFF0000) | RTC_BKP0RL_VALUE);
        }
}
/*
********************************************************************************
* @fun        :Update_System_Time
* @brief      :系统时间更新,并通过核心板 USB 转串口打印
* @param      :None
* @return     :None
* @remark     :周期性调用 - 每秒运行一次
********************************************************************************
*/
void Update_System_Time(void)
{
    HAL_RTC_GetTime(&hrtc, &gSystemTime, RTC_FORMAT_BIN);    //获取时间
    /* Get the RTC current Date */
    HAL_RTC_GetDate(&hrtc, &gSystemDate, RTC_FORMAT_BIN);    //获取日期
    //输出系统时间
    printf("sys_date:%04d/%02d/%02d\n\r", gSystemDate.Year + 2000, gSystemDate.Month,
gSystemDate.Date);
    printf("sys_time:%02d:%02d:%02d\n\r", gSystemTime.Hours, gSystemTime.Minutes,
gSystemTime.Seconds);
}
```

在 System_Time_init()中,首先利用 OS_YEAR 这类宏定义获取系统的时间和日期。然后通过 HAL_RTCEx_BKUPRead()函数读出备份寄存器中的数值。如果该数值代表已经设置过 RTC,那么后续将不再设置 RTC,否则设置 RTC 时间为当前系统时间。OS_YEAR 这类宏定义在 user_app.h 中定义。

在 Update_System_Time()中,利用 HAL 库的函数读出时间和日期,然后打印出来。下面再编写 user_app.h 文件。

```c
/**
********************************************************************************
* @file    user_app.h
* @brief   用户应用程序部分的代码
*
********************************************************************************
*/
```

```
# ifndef __USER_APP_H__
# define __USER_APP_H__

# define RTC_BKP0RL_VALUE            0x1A1B
# define OS_YEAR     (((( __DATE__ [7] - '0') * 10 + ( __DATE__ [8] - '0')) * 10 \
                        + ( __DATE__ [9] - '0')) * 10 + ( __DATE__ [10] - '0'))
// Retrieve month info
# define OS_MONTH    ( __DATE__ [2] == 'n'? ( __DATE__ [1] == 'a'? 1 : 6) \
                        : __DATE__ [2] == 'b'? 2 \
                        : __DATE__ [2] == 'r'? ( __DATE__ [0] == 'M'? 3 : 4) \
                        : __DATE__ [2] == 'y'? 5 \
                        : __DATE__ [2] == 'l'? 7 \
                        : __DATE__ [2] == 'g'? 8 \
                        : __DATE__ [2] == 'p'? 9 \
                        : __DATE__ [2] == 't'? 10 \
                        : __DATE__ [2] == 'v'? 11 : 12)

// Retrieve day info
# define OS_DAY      (( __DATE__ [4] == ' '? 0 : __DATE__ [4] - '0') * 10 \
                        + ( __DATE__ [5] - '0'))

// Retrieve hour info
# define OS_HOUR     (( __TIME__ [0] - '0') * 10 + ( __TIME__ [1] - '0'))

// Retrieve minute info
# define OS_MINUTE   (( __TIME__ [3] - '0') * 10 + ( __TIME__ [4] - '0'))

// Retrieve second info
# define OS_SECOND   (( __TIME__ [6] - '0') * 10 + ( __TIME__ [7] - '0'))

void Update_System_Time(void);
void System_Time_init(void);

# endif /* __USER_APP_H__ */
```

将编写后的文件保存到 Core/Inc 目录中,如图 14.10 所示。

图 14.10 将编写后的文件保存到 Core/Inc 目录中

在该文件中,首先定义了 RTC_BKP0RL_VALUE 的值。该值用于设置 RTC 之后写入备份寄存器中,以便下次复位时检查是否设置了 RTC。OS_YEAR 所使用的 __DATE__ 是一个预定义的宏,用于获取源代码文件被编译的日期。当源代码文件被编译时,__DATE__ 会被编译器替换为一个表示编译日期的字符串,格式通常为"MMM DD YYYY",例如,"May 30 2024"。这个宏在编译时是自动生成的,因此可以用于在程序中显示编译日期或者与编译日期相关的操作。__TIME__ 是一个预定义的宏,用于获取源代码文件被编译的时间。当源代码文件被编译时,__TIME__ 会被编译器替换为一个表示编译时间的字符串,格式通常为"HH:MM:SS ",例如,"13:45:30"。

还需要在 rtc.c 文件的 RTC 配置区域填写一段代码,用于在复位后跳过 RTC 配置。

```
/* USER CODE BEGIN Check_RTC_BKUP */
    if ((HAL_RTCEx_BKUPRead(&hrtc, RTC_BKP_DR0)&0XFFFF) == 0x1A1B)  return;
  /* USER CODE END Check_RTC_BKUP */
```

最后在 main.c 文件中引入 user_app.h 头文件,然后在主函数和主循环中引入 System_Time_init()和 Update_System_Time()函数。

```
/* USER CODE BEGIN 2 */
    System_Time_init();
  /* USER CODE END 2 */

  /* Infinite loop */
  /* USER CODE BEGIN WHILE */
  while (1)
  {
    HAL_Delay(1000);
    Update_System_Time();
  /* USER CODE END WHILE */
```

14.6.3 实验现象

单击 Rebuild 按钮编译工程,选择好调试下载器后,将程序下载到开发板上。注意底板上需要安装电池。

然后打开串口调试助手,在里面找到 USB 串行设备(使用 DAPLink)或 ST-Link Virtual COM Port(使用 ST-Link),选择其作为串口端口使用。然后设置波特率、校验位、

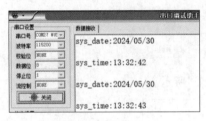

图 14.11　实验现象

数据位、停止位与程序配置保持一致后,单击"打开"按钮打开端口。

复位开发板后,可以看到串口调试助手中会打印出 RTC 时间信息。

将开发板断电后隔一段时间再重新上电(只保持底板电池供电),可以看到时间信息在持续进行,如图 14.11 所示。

14.7　习题

简答题

实时时钟(RTC)的作用是什么? 它在 STM32 微控制器中扮演着怎样的角色?

思考题

1. 思考如何设置一个闹钟,当符合闹钟的时间时调用闹钟中断回调函数,在串口中打印出相关信息。

2. 思考如何在 STM32 中实现一个基于 RTC 的日历应用程序,以显示当前日期,并支持日期的增减和设置。

第 15 章

CHAPTER 15

独立看门狗

视频讲解

15.1 IWDG 简介

STM32 中的独立看门狗(Independent Watchdog,IWDG)是一种硬件保护机制,用于监视系统的运行状态,并在系统挂起或出现故障时触发复位,以确保系统的稳定性和可靠性。

IWDG 是一个独立的硬件计时器,在系统初始化时启动,并以预设的时间间隔开始倒计时。在每个时间间隔结束前,程序需要重载 IWDG 的计数器(喂狗),否则 IWDG 将认为系统已经挂起或出现故障,并触发复位操作。通过写入 IWDG 的控制寄存器(IWDG_KR)和重载寄存器(IWDG_RLR),可以配置 IWDG 的预设计数器值和启动/停止等操作。一旦启动 IWDG,就必须定期在指定时间间隔内重载 IWDG 的计数器,否则 IWDG 将会触发复位。

在嵌入式系统中,特别是对于关键任务和长时间运行的应用程序,IWDG 是一种非常有用的保护机制。它可以帮助检测和解决由软件错误、噪声干扰或其他异常情况引起的系统挂起问题,提高系统的稳定性和可靠性。

15.2 内部架构

STM32U575 的 IWDG 内部架构如图 15.1 所示。

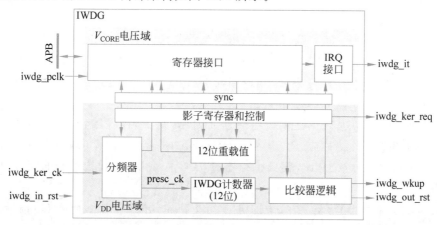

图 15.1 STM32U575 的 IWDG 内部架构

寄存器和中断请求(IRQ)接口位于 V_{CORE} 电压域中。看门狗功能本身位于 V_{DD} 电压域中,以确保在低功耗模式下仍然保持功能性。V_{CORE} 电压域指的是处理器核心及其相关的逻辑电路所使用的电压域。V_{DD} 电压域则是整个芯片的供电电压域,包括处理器核心、外设和I/O引脚等。

寄存器和中断接口主要由APB时钟(iwdg_pclk)驱动,而看门狗功能则由专用的内核时钟(iwdg_ker_ck)驱动,因此即便在主时钟发生故障时仍然可以保持工作状态。通过同步机制,实现了两个域之间的数据交换。需要注意的是,大多数位于寄存器接口中的寄存器会被镜像到 V_{DD} 电压域中,即影子寄存器。

IWDG的计数器由预分频时钟(presc_ck)驱动。预分频时钟是根据 PR[3:0] 位字段将内核时钟 iwdg_ker_ck 除以预分频器得到的。

IWDG内部输入/输出信号说明如表15.1所示。

表 15.1　IWDG 内部输入/输出信号说明

信 号 名 称	信 号 类 型	描　　　述
iwdg_ker_ck	输入	IWDG 内核时钟
iwdg_ker_req	输入	IWDG 内核时钟请求
iwdg_pclk	输入	IWDG APB 时钟
iwdg_out_rst	输出	IWDG 复位输出
iwdg_in_rst	输入	IWDG 复位输入
iwdg_wkup	输出	IWDG 唤醒事件
iwdg_it	输出	IWDG 提前唤醒中断

15.3　功能和时序

独立看门狗(IWDG)有两种工作模式:软件看门狗模式和硬件看门狗模式。

软件看门狗模式是默认的工作模式。通过向IWDG键寄存器(IWDG_KR)写入值 0x0000 CCCC,可以启动独立看门狗。IWDCNT递减计数器从复位值开始倒计数。

硬件看门狗模式可以在上电时或每次被复位时(通过 iwdg_in_rst)自动启动。IWDCNT递减计数器从复位值开始倒计数。硬件看门狗模式功能是通过设备选项位启用的。

当递减计数器达到 0x000 时,会产生一个复位信号(iwdg_out_rst 置1)。每当向IWDG键寄存器(IWDG_KR)写入值 0x0000 AAAA 时,IWDG_RLR 的值将重新加载到计数器中,避免看门狗复位系统。由于重新同步延迟,必须在IWDCNT递减计数器达到1之前刷新独立看门狗。如图15.2所示,当刷新命令被执行,并经过一个 presc_ck 周期后,计数器将重新加载为 RL[11:0] 的内容。

如果在IWDCNT达到1之前没有刷新IWDG,则IWDG会生成一个复位信号(即 iwdg_out_rst 置1)。作为回应,RCC会复位IWDG(iwdg_in_rst 清0)以清除复位来源。

IWDG也可以通过在 **IWDG窗口寄存器**(IWDG_WINR)中设置适当的窗口值作为窗口看门狗。

如果在计数器大于 WIN[11:0]+1 时执行重新加载操作,则会生成复位信号。其中,WIN[11:0] 位于 IWDG 窗口寄存器(IWDG_WINR)中。

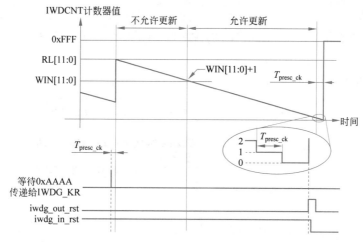

图 15.2 IWDG 计数时序

IWDG 窗口寄存器(IWDG_WINR)的默认值为 0x0000 0FFF,因此,如果未配置,则该功能不起作用。

一旦窗口值发生变化,就会使用 RL[11:0]的值重新加载递减计数器(IWDCNT),以便更容易估计下一次刷新应该发生的位置。

提前中断(Early Interrupt)可以根据计数器的值提前生成一个中断信号。这个提前中断可以通过将 IWDG 提前唤醒中断寄存器(IWDG_EWCR)中的 EWIE 位设置为 1 来启用。

通过设置一个比较值(EWIT[11:0]),应用程序可以确定何时触发提前中断。当递减计时器(IWDCNT)的值达到 EWIT[11:0]-1 时,系统会触发 iwdg_wkup 信号,以便根据需要退出低功耗模式。

同时,如果 APB 时钟可用,还会激活 iwdg_it 信号。当提前中断触发时,IWDG 状态寄存器(IWDG_SR)中的 EWIF 标志会被设置为 1。要确认并清除提前中断,只需将 IWDG 提前唤醒中断寄存器(IWDG_EWCR)中的 EWIC 位写入 '1'。

另外,写入 IWDG_EWCR 寄存器会导致递减计时器(IWDCNT)重新加载为预设值 RL[11:0]。

提前唤醒中断的时序图如图 15.3 所示。

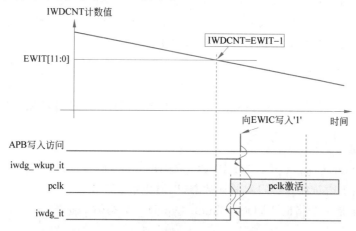

图 15.3 提前唤醒中断的时序图

15.4 STM32CubeMX 配置

STM32CubeMX 中的 IWDG 配置页面如图 15.4 所示。

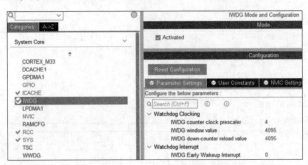

图 15.4 STM32CubeMX 的 IWDG 配置页面

IWDG counter clock prescaler 用于设置从时钟源过来的时钟分频系数。时钟源时钟默认为 32kHz。分频后的值为计数频率。

IWDG window value 用于配置窗口时间。如果未使用的话保持默认值 4095 即可,这样可以永远让计数值不大于窗口值,从而可以在任意时间重载计数器(喂狗)而不产生复位。

IWDG down-counter reload value 用于配置重载值。计数器从此值开始递减计数。

IWDG Early Wakeup Interrupt 用于配置提前唤醒中断的比较值。

15.5 IWDG 的 HAL 库函数

1. 初始化函数

(1) HAL_StatusTypeDef HAL_IWDG_Init(IWDG_HandleTypeDef * hiwdg)

这个函数用于初始化独立看门狗模块,并配置其参数。

参数 hiwdg 是一个指向 IWDG_HandleTypeDef 结构体的指针,用于指定要初始化的独立看门狗模块。

(2) void HAL_IWDG_MspInit(IWDG_HandleTypeDef * hiwdg)

这个函数是独立看门狗模块的 MSP(MCU Specific Package)初始化函数。MSP 初始化函数用于配置模块的底层硬件资源,如时钟、GPIO 等。

参数 hiwdg 是一个指向 IWDG_HandleTypeDef 结构体的指针,用于指定要初始化的独立看门狗模块。

在这个函数中,可以实现与独立看门狗模块相关的外设的初始化,例如,配置时钟、GPIO 等。

2. 操作函数

(1) HAL_StatusTypeDef HAL_IWDG_Refresh(IWDG_HandleTypeDef * hiwdg)

这个函数用于刷新独立看门狗的计数器,以避免系统复位。

参数 hiwdg 是一个指向 IWDG_HandleTypeDef 结构体的指针,用于指定要刷新的独立看门狗模块。

（2）void HAL_IWDG_IRQHandler(IWDG_HandleTypeDef * hiwdg)

这个函数是独立看门狗模块的中断处理函数。当独立看门狗产生中断时,这个函数将被调用。

参数 hiwdg 是一个指向 IWDG_HandleTypeDef 结构体的指针,用于指定触发中断的独立看门狗模块。

在这个函数中,可以实现针对独立看门狗中断的特定操作,例如,清除中断标志、执行特定的处理逻辑等。

（3）void HAL_IWDG_EarlyWakeupCallback(IWDG_HandleTypeDef * hiwdg)

这个函数是用于提前唤醒中断回调的函数。当独立看门狗产生提前唤醒中断时,这个函数将被调用。

参数 hiwdg 是一个指向 IWDG_HandleTypeDef 结构体的指针,用于指定触发提前唤醒中断的独立看门狗模块。

在这个函数中,可以实现在提前唤醒中断发生时需要执行的特定操作,例如,退出低功耗模式、恢复系统状态等。

15.6　IWDG 的寄存器

1. IWDG 关键字寄存器（IWDG_KR）（见图 15.5）

31	30	29	28	27	26	25	24	23	22	21	20	19	18	17	16
Res.	Res.	Res.	Res.	Res.	Res.	Res.	Res.	Res.	Res.	Res.	Res.	Res.	Res.	Res.	Res.

15	14	13	12	11	10	9	8	7	6	5	4	3	2	1	0
KEY[15:0]															
w	w	w	w	w	w	w	w	w	w	w	w	w	w	w	w

图 15.5　IWDG 关键字寄存器（IWDG_KR）

通过向关键字寄存器写入不同的值,可以实现对独立看门狗模块的控制和保护功能。

0xAAAA：重新加载 RL[11：0] 的值到 IWDCNT 递减计时器（看门狗刷新）,并写保护寄存器。软件必须定期写入此值,否则当计数器达到 0 时,看门狗将生成复位信号。

0x5555：启用对寄存器的写访问。

0xCCCC：启用看门狗（除非选择了硬件看门狗选项）,并写保护寄存器。

与 0x5555 不同的值：写保护寄存器。注意,只有 IWDG_PR、IWDG_RLR、IWDG_EWCR 和 IWDG_WINR 寄存器具有写保护机制。

对于 IWDG 预分频器寄存器（IWDG_PR）、IWDG 重新加载寄存器（IWDG_RLR）、IWDG 提前唤醒中断寄存器（IWDG_EWCR）和 IWDG 窗口寄存器（IWDG_WINR）的写访问是受保护的。要修改它们,需要先在 IWDG 关键字寄存器（IWDG_KR）中写入 0x0000 5555。使用不同的值写入该寄存器会中断这个序列,寄存器访问再次受保护。写保护效果和重新加载操作（写入 0x0000 AAAA）类似。

2. IWDG 重载寄存器（IWDG_RLR）（见图 15.6）

31	30	29	28	27	26	25	24	23	22	21	20	19	18	17	16
Res.	Res.	Res.	Res.	Res.	Res.	Res.	Res.	Res.	Res.	Res.	Res.	Res.	Res.	Res.	Res.

15	14	13	12	11	10	9	8	7	6	5	4	3	2	1	0
Res.	Res.	Res.	Res.	RL[11:0]											
				rw	rw	rw	rw	rw	rw	rw	rw	rw	rw	rw	rw

图 15.6　IWDG 重载寄存器（IWDG_RLR）

L[11：0]：看门狗计数器重载值。

这些位受写访问保护。它们由软件编写,以定义每次将值 0xAAAA 写入独立看门狗密钥寄存器(IWDG_KR)时要加载到看门狗计数器中的值。看门狗计数器从此值开始倒计时。不建议将 RL[11：0] 设置为低于 2 的值。

在更改重载值之前,必须将 IWDG 状态寄存器(IWDG_SR)中的 RVU 位复位。

注意:从该寄存器读取返回来自 VDD 电压域的重载值。如果对该寄存器进行写操作,则此值可能不是最新/有效的,因此仅当 IWDG 状态寄存器(IWDG_SR)中的 RVU 位复位时,从该寄存器读取的值才有效。

3. IWDG 提前唤醒中断寄存器(IWDG_EWCR)(见图 15.7)

31	30	29	28	27	26	25	24	23	22	21	20	19	18	17	16
Res.	Res.	Res.	Res.	Res.	Res.	Res.	Res.	Res.	Res.	Res.	Res.	Res.	Res.	Res.	Res.

15	14	13	12	11	10	9	8	7	6	5	4	3	2	1	0
EWIE	EWIC	Res.	Res.					EWIT[11:0]							
rw	w			rw	rw	rw	rw	rw	rw	rw	rw	rw	rw	rw	rw

位15	EWIE: 看门狗提前中断使能
	0: 禁用提前中断接口
	1: 启用提前中断接口
位14	EWIC: 看门狗提前中断确认
	软件必须向此位写入1,以确认提前唤醒中断并清除EWIF标志。写入0没有效果,读取此标志会返回0
位11:0	EWIT[11:0]: 看门狗计数器窗口值
	这些位受写访问保护。它们由软件编写,以定义IWDCNT递减计数器的哪个位置应生成提前唤醒中断。当IWDCNT小于或等于EWIT[11:0]-1 时,将生成早期中断。EWIT[11:0] 必须大于1 仅当EWIE = 1 时才会生成中断 在能够更改重新加载值之前,必须将IWDG 状态寄存器(IWDG_SR)中的EWU 位复位

图 15.7 IWDG 提前唤醒中断寄存器(IWDG_EWCR)

视频讲解

15.7 实验：用按键实现看门狗重载

15.7.1 应用场景及目的

为了帮助了解看门狗的重载(喂狗)方式,本实验利用按键进行喂狗。如果在每 5s 内按下按键进行喂狗操作,则系统不会复位,超过 5s 没有喂狗,系统将复位。另外,本实验还要使能提前中断功能,以便在快要到达复位时间时提醒赶紧喂狗。

该实验对应的例程为 20-2_STM32U575_IWDG_Key。

15.7.2 程序配置

打开 STM32CubeMX,新建一个工程。设置 HCLK 和 APB 时钟频率为 160MHz。使能 ICACHE 功能的模式为 1-way 以支持指令高速缓存,如图 13.13 所示。

使能 PA9、PA10 为 USART 引脚,并配置 USART 的参数,如图 7.21 所示。

在 Clock Configuration 页面可以看到 IWDG 的时钟频率为 32kHz,如图 15.8 所示。

为了将 IWDG 的复位时间设置为 5s,而 IWDG 的计数值最大为 4095,需要设置分频系数。在 32kHz 时钟频率下,将分频系数设置为 64,这样计一个数的时间为 2ms。把递减计

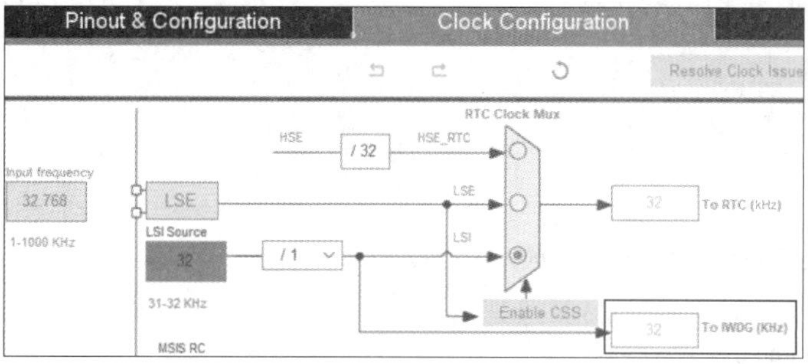

图 15.8　配置 IWDG 的时钟频率

数重载值设置为 2500-1 即可在计数 2500 个(5s)之后复位。同时设置一下提前中断时间窗口为一个合适的值,即可让提前中断在复位之前产生,进行预警。配置方式如图 15.9 所示。

还需要使能 IWDG 的全局中断,才能调用提前中断处理函数,如图 15.10 所示。

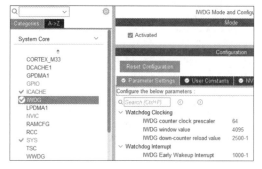

图 15.9　IWDG 的配置页面

图 15.10　使能 IWDG 的全局中断

底板上的 USER 按键用于触发按键中断。该按键连接到了 PA12 上,所以需要将该引脚设置为外部中断模式。由于按下后电平变低,所以设置为下降沿触发,如图 15.11 所示。

图 15.11　设置 PA12 为外部中断模式

在 NVIC 标签中使能 EXTI 线 12 中断,如图 15.12 所示。

图 15.12　在 NVIC 标签中使能 EXTI 线 12 中断

配置英文工程目录 Toolchain/MDK,设置为复制必要的文件,分别生成 .c/.h 文件后,生成并打开工程。在工程选项中选中 Use MicroLIB,如图 12.17 所示。

重定向 printf() 的功能。在 main.c 的头文件中加入 #include "stdio.h" 后,在 USER

CODE BEGIN 0 处添加以下代码：

```
/* USER CODE BEGIN 0 */
//printf()实现重定向
int fputc(int ch, FILE * f)
{
    uint8_t temp[1] = {ch};
    HAL_UART_Transmit(&huart1, temp, 1, 2);
    return ch;
}
/* USER CODE END 0 */
```

由于使能了 IWDG 的中断和 EXTI12 的中断，所以在 stm32u5xx_it.c 文件中会调用两个中断处理函数：

```
void EXTI12_IRQHandler(void)
{
  /* USER CODE BEGIN EXTI12_IRQn 0 */

  /* USER CODE END EXTI12_IRQn 0 */
  HAL_GPIO_EXTI_IRQHandler(GPIO_PIN_12);
  /* USER CODE BEGIN EXTI12_IRQn 1 */

  /* USER CODE END EXTI12_IRQn 1 */
}

/**
  * @brief This function handles IWDG global interrupt.
  */
void IWDG_IRQHandler(void)
{
  /* USER CODE BEGIN IWDG_IRQn 0 */

  /* USER CODE END IWDG_IRQn 0 */
  HAL_IWDG_IRQHandler(&hiwdg);
  /* USER CODE BEGIN IWDG_IRQn 1 */

  /* USER CODE END IWDG_IRQn 1 */
}
```

在这两个中断处理函数中，又调用了对应的回调函数供用户重新编写相关功能。在 main.c 的/* USER CODE BEGIN 4 */位置编写这两个函数。

```
void HAL_GPIO_EXTI_Falling_Callback(uint16_t GPIO_Pin)
{
  uint32_t delay = 10000;
  if (GPIO_Pin == GPIO_PIN_12)
      {
          while (delay > 0)
          {
              delay--;
          }
          if (HAL_GPIO_ReadPin(GPIOA, GPIO_PIN_12) == 0)
          {
              HAL_IWDG_Refresh(&hiwdg);
```

```
                printf("Refresh IWDG\n");
                printf("Press the key in 5s\n");
            }
        }
    }
}
void HAL_IWDG_EarlyWakeupCallback(IWDG_HandleTypeDef * hiwdg)
{
    printf("Reset in 2s, press the  key immediately\n");
}
```

在 GPIO 外部中断处理函数中,先利用一个简单的循环进行按键消抖(在实际应用中应使用定时器中断,避免在中断服务函数中使用延时,这里为了部署简单),然后判断按键是否按下。如果按键按下,则调用 HAL 库对应的函数重载 IWDG,并打印提示信息。

在提前唤醒中断回调函数中打印提示信息。

在主函数的开始部分打印复位提示信息。

```
/ * USER CODE BEGIN 2 * /
    printf("Reset. Press the key in 5s\n");
  / * USER CODE END 2 * /
```

这样就可以知道什么时候单片机进行了复位。

15.7.3 实验现象

单击 Rebuild 按钮编译工程,选择好调试下载器后,将程序下载到开发板上。然后打开串口调试助手,在里面找到 USB 串行设备(使用 DAPLink)或 ST-Link Virtual COM Port(使用 ST-Link),选择其作为串口端口使用。然后设置波特率、校验位、数据位、停止位与程序配置保持一致后,单击"打开"按钮打开端口。

复位开发板后,可以看到串口调试助手中会打印出相关的信息,如图 15.13 所示。

当上电或复位后,提示"Reset. Press the key in 5s"。如果 3s 内没有按下 USER 按键重载 IWDG,则会进入提前唤醒中断回调函数,进行提醒。如果还没有重载 IWDG,系统就会复位。如果及时按下了按键进行重载,则会打印相关信息,并等待下一次重载。

图 15.13 实验现象

15.8 习题

简答题

1. 什么是独立看门狗? 它的作用是什么?

2. 如何配置一个看门狗的超时时间为 1s?

思考题

如何在应用程序中判断系统复位是独立看门狗导致的? 尝试编程实现。

## 第 16 章

综合项目：智能手表

智能手表项目可以通过调用丰富的传感与控制资源，实现许多有趣的功能。项目设计了表盘界面，表盘界面主要负责时间的显示。除此之外，心率、步数、温度、日期等信息由于查看频率相对较高，且不需要太复杂的交互，也在表盘上显示了这些信息。

本项目设计了运动模式页面。在该页面中，不同的运动功能以列表的形式展示。用户可以通过手指的上下滑动浏览不同的运动种类，且可以通过单击相应的运动图标切换到对应运动的记录页面。项目中增加了应用页面，在该页面中，不同的应用程序图标以列表的形式展示。用户可以通过手指的上下滑动浏览不同的应用程序，且可以通过单击相应的应用程序图标切换到对应的应用程序页面。

图 16.1 智能手表项目界面

由于本项目为单片机裸机编程实现智能手表功能的项目，因此无法实现 App 的安装。该项目界面如图 16.1 所示。

16.1 软件系统方案

基于定时器和事件轮询方式的嵌入式系统是一种常见的设计方法，特别适用于资源有限的嵌入式环境。这种系统通常采用轮询（Polling）或中断（Interrupt）的方式来检测事件，并基于定时器来调度任务和处理事件。

1. 定时器

定时器是嵌入式系统中常见的硬件模块，用于生成周期性的定时中断或者计时器。这些定时器可以设置为在固定的时间间隔内触发中断，从而实现时间的精确控制。在基于定时器的系统中，定时器通常用于触发轮询周期或执行特定的时间相关任务。

2. 事件驱动

在事件驱动的方式下，系统响应外部事件的触发而不是以固定的时间间隔进行轮询。这些事件可以包括传感器数据的更新、用户输入、通信数据的到达等。当事件发生时，系统会执行相应地事件处理程序。

3. 任务调度

基于定时器的系统通常会定义一系列任务，并通过定时器中断来调度这些任务的执行。任务的执行顺序和频率可以根据需求进行调整。一些常见的任务可能包括数据采集、处理、通信、用户界面更新等。

4. 中断处理

除了定时器中断外,嵌入式系统还可能会处理其他类型的中断,如外部设备的输入、通信模块的接收等。中断处理程序负责在发生中断时保存当前状态并处理中断事件,然后返回到原来的任务。

基于定时器和事件驱动的系统流程图如图 16.2 所示。

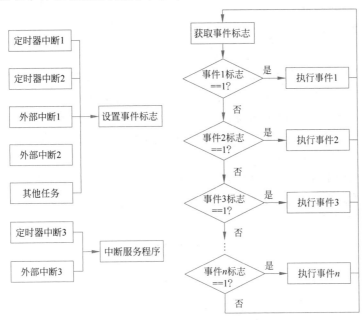

图 16.2　基于定时器和事件驱动的系统流程图

在该流程中,需要先配置一个事件标志数组,数组中每个位置反映了是否要执行相应的事件。可以通过定时器、外部中断或其他任务来设置相应的标志,以便在主循环中进入相应事件的流程。同时,定时器或外部中断还可以直接执行优先级更高的中断服务程序。

本项目采用的是定时器和事件驱动型的方案,其具体流程如图 16.3 所示。

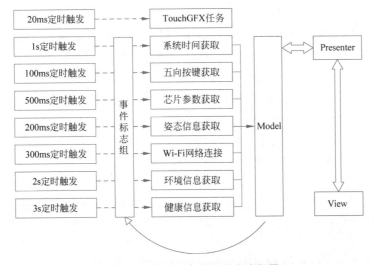

图 16.3　智能手表项目程序流程图

事件标志组中的标志由 TouchGFX 的 Model 组件和定时器共同设置。当用户切换到对应的功能界面时,Model 组件和定时器会共同使能对应的事件标志,以便在用于操作对应的界面时,对应的功能能够定时触发。TouchGFX 任务固定为每 20ms 触发一次,用于更新相关的帧计数器和状态,并向 TouchGFX 引擎发送 VSYNC 信号,以便刷新屏幕。

下面介绍一下 TouchGFX,以及 Model、View 和 Presenter 的作用。

16.2　TouchGFX

TouchGFX 是一款针对 STM32 微控制器进行了优化的免费高级图形软件框架。借助 STM32 图形功能和架构,TouchGFX 可通过创建类似智能手机的图形用户界面,来加快 HMI-of-things 技术革新。简单来说,TouchGFX 是一个只能 STM32 使用的免费 GUI 框架,类似的框架还有 LVGL、emWin 等,用户可以借助它创建 MCU 都可以运行的精美界面。TouchGFX 的官方介绍请参考官方网站。

TouchGFX 使用 MCU,通过对闪存中的各部分进行组合,创建和更新 RAM 中的图像。组合图像会被传输到显示屏。系统会视需要尽可能多地重复此过程。TouchGFX 所需硬件架构如图 16.4 所示。

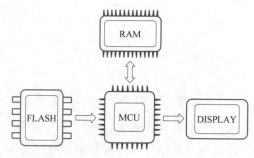

图 16.4　TouchGFX 所需硬件架构

在这个过程中,MCU 承担了所有重要任务。它读取闪存中的图像,并将它们写入 RAM。在将半透明红色文本融合到图像上时,它计算得到色彩并将其存储到 RAM。它对圆的所有像素进行渲染并存储到 RAM,然后将图像从 RAM 传输到显示屏。

所得计算图像(帧缓冲)存储在 RAM 中。在更新图形时,MCU 对 RAM 执行读和写操作。在将所得图像传输给显示屏时,再次执行读操作。

所有静态数据(图像、字体和文本)均存储在闪存中。闪存由 MCU 读取,其内容被写入 RAM 或与 RAM 内容进行组合。在大多数情况下,由于内部闪存很少能够容纳下所有图像资源,因此设置中会增加外部闪存。对于十分简单的应用,有内部闪存即已足够。

显示屏将图像实际显示给人眼。RAM 中存储的计算后的图像(帧缓冲)由 MCU 按固定时间间隔发送到显示屏。

TouchGFX 用户接口遵循 Model-View-Presenter(MVP)架构模式,它是 Model-View-Controller(MVC)模式的派生模式。两者都广泛用于构建用户接口应用。MVP 模式的主要优势是:

(1)关注点分离。将代码分成不同的部分提供,每部分有自己的任务。这使得代码更简单、可重复使用性更高且更易于维护。

（2）单元测试。由于 UI 的逻辑（Presenter）独立于视图（View），因此，单独测试这些部分会容易很多。

MVP 中定义了下列 3 个类：

- Model 是一种接口，用于定义要在用户界面上显示或有其他形式操作的数据。
- View 是一种被动接口，用于显示数据（来自 Model），并将用户指令（事件）传给 Presenter 以便根据该数据进行操作。
- Presenter 的操作取决于 Model 和 View。它从存储库（Model）检索数据，并将其格式化以便在视图中显示。

总体而言，Model 负责数据逻辑，Presenter 负责业务逻辑和交互，View 负责显示和用户交互。它们之间通过清晰的接口和协议进行交互，实现了应用程序的分层和解耦，提高了代码的可维护性和扩展性。

在 TouchGFX 中，Model 类执行与应用非 UI 部分（这里称为后端系统）的通信，如图 16.5 所示。后端系统是从 UI 接收事件和将事件输入 UI 的软件组件，例如，采集传感器的新测量值。后端系统可作为单独的任务在同一 MCU、单独的处理器、云模块或其他硬件上运行。从 TouchGFX 的角度来看，这并不十分重要，只要它是能够与之通信的组件即可。

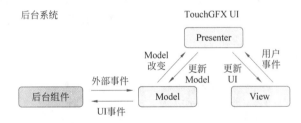

图 16.5 TouchGFX 与后端系统的通信

为了在 STM32 上部署 TouchGFX，需要安装 STM32CubeMX、TouchGFX Designer、STM32CubeProgrammer。开发流程如下：

（1）硬件选择和准备。

选择适合项目需求的 STM32 微控制器，并确保有足够的性能和外设以支持 TouchGFX 框架。准备开发板或自定义硬件平台，确保它与选择的 STM32 微控制器兼容，并具有足够的显示屏和触摸屏等外设。

（2）安装开发环境。

下载并安装 TouchGFX Designer，这是一个用于创建和设计 GUI 的图形工具。安装 STM32CubeMX，用于配置 STM32 微控制器的引脚分配、时钟设置和外设配置。安装合适的集成开发环境（IDE），如 Keil MDK、IAR Embedded Workbench 或者 STM32CubeIDE。

（3）创建 TouchGFX 项目。

使用 TouchGFX Designer 创建 GUI，并生成相应的代码。在 STM32CubeMX 中配置微控制器，并生成初始化代码。在集成开发环境中创建一个新的 TouchGFX 项目，并将生成的 TouchGFX 代码添加到项目中。

（4）编写应用程序代码。

在 TouchGFX 生成的代码基础上编写应用程序逻辑，包括处理触摸输入、更新界面元素等。集成外部传感器或其他外设,如传感器、网络模块等。

(5) 调试和优化。

使用集成开发环境提供的调试工具(如调试器、仿真器等)进行调试。优化代码和GUI,以提高性能和用户体验。

(6) 部署和测试。

将编译后的固件下载到目标 STM32 微控制器中。进行功能测试和性能测试,确保系统的稳定性和功能完整性。如有必要,进行用户体验测试,以验证 GUI 的易用性和可用性。

16.3 界面设计

智能手表的应用程序很多,在项目中增加了应用页面,与实际手表不同的是,该页面下的应用程序主要用于 UI 控件的学习与使用。在该页面中,不同的应用程序图标以列表的形式展示。用户可以通过手指的上下滑动浏览不同的应用程序,且可以通过单击相应的应用程序图标切换到对应的应用程序页面。

在设置页面与工具页面,需要包含智能手表的常用小工具或快捷设置功能。除此之外,需要设计在表盘页面、运动页面、工具界面、应用页面以及设置界面之间的切换方法。

本项目使用开发板上的五向按键完成页面的切换。在表盘页面上按切换到应用界面,下按切换到设置页面;在应用程序中,通过五向按键的中间按键返回应用界面,如图 16.6 所示。

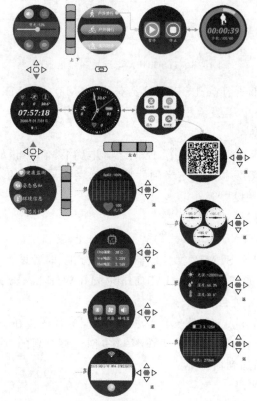

图 16.6 表盘操作流程

这些界面和图标需要分类放在工程目录的 APPPage、Container、DialPage 文件夹中，如图 16.7 所示。

图 16.7 APPPage 文件夹

然后将这些图片导入 TouchGFX Designer 里，在里面配置每个界面和图标，如图 16.8 所示。

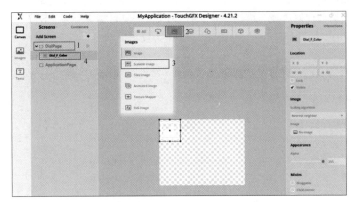

图 16.8 在 TouchGFX Designer 里配置界面和图标

并且需要在工程里为每个界面和图标配置相应的动作。

具体的实验流程请参考随书附带的配套资源。

参 考 文 献

［1］ 刘洪涛,周凯.ARM嵌入式体系结构与接口技术：Cortex-A53版：微课版［M］.北京：人民邮电出版社,2022.

［2］ RM0456_基于STM32U575/585 Arm®的32位MCU［EB/OL］.(2023-02)［2024-06-20］.https://www.stmcu.com.cn/Product/pro_detail/PRODUCTSTM32/product.

［3］ 刘军,徐伟健,凌柱宁,等.原子教你学STM32：HAL库版［M］.北京：北京航空航天大学出版社,2015.

［4］ 漆强.嵌入式系统设计：基于STM32CubeMX与HAL库［M］.北京：高等教育出版社,2022.

［5］ 严海蓉.嵌入式微处理器原理与应用：基于ARM Cortex-M3微控制器：STM32系列［M］.2版.北京：清华大学出版社,2019.